全同态加密

——从理论到实践

陈智罡 著

清华大学出版社
北京

内 容 简 介

本书主要针对全同态加密的设计方法进行研究。一方面，从理论上提出一些更加有效的全同态加密方案以及优化方法；另一方面，从实践角度提出分析计算全同态加密具体安全参数的方法，并且给出每个方案的具体安全参数，保证了研究的系统性与全面性。本书主要研究如何去除全同态加密设计过程中的密钥交换(key switching)过程，提出一个新的设计方法：提升维数法。提升维数法是一个通用框架，可以设计环 LWE 问题上所有无须密钥交换的全同态加密方案。因此，提升维数法具有重要的理论意义。在此基础上，提出两个重要概念：抽象解密结构与密文堆叠法，以此为理论研究工具，从解密结构中分析密文、噪声与明文之间的关系入手，实现对全同态加密构造方法的理论抽象和规律总结，从而对全同态加密的构造方法进行形式化研究，解决为什么格上能构造出全同态加密、格上已有全同态加密算法之间的关系是什么、是否存在统一的形式化描述所有算法等问题。此外，本书还对基于 Binary-LWE 问题设计全同态加密以及优化进行了阐述。

本书主要面向密码技术的专业人员以及相关行业的工程技术人员。对于非专业人员，第 1 章全同态加密入门是非常好的入门学习内容。此外，对于想学习格密码的读者，第 2 章深入浅出地阐述了格密码的基础理论。

图书在版编目(CIP)数据

全同态加密：从理论到实践/陈智罡著. —北京：清华大学出版社，2022.8(2023.12重印)
ISBN 978-7-302-61471-5

Ⅰ.①全… Ⅱ.①陈… Ⅲ.①计算机安全—加密技术 Ⅳ.①TP309.7

中国版本图书馆 CIP 数据核字(2022)第 135042 号

责任编辑：张 民 常建丽
封面设计：傅瑞学
责任校对：李建庄
责任印制：刘海龙

出版发行：清华大学出版社
网　　址：https://www.tup.com.cn，https://www.wqxuetang.com
地　　址：北京清华大学学研大厦 A 座　　**邮　　编**：100084
社 总 机：010-83470000　　**邮　　购**：010-62786544
投稿与读者服务：010-62776969，c-service@tup.tsinghua.edu.cn
质量反馈：010-62772015，zhiliang@tup.tsinghua.edu.cn
课件下载：https://www.tup.com.cn,010-83470236
印 装 者：三河市铭诚印务有限公司
经　　销：全国新华书店
开　　本：185mm×260mm　　**印　　张**：12.5　　**字　　数**：297 千字
版　　次：2022 年 9 月第 1 版　　**印　　次**：2023 年 12月第 4次印刷
定　　价：59.90 元

产品编号：088586-01

前言

我第一次接触全同态加密是在2011年，当时看的是整数上的全同态加密的论文。论文里的新鲜概念，例如电路模型、Boostrapping技术、压缩解密电路等刷新了我对密码学的认知。花了半年时间，我才读懂了这篇论文。当时学界都觉得全同态加密很难，据说能看懂Gentry博士论文的人寥寥无几。正是因为全同态加密难，所以我对此产生了极大的兴趣，往往为了一个概念或者一个参数思索许久，之后走上了格密码的学习之路。没有格密码理论的基础是很难深入理解全同态加密原理的。所以，本书第2章系统介绍了格密码理论知识。为了读者能够更好地理解格密码理论，我做了很多图示以帮助理解，这也算是对我学习格密码理论的一次总结。

同态本天成，妙手偶得之，这是我对全同态加密设计方法的一点感悟。由于格密码是一种噪声加密的形式，密文、明文与噪声之间是一种线性关系，不像RSA加密算法里有指数的关系，因此格加密天生具有加法同态性，其实也蕴含着乘法同态性，只不过每次乘法都会成倍地增大密文的长度，以及密文中的噪声，所以做不了几次乘法。因此，全同态加密的构造重点都放在如何做更多次(无限)的乘法。本书第1章详细阐述了全同态加密的思想，尽量做到通俗易懂而不涉及过多的技术细节。如果只是想系统了解全同态加密思想与构造方法，而又不想过多涉及技术细节的读者，可以阅读第1章。

2009年诞生了第一个全同态加密，随后诞生了BGV算法(2011年)、Bra12(BFV)算法(2012年)以及GSW算法(2013年)。整个发展趋势是：全同态加密的构造方法越来越简单，尤其是GSW算法，密文就是矩阵，同态加法与乘法就是矩阵的加法与乘法。GSW算法中没有使用密钥交换，这令我产生了极大的兴趣。2015年，我提出一个新的设计方法：提升维数法，使用该方法可以去除密钥交换过程。而且提升维数法是一个通用框架，可以设计环LWE问题上所有无须密钥交换的全同态加密方案，因此提升维数法具有重要的理论意义。本书第4章和第5章详细阐述了使用提升维数法构造全同态加密的研究过程。

在提升维数法的基础上，为了研究解密结构与同态性之间的关系，我们抽象定义出一个重要概念：抽象解密结构。基于抽象解密结构，我们定义了加法和乘法期盼解密结构的概念，将全同态加密的构造分解为两点：一是如何获得期盼解密结构；二是如何控制噪声大小。于是，同态性问题归结为如何获得期盼解密结构的问题，噪声控制问题归结为分析噪声依赖主要项的问题。通过抽象解密结构的观点，可以对现有全同态加密方法进行分析，通过期盼解密结构、噪声依赖主要项、最终解密结构等概念，有望统一全同态加密构造方法。此外，我们还提出“密文堆叠法”的概念，可以在最终解密结构与实际解密结构之间建立关于明文的等式关系，从而求解出一个全同态加密方案。整个推导过程具有“机械化”的特征，就像求解数学公式一样，该方法具有通用性。第 9 章有详细的研究论述。

影响全同态加密效率的原因之一是其参数尺寸过大，所以如何降低全同态加密方案的参数尺寸是一个重要的研究问题。第 6 章基于 Binary-LWE 问题，在 Linder 和 Peikert 的公钥加密方案基础上，设计一个 LWE 上参数更小的全同态加密方案，并且对该方案的具体安全参数进行了分析。此外，第 7 章研究如何通过 Binary-LWE 对已有全同态加密方案进行噪声控制与优化，并且分析改进前与改进后参数取值的变化。格上的加密算法都是按位加密，即一次加密一位(bit)，为了提高全同态加密的计算效率，第 8 章研究如何设计一次加密多位的全同态加密方案。

尽管全同态加密是从理论开始发展起来的，但是全同态加密的应用一直备受工业界和学术界的关注。记得 2011 年的论文 *Can Homomorphic Encryption be Practical?* 就将全同态加密应用于机器学习中，从而检验其是否可应用落地。当时初识全同态加密，还很奇怪全同态加密和机器学习怎么会有关系。现在看来那些研究者真是高瞻远瞩，大数据时代，数据是生产要素，而数据的隐私计算非常重要，如何保障机器学习中的数据隐私安全是一个重要的研究课题。目前，在机器学习中广泛应用的全同态加密算法就是 CKKS 算法，第 10 章详细阐述了 CKKS 算法的原理。第 11 章介绍了 SEAL 全同态加密库的使用。

全同态加密在具体参数下能够保证多少位安全，这是工业界非常关心的一个问题，即全同态加密的具体安全参数问题。LWE 问题本质上有 3 个参数：维数 n、模 q、高斯参数 r。对于固定的 n，q/r 与 LWE 问题的困难性成反比。而在 LWE 上的全同态加密方案中，高斯参数是事先固定的，所以 q 取值越大，方案的安全性越低。但是，为了获得更深电路的计算，q 取值应尽可能得大。为了保证方案的安全性，在 q 变大时，可以增大 n 的值。所以，q 与 n 在全同态加密方案中需要一种平衡。第 3 章提出了一个分析环 LWE 上全同态加密算法具体安全参数的方法。该方法引入了敌手优势，能够更真实地反映应用场景的安全需求。通过该方法给出了目前环 LWE 上的全同态加密算法的具体安全参数。此外，第 3 章还提出一个基于噪声依赖分析的环 LWE 上的全同态加密算法分类的方法。通过该方法对目前全同态加密算法的噪声增长进行详细分析，给出紧致的噪声界，为进一步优化算法提供指南。

本书的核心是我这些年的研究成果，也包括一些我在全同态加密领域的学习总结。希望本书对推动我国全同态加密的研究发展贡献一份力量。感谢浙江万里学院学术著作出版资助项目。

作　者

2022 年 1 月

目录

第 1 章　全同态加密入门 …… 1

1.1　全同态加密引言 …… 1

1.1.1　为什么需要全同态加密 …… 1

1.1.2　第一个全同态加密的诞生 …… 3

1.1.3　为什么采用电路模型 …… 4

1.1.4　全同态加密的构造框架 …… 5

1.2　全同态加密入门 …… 7

1.2.1　全同态加密的 4 部分 …… 8

1.2.2　同态解密控制噪声 …… 10

1.2.3　LWE 上的全同态加密 …… 12

1.3　详解同态解密思想 …… 16

1.3.1　一个简化的整数上的加密算法 …… 16

1.3.2　可怕的噪声 …… 17

1.3.3　同态解密：一个生硬的思路 …… 18

1.3.4　解密电路的复杂度 …… 19

1.3.5　压缩解密电路 …… 21

1.3.6　实现算法 …… 24

1.4　格密码学介绍 …… 25

第 2 章　格密码理论基础 …… 27

2.1　格密码在后量子密码中的优势 …… 27

2.2　数学基础知识 …… 31

2.2.1　向量空间简介 …… 31

2.2.2　矩阵和行列式的一些重要概念 …… 33

2.3　格理论基础 …… 33

2.3.1　格的定义及性质 …… 33

2.3.2　格上的计算问题 …… 35

2.4　构建格公钥密码系统的方法 …… 38

2.4.1　陷门单向函数 …… 38

2.4.2　随机格 …… 39

2.4.3 构造单向哈希函数 …… 39
2.4.4 构造陷门单向函数 …… 40
2.4.5 格公钥密码系统的框架 …… 42
2.5 LWE 问题 …… 43
2.5.1 LWE 搜索问题 …… 43
2.5.2 LWE 判定问题 …… 44
2.5.3 构造 LWE 单向哈希函数 …… 46
2.5.4 构造 LWE 陷门单向函数 …… 46
2.5.5 LWE 问题的困难性 …… 48
2.5.6 高斯分布 …… 49
2.6 LWE 私钥加密算法 …… 50
2.7 LWE 上公钥加密算法 …… 52
2.7.1 LWE 上 Regev 公钥加密算法 …… 52
2.7.2 LWE 上 Regev 公钥加密变形 …… 53
2.7.3 LWE 上多位 Regev 公钥加密算法 …… 53
2.8 环 LWE 问题 …… 54
2.9 基于环 LWE 的公钥加密 …… 56
2.9.1 环 LWE 上公钥加密算法 …… 56
2.9.2 环 LWE 上公钥加密算法变形 …… 56
2.9.3 环 LWE 上的 NTRU 加密算法 …… 57
2.10 最坏情况下的困难问题 …… 58

第 3 章 全同态加密的噪声依赖分析与安全参数分析 …… 60
3.1 全同态加密 …… 61
3.1.1 全同态加密定义 …… 61
3.1.2 全同态加密分类 …… 61
3.2 全同态加密关键技术 …… 62
3.2.1 同态解密技术 …… 62
3.2.2 模交换技术 …… 62
3.2.3 位展开技术 …… 63
3.2.4 密钥交换 …… 64
3.3 基于噪声依赖分析的全同态加密算法研究 …… 66
3.3.1 噪声依赖分析方法 …… 66
3.3.2 噪声增长依赖于密文中噪声的全同态加密算法：BGV 算法 …… 67
3.3.3 噪声增长依赖于密钥的全同态加密算法：Bra12 算法 …… 70
3.3.4 噪声增长依赖于密文的全同态加密算法：GSW13 算法 …… 75
3.3.5 算法参数尺寸与噪声增长分析比较 …… 77
3.4 全同态加密具体安全参数分析 …… 78

3.4.1 具体的安全参数分析方法 …… 79
3.4.2 Bra12 算法和 GSW13 算法的具体安全参数 …… 80

第 4 章 使用提升维数法设计 NTRU 型无须密钥交换的全同态加密 …… 83
4.1 问题的提出 …… 83
4.2 解决问题的主要思想 …… 84
4.3 提升维数法 …… 85
4.4 环 LWE 上 NTRU 基本加密方案与扩展加密方案 …… 87
4.4.1 判定小多项式比问题 …… 87
4.4.2 NTRU 基本加密方案 …… 87
4.4.3 NTRU 扩展加密方案 …… 88
4.5 同态属性 …… 89
4.5.1 NTRU 基本加密方案的同态性 …… 89
4.5.2 扩展加密方案的乘法同态性 …… 89
4.5.3 扩展加密方案的加法同态性 …… 90
4.6 密文同态计算的噪声分析 …… 90
4.6.1 加法噪声分析 …… 90
4.6.2 乘法噪声分析 …… 91
4.6.3 乘法计算优化 …… 91
4.7 层次型全同态加密 …… 91
4.8 选择具体安全参数 …… 92
4.8.1 方案的参数属性 …… 92
4.8.2 具体参数 …… 93
4.9 总结 …… 94

第 5 章 使用提升维数法设计环 LWE 上的无须密钥交换的全同态加密 … 96
5.1 问题的提出 …… 96
5.2 解决问题的主要思想 …… 97
5.3 提升维数法 …… 98
5.4 密文是矩阵的环 LWE 上的加密方案 …… 99
5.5 环 LWE 上的扩展加密方案 …… 100
5.6 环 LWE 上扩展加密方案的同态性 …… 101
5.6.1 加法同态性 …… 101
5.6.2 乘法同态性 …… 101
5.7 密文同态计算的噪声分析 …… 102
5.7.1 加法噪声分析 …… 102
5.7.2 乘法噪声分析 …… 102
5.8 环 LWE 上扩展加密方案上的层次型全同态加密方案 …… 102

5.9 密文是矩阵的 LWE 上加密方案 …… 103
5.10 LWE 上的扩展加密方案 …… 104
5.11 LWE 上扩展加密方案的同态性 …… 106
5.11.1 加法同态性 …… 106
5.11.2 乘法同态性 …… 106
5.12 密文同态计算的噪声分析 …… 107
5.12.1 加法噪声分析 …… 107
5.12.2 乘法噪声分析 …… 107
5.13 LWE 上扩展加密方案上的层次全同态加密方案 …… 107
5.14 选择具体的安全参数 …… 108
5.14.1 方案的参数属性 …… 108
5.14.2 具体参数 …… 109
5.15 总结 …… 111

第 6 章 一个基于 Binary-LWE 的全同态加密方案 …… 113
6.1 问题的提出 …… 113
6.2 解决问题的主要思路 …… 114
6.3 Binary-LWE 问题 …… 114
6.4 改进的基本加密方案 …… 115
6.5 方案的同态性 …… 116
6.5.1 加法同态性 …… 116
6.5.2 乘法同态性 …… 117
6.5.3 密钥交换 …… 117
6.6 层次型全同态加密方案 …… 118
6.7 密文同态计算的噪声分析 …… 119
6.7.1 加法噪声分析 …… 119
6.7.2 乘法噪声分析 …… 119
6.8 选择具体安全参数 …… 120
6.8.1 方案的参数属性 …… 120
6.8.2 具体参数 …… 121
6.9 总结 …… 122

第 7 章 基于 Binary-LWE 噪声控制优化的全同态加密方案改进 …… 123
7.1 问题的提出 …… 123
7.2 解决问题的主要思路 …… 123
7.3 改进的基本加密方案 …… 124
7.4 方案的同态性 …… 125
7.4.1 加法同态性 …… 126

7.4.2 乘法同态性 …… 126
7.4.3 密钥交换 …… 127
7.5 层次型全同态加密方案 …… 127
7.6 密文同态计算的噪声分析 …… 128
7.6.1 加法噪声分析 …… 128
7.6.2 乘法噪声分析 …… 128
7.7 选择具体安全参数 …… 129
7.7.1 方案的参数属性 …… 129
7.7.2 具体参数 …… 130
7.8 总结 …… 131

第8章 一个LWE上的短公钥多位全同态加密 …… 132

8.1 一个多位的LWE加密方案 …… 132
8.2 方案的同态性 …… 134
8.2.1 加法同态性 …… 134
8.2.2 乘法同态性 …… 134
8.3 密钥交换 …… 135
8.4 层次型全同态加密方案 …… 136
8.5 噪声分析 …… 137
8.6 具体安全参数 …… 138

第9章 基于抽象解密结构的全同态加密构造方法分析 …… 141

9.1 解密结构与同态性 …… 141
9.1.1 抽象解密结构 …… 142
9.1.2 密文乘法期盼解密结构的构造 …… 143
9.1.3 解密结构与噪声增长依赖主要项 …… 144
9.1.4 最终解密结构 …… 145
9.2 密文矩阵的解密结构 …… 146
9.2.1 密文矩阵的解密结构 …… 147
9.2.2 密文矩阵的最终解密结构 …… 147
9.3 密文堆叠的加密形式 …… 148
9.3.1 密文矩阵的零次同态加密形式 …… 148
9.3.2 密文矩阵的全同态加密形式 …… 149
9.4 通用构造方法 …… 150
9.4.1 构造思想 …… 150
9.4.2 通用构造方法介绍 …… 150
9.5 全同态加密的形式比较 …… 151
9.5.1 解密结构 …… 151

9.5.2 密文乘法同态计算形式 …… 152
9.5.3 噪声控制 …… 153
9.5.4 最终解密结构 …… 153

第10章 浮点数上的全同态加密算法CKKS …… 155
10.1 浮点数同态计算的重要性与挑战 …… 155
10.2 近似同态计算例子 …… 158
10.3 分圆多项式 …… 159
10.4 编码与解码 …… 161
10.4.1 $\mathbb{C}[X]/(X^N+1)\to\mathbb{C}^N$ 的编码与解码 …… 161
10.4.2 $\mathbb{Z}[X]/(X^N+1)\to\mathbb{C}^{N/2}$ 的编码与解码 …… 162
10.5 再缩减技术 …… 163
10.6 CKKS算法 …… 164

第11章 SEAL全同态加密库的使用 …… 166
11.1 设置参数 …… 166
11.2 密钥生成与加密解密 …… 168
11.3 示例 …… 169
11.4 批处理编码 …… 172
11.5 模交换链 …… 174
11.6 CKKS算法的使用 …… 175
11.7 密文中的向量旋转 …… 176

参考文献 …… 178

附录A 注释表 …… 187

附录B 如何学习全同态加密 …… 188

第 1 章 全同态加密入门

全同态加密的本质是对密文进行计算。现在是大数据、云计算时代，数据的最大价值是计算与分享。然而，传统的加密手段只能保证数据在通信和存储时安全，一旦要计算，必须将数据解密才能进行。而全同态加密能够保证数据在加密时依然能够计算，这一独特的性质备受工业界和学术界的青睐。本章由浅入深地介绍全同态加密，通过本章可以了解全同态加密的思想，构造全同态加密的方法。尤其是最后通过在整数上构造全同态加密，深入浅出地展示了全同态加密构造的各个关键环节。

1.1 全同态加密引言

1.1.1 为什么需要全同态加密

为什么需要全同态加密(即问题的来源)，这和数据安全紧密相关。根据数据的生命周期，数据通常表现为 3 种形态：传输、存储和计算。有数据的地方就有数据保密的需求，如图 1-1 所示。加密已经成为保证数据在公共信道中安全传输的一个基本手段[1]。当数据“躺”在存储介质里时(如硬盘)，为了保证数据的安全，加密也是常用的手段之一。然而，当数据计算时，首先需要将数据解密，然后执行相应的计算，从而会导致数据泄露。因此，如何保证数据在计算时依然安全，成为密码学术界的一个重要研究方向。

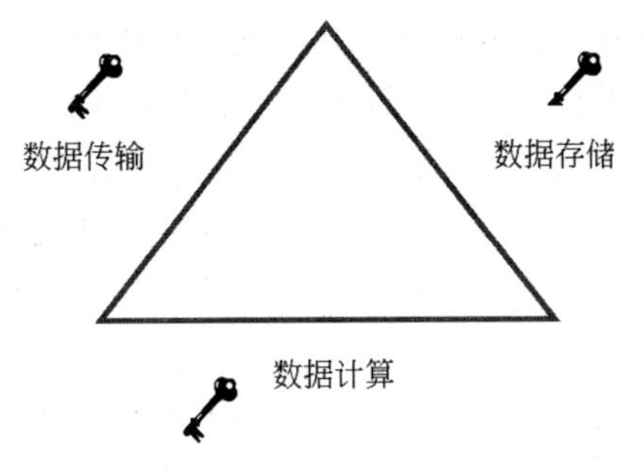

图 1-1 数据生命周期的安全

密文(加密后的数据称为密文)对于拥有密钥的人来说，可以解密获得明文(加密之前的数据称为明文)。而对于没有密钥的普通人来说，密文就显得没有意义了。这不禁让人们提出一个有趣的问题：是否无须解密就能够对密文进行任意计算呢？如果能够实现该功能，就能够解决数据计算时的隐私安全问题，从代数角度看这就是同态性。这个问题已在 1978 年由 Rivest、Adleman 和 Shamir 提出[2]，当时称之为隐私同态加密，也就是现在所说的全同态加密。RSA 公钥算法具有乘法同态性，其发明人见图 1-2。全同态加密提出后成为密码学界的一个开放难题，被誉为密码学界的“圣杯”[3]。

图 1-2　RSA 算法发明人(从左到右：Rivest、Shamir、Adleman)

那么，到底什么是全同态加密呢？可以用一句话概括：

全同态加密是指在不解密的情况下，能够对密文执行任意计算。

其隐含的意思是计算后的密文结果解密后，等于对明文做同样的计算。如果用密码学的术语表达，即任意有效的函数 f 及明文 m，都具有性质：$f(\mathrm{Enc}(m))=\mathrm{Enc}(f(m))$。这种特殊的性质使得全同态加密有广泛的理论与实际应用，例如云计算安全、密文检索、安全多方计算等。目前已经形成一个称为“密文计算”的领域。

在密文计算领域中主要有 3 个研究方向：密文数据库、安全多方计算和全同态加密。从发展的成熟度看，密文数据库是最成熟的，国外已经有相应的商业产品。安全多方计算这几年发展得非常快，国内外也有相应的产品出现。相比较而言，全同态加密还没有出现成熟的商业产品，但是这几年其发展势头迅猛，已经处于商业化的拐点。相比于安全多方计算，全同态加密无须用户交互，使用简单。尤其是全同态加密已经成为构建安全多方计算以及密文数据库的一个重要组件，备受工业界和商业界的青睐。

以云计算安全为例，为了保证数据在云中安全，用户首先将数据加密，然后再将密文数据存储在云平台中。但是，当用户向云平台提出计算请求时(例如查询、统计等操作)，由于云平台无法识别密文数据，而且传统加密算法不支持对密文的任意同态计算，所以云平台无法对密文进行任意计算。然而，如果数据加密采用全同态加密算法，第三方可以在不解密的情况下对密文进行任意计算，而且计算结果解密后等于对明文做同样计算的结果。全同态加密算法的这种特殊的性质使得我们操作密文就像操作明文一样。因此，研究全同态加密有重要的科学意义与应用价值！

1.1.2 第一个全同态加密的诞生

2009 年，Gentry 构造出第一个全同态加密算法[4]。这一杰出的工作是密码学界的一个重大突破，也是计算机科学界的一个突破，解决了困扰人们 30 多年的开放难题，同时也拉开了全同态加密研究的帷幕。克雷格·金特里(Craig Gentry)(见图 1-3)，1995 年获得杜克大学学士学位，1998 年在哈佛法学院获得法学博士学位，2009 年获得斯坦福大学博士学位。在获得博士学位之前，他曾担任知识产权律师(1998—2000 年)和 DoCoMo 美国实验室高级研究工程师(2000—2005 年)。他目前是国际商用机器公司托马斯·J. 沃森研究中心密码学研究小组的研究科学家。2009 年，他的博士论文获得 ACM 博士论文奖，2010 年获得 ACM 格蕾丝·默里·霍普奖，2014 年获得麦克阿瑟奖。

图 1-3　第一个全同态加密算法提出人 Craig Gentry

历史上相继产生过许多单同态加密算法[2, 5-14]，这些方案要么满足加法同态，要么满足乘法同态。此外，还产生过一些能够同时满足有限次加法与乘法的同态算法[15-19]，例如满足一次乘法和任意加法的 BGN 同态加密算法[16]。还有“Polly Cracker”同态加密算法[20]能够对密文执行任意电路的计算，但是其密文大小却随着电路的深度呈指数增长，并且存在各种安全性的攻击。还有基于电路隐私安全的两方计算同态加密算法[21]，该算法的通信复杂度随着电路尺寸的增长而增长。注意，上述这些算法没有一个是全同态加密的(全同态加密能够对密文执行任意计算)，直到 2009 年 Gentry 构造出第一个全同态加密算法，如图 1-4 所示。

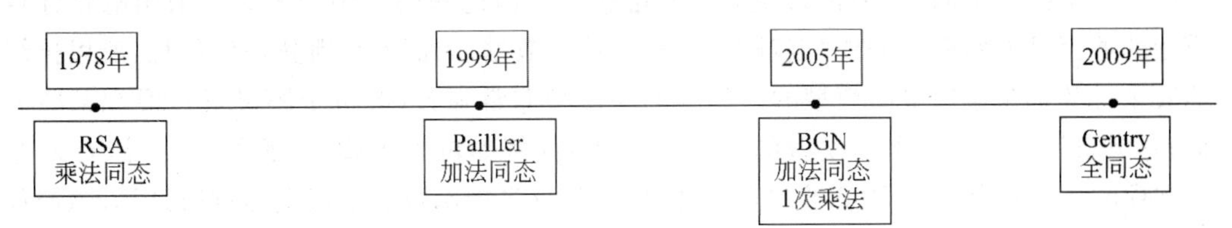

图 1-4　同态加密历史进程

1.1.3 为什么采用电路模型

Gentry 构造第一个全同态加密算法是基于理想格。由于环上的理想从代数意义上是支持加法和乘法的，所以用它构造全同态加密算法是很自然的应用。该算法能够对密文做加法和乘法的任意计算。许多读者可能会问，为什么对密文能够执行任意的加法和乘法计算，就能够实现全同态加密？这是由于 Z_2上的加法和乘法在操作上可以形成完备集，加法对应异或电路，乘法对应与电路，如图 1-5 所示。所以，全同态加密算法就能够对密文执行任意多项式的计算[22]。

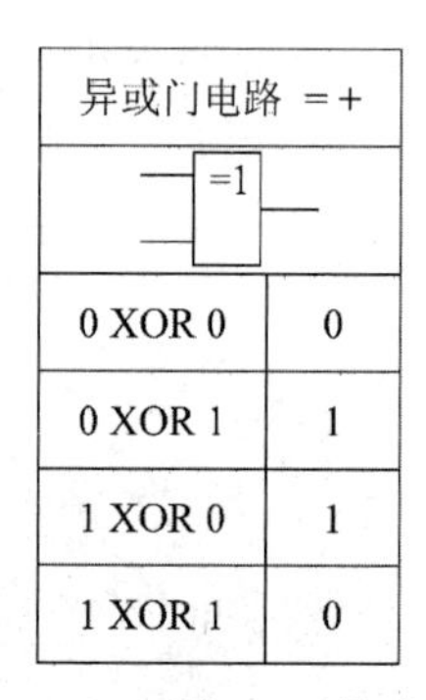

异或门电路 =+	
0 XOR 0	0
0 XOR 1	1
1 XOR 0	1
1 XOR 1	0

与门电路 =×	
0 AND 0	0
0 AND 1	0
1 AND 0	0
1 AND 1	1

图 1-5 异或门电路、与门电路示意图

Gentry 构造的全同态加密采用的是电路模型，这是许多刚接触全同态加密研究者困惑的一个问题。传统的密码学都是基于数论观点，但是密码学真正的灵魂落脚点是计算复杂度。密码学中的所有方案必须依赖于一个数学难题，这是其安全性所在的根本。问题有多难？拿什么衡量？答曰：计算复杂度。所以有一本很有名但是很晦涩难懂的著名密码学理论书 *Foundations of Cryptography*（Oded Goldreich 著），里面深刻阐述了这一观点。

但是，电路观点在密码学中由来已久。例如，姚期智的论文 *How to Generate and Exchange Secrets* 就是通过布尔电路观点构造安全函数计算，产生了著名的概念"博弈电路"（garbled circuit）。强调一下，电路观点是一种计算复杂度的计算模型，用途是衡量解决问题所需要的资源，例如时间、存储量等。在电路计算模型下，通过含有多少门电路（gate）的数量、电路的深度等衡量。

这就引出一个问题，为什么要使用电路观点来构造密码学中的方案？采用电路计算模型的原因是电路模型需要"接触"到所有的输入数据，因而不会泄露任何信息，所以传统的安全计算都是采用电路模型的。尽管电路模型非常强大（等价于图灵机），但在某些方面，图灵机计算模型比电路模型的计算效率要高（例如折半查找）。例如，在存储有 n 个数据项的数据库中，若使用标准的安全计算协议，首先把函数表示成电路进行计算，该协议的复杂度是 $\Omega(n)$。但是若使用图灵机计算模型下的二分查找，时间复杂度为 $O(\log n)$。

电路模型下，算法的性能是用最坏情况下的性能来衡量的。其原因是图灵机算法转换成电路模型下的算法后，该算法工作在无循环的算法结构下，这使得电路模型要考虑出现的所有情况，也就是最坏情况下的运行时间。简单地说，如果一个算法在实践中绝大多数的实例都运行在多项式时间下，但是对于极少数实例时运行在指数时间下，那么电路模型的计算时间就是指数时间。所有的全同态加密、基于属性加密、通用函数的两方及多方安全计算协议、对于通用函数的函数加密，都是采用电路观点的。

能否对于电路模型下的密码学方案，让其享受图灵机模型下的时间，而不是最坏情况下的时间呢？最近人们设计出基于图灵机模型的全同态加密算法[23-24]。其中 Shafi Goldwasser 等在美密会的论文 *How to Run Turing Machines on Encrypted Data* 中，提出将一个图灵机算法编译成一个工作在电路上的算法（该算法可以看成被加密了）。该算法运行在密文下，该电路上的算法的计算时间是图灵机模型下的算法计算时间。针对全同态加密、基于属性的加密、函数加密等都进行了这种形式的尝试，但是带来的负面影响是：这个被加密的运行在电路上的算法，泄露了图灵机模型下的算法计算时间。而且这些提出的方案都是概念上的证明，并不是一个真正的、具体的方案，所以意义并不大。

1.1.4　全同态加密的构造框架

目前全同态加密都是在格上构造的（整数上的全同态加密方案可以看成格的一种特殊方案），其安全性建立在如下困难问题之上：理想格、LWE 问题和环 LWE 问题，还有一种是近似 GCD 问题。

Gentry 的全同态加密算法是基于理想格构建的，其密文里含有噪声，如图 1-6 所示。每次密文加法或乘法后都会导致噪声增长，尤其是乘法噪声的增长非常迅速，如图 1-7 所示。如果不控制噪声，噪声增长会“淹没”明文，导致无法正确解密，如图 1-8 所示，从而无法进行更多的乘法计算。因此，控制乘法的噪声增长成为一个关键问题。

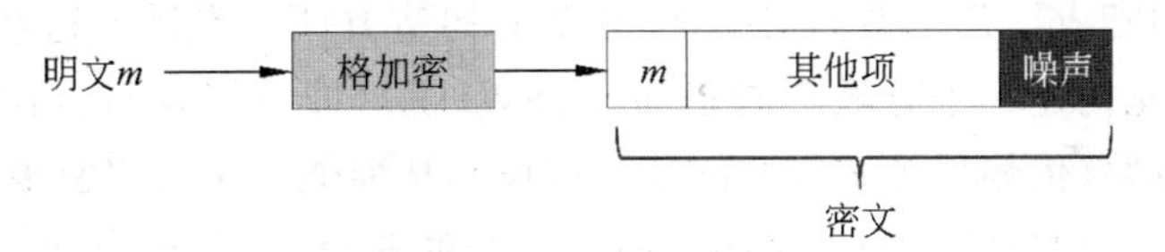

图 1-6　格加密后的密文噪声

图 1-7　一次乘法后的密文噪声　　图 1-8　两次乘法后的密文噪声

Gentry 构造的第一个全同态加密算法的出发点是：首先构造一个有限次同态加密方案（somewhat homomorphic encryption，SWHE），由于噪声增长原因，该方案只能执行有限次的同态加法和乘法。为了获得更多次的同态计算，控制噪声增长成为获得全同态加密需要解决的关键问题。Gentry 的创新点是通过同态解密控制噪声，在其论文中称为 Boostrapping，即启动。其本质含义是对密文执行同态解密计算。

Gentry 的思路就是通过同态解密得到一个“新”密文，该密文的噪声是固定的，而且至少保证还能执行一次同态乘法，从而控制了密文的噪声，以达到执行更多次数的密文乘法计算的目的。用专业术语说就是能够进行更深电路的计算。然而，如果解密电路深度过大，就会导致最终计算结果的噪声过大，而无法正确解密。所以，Gentry 的技术路线很直接,就是尽可能地缩小解密电路的复杂度,因为只有这样,才能正确执行解密电路的计算,从而获得全同态加密,如图 1-9 所示。

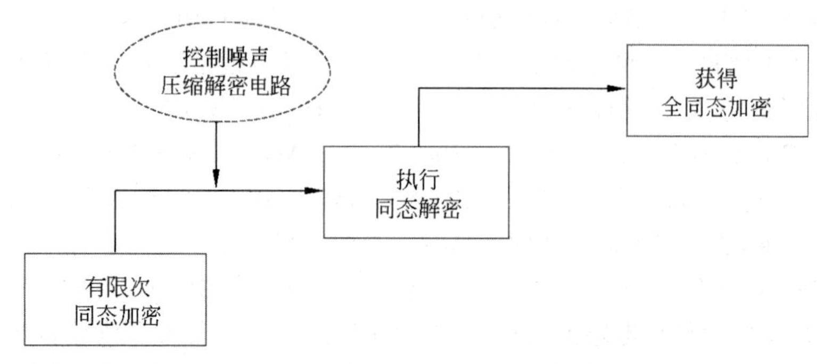

图 1-9 Gentry 构造全同态加密思想

Gentry 全同态加密算法选择的代数结构是理想格,因为在格里解密操作比较简单,绝大多数都是矩阵向量乘或是内积,它们都属于 NC1,具有低的解密电路复杂度。此外,理想格像格一样具有加法结构,同时它还具有乘法结构的特性,可以说两全其美。在 Gentry 的构造框架下,由于指数型的加密方案(例如 RSA)的解密电路不属于 NC,所以这些方案是无法进行同态解密(Boostrapping)的。因此,目前所有被认可的全同态加密都是基于格构造的。

在图 1-9 中,控制噪声是一个通用模块,里面的方法可以变化。从 2009 年之后,人们不断在控制噪声方面提高和改进,同时产生了许多全同态加密算法及实现与优化[4,25-47]。第一代全同态加密[25-30]都是遵循 Gentry 复杂的构造方法。本质上这些算法都是在各种环的理想上,首先构建一个有限次同态加密(SWHE)(即只能执行低次多项式计算),然后“压缩”解密电路(依赖稀疏子集和问题的假设),从而能够执行解密函数进行同态解密,达到控制密文噪声增长的目的。最终在循环安全的假设下,获得全同态加密。尽管同态解密是实现全同态加密的基石,但是同态解密的效率却很低,其复杂度为$\tilde{\Omega}(\lambda^4)$[33]。提高同态解密的效率,目前依然是学术界的一个重要研究方向。

第二代全同态加密[31-35,47]构造方法简单,基于 LWE(环 LWE)的假设[11,48],其安全性可以归约到一般格上的标准困难问题,打破了原有的 Gentry 压缩电路控制噪声的方法,代替使用维数模约减的方法控制噪声,如图 1-10 所示。其典型代表算法是 BGV 和 Bra12。注意,Bra12 的环 LWE 版本也称为 BFV 算法。

第二代全同态加密的构造框架依然是首先构建一个有限次同态加密。由于 LWE(环 LWE)加密算法本身具有加法同态性,而且也具有乘法同态性,只不过同态乘法导致密文(密钥)长度增长。因此,在第二代全同态加密中,用密钥交换(key switching)技术控制密文长度的增长,获得有限次同态加密。然后使用模交换技术控制密文计算噪声的增长,从而获得全同态加密。

2013 年,Gentry 提出了一个基于近似特征向量的全同态加密[35],无须密钥交换技术和模交换技术就可以实现全同态加密。该算法的安全性基于 LWE 困难问题,密文的计算就是矩阵的加法与乘法,是一个非常自然简单的全同态加密。

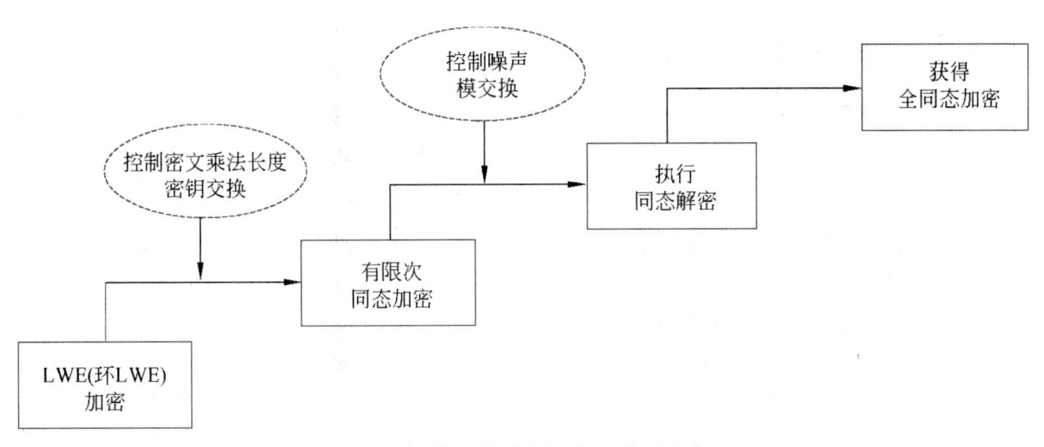

图 1-10 第二代全同态加密构造框架

2009 年至今，全同态加密技术发展很快，如图 1-11 所示。Gentry 等以环 LWE 上的 BGV 算法为例[32]，通过各种优化，其渐进复杂度提高 $t \cdot \text{polylog}(\lambda)$（而 Gentry 最初方案的渐进复杂度为 $\tilde{O}(\lambda^6)$）[49]。在实际运行方面，环 LWE 上的 BGV 方案以 AES 加密方案为测试对象，采用密文批处理打包技术的优化[45]，整个 AES 的十轮操作大约需要 36 小时，平摊开销下来平均每个 AES 密文块的操作大约需要 40 分钟[38]，比最初 Gentry-Halevi 的实现方案[37]快了约 2 个数量级。尽管全同态加密的效率不断提高，但是全同态加密的构造方法并没有大的突破，其效率的根本原因与构造方法直接相关。目前构造方法的发展趋势是自然、简单、直观。

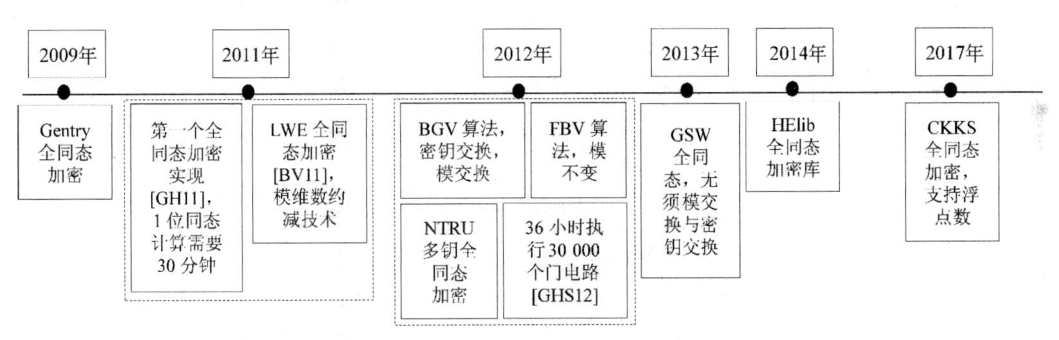

图 1-11 全同态加密历史发展

1.2 全同态加密入门

为了让那些迅速入门全同态加密的读者读完本节后对全同态加密有一个直观的了解，本节在描述上既不特别具体，也不十分抽象，尽量让读者对全同态加密的构造方法有一个轮廓上的正确理解，为后续的阅读打下基础。

1.2.1 全同态加密的4部分

首先,全同态加密是一种加密算法,因此传统加密算法包含的3部分(密钥生成、加密、解密)在全同态加密中都包含。唯独有一点不一样,全同态加密中还包含一个特殊的部分:密文同态计算(简称密文计算),该部分是全同态加密的落脚点,因为全同态加密的功能就是密文计算。再次强调一下,所谓密文计算,就是对加密后的数据执行同态计算。对于普通加密算法,由于其不具有同态性,所以不能对密文执行计算。所谓不能的意思,就是密文计算后,其结果无法正确解密。

由此可知,全同态加密包含4部分:密钥生成、加密、解密、密文计算,如图1-12所示。下面一一解释。这里以公钥加密为例。注意,在全同态加密学术领域,几乎所有的论文都是以公钥加密的形式呈现全同态加密算法的,因此有些读者会问,是否存在私钥全同态加密算法呢?这个问题是这样的,Rothblum在2011年的TCC会议上的论文*Homomorphic encryption: From private key to public-key*中给出一个结论,能够将任意一个私钥同态加密算法转化为一个公钥同态加密算法。所以,一般全同态加密都是以公钥加密形式提出的。

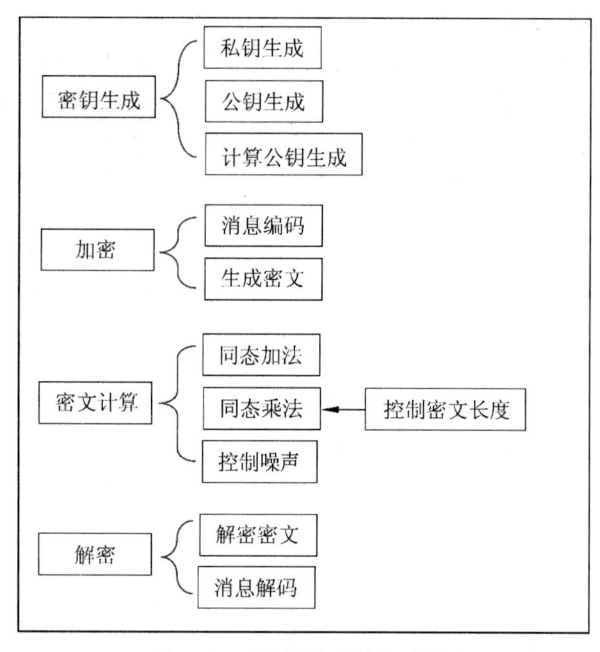

图1-12 全同态加密的4部分

首先说说密钥生成算法(KeyGen)。该算法用于生成公钥和私钥,公钥用于加密,私钥用于解密。但是,在全同态加密中,还需要生成另外一个公钥,即用于密文计算的公钥,我们把它称为Evk。密文计算公钥Evk的作用在执行密文计算时用到,而且Evk的形式与使用的全同态加密算法直接相关。例如,如果是通过同态解密获得全同态加密,即每次密文计算前要用同态解密约减密文的噪声,这时Evk就是对密钥的每一位加密后生成的密文,即密钥有多少位,Evk里就包含多少个公钥。Evk中每个公钥的大小就是使用加密算法加密后产生密文的大小。典型的代表就是 Gentry 的理想格方案以及后续的整数上的方案。

当然还有其他情况,例如,如果使用密钥交换与模交换技术获得全同态加密,典型代表就是 BGV 全同态加密。这时 Evk 中包含的就是 $L-1$ 个矩阵,其中 L 是方案中电路的深度,该矩阵用于密钥交换。每次密文计算后,都需要使用 Evk 中的公钥将维数扩张的密文转换成正常维数的密文。

当然还有一种情况是不需要 Evk,例如,在 2013 年美密会上 Gentry 等提出的 GSW 全同态加密使用的密文是矩阵(方阵),所以密文相乘或相加不会导致密文维数改变,因此在密文计算时没有用到公钥,这也是该论文可以产生基于身份或基于属性全同态加密的根本原因。

加密算法(Enc)和我们平常意义的加密是一样的,但是在全同态加密的语境里,使用加密算法加密的密文称为“新鲜”密文,即该密文是一个初始密文,没有和其他密文计算过。所以“新鲜”密文的噪声称为初始噪声。

解密算法(Dec)也和我们平常理解的一样,就是对密文的解密。注意,这里的解密算法不仅能对初始密文解密,还能对计算后的密文解密。但是,由于密文存在噪声,所以当密文计算到一定程度,其噪声将超过上限,所以对这样的密文解密可能失败。全同态加密的关键是对噪声的控制,使之能对任何密文正确解密。

最后一个算法:密文计算算法(Evaluate),这个算法是整个全同态加密 4 个算法中的核心。可以做这样的比喻:若前面 3 个算法是大楼的地基,那么后面这个密文计算就是大楼。密文计算是在电路里进行的,电路是分层的,电路深度越深,层数越多,密文就能够进行更多次的计算。注意电路深度 d 与密文计算次数 n 的关系:$d=\lceil \log_2 n \rceil$。什么是密文的计算次数(密文乘法的幂次)?例如,$x_1x_2x_3x_4$ 就是 4 次,可以看成多项式的次数。在全同态加密中,一般用乘法次数来衡量计算次数,这是因为乘法的噪声比加法的噪声增长得快很多。把 $x_1x_2x_3x_4$ 表示成电路形式有两种形式,如图 1-13 所示。显然,第一种形式的电路深度最浅,效率最高。

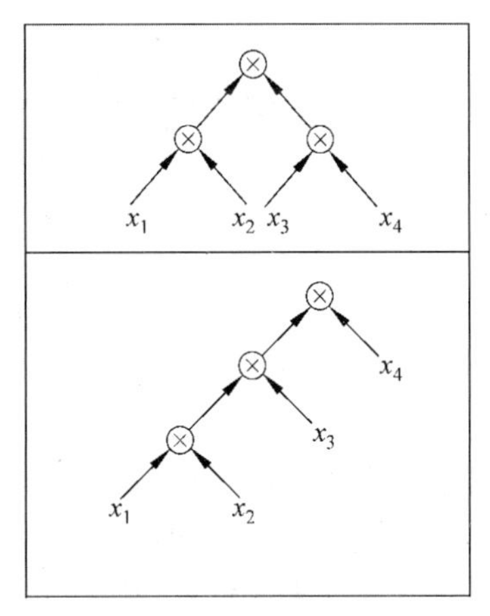

图 1-13　乘法电路计算

密文计算算法有 3 个输入：第一个输入是计算公钥 Evk，就是上面说到的；第二个输入是函数 f，就是对密文执行计算的函数；第三个输入是密文，就是将这些密文输入函数 f 里进行计算。由此可见密文计算算法的重要性，全同态加密就靠它了。还记得刚才的比喻吗？密文计算算法相当于大楼，由于密文中的噪声在计算中增长，导致这个大楼的层数是有限的，而全同态加密的目标是无限高。为了实现目标，只能控制噪声了。

1.2.2 同态解密控制噪声

如何控制噪声呢？噪声阻碍了我们的目标，一个直观的方法是对密文解密，密文解密后噪声就没有了，但是要解密，必须知道私钥，要想通过获得私钥来消除噪声是不现实的。但是，解密能够消除噪声这个角度能给我们许多启示，这也是 Gentry 构造全同态加密的支点。如果在密态下对密文执行解密计算，得到的结果依然是密文，但是其噪声是不是降低了呢？例如，令 s 是密文 c 的密钥，如果用 s 对密文 c 解密，那么首先应该把解密计算表示成电路形式，如图 1-14 所示，然后输入密钥 s 和密文 c。由于是电路，每一个输入都是二进制位，所以需要把密钥 s 和密文 c 表示成二进制位的形式，输入解密电路中执行解密计算。现在要在密态下执行同态解密计算，因此把原先输入解密电路中的每一位加密后输入即可，相当于每一根线输入的是一个密文，而且这个密文是“新鲜”密文。这些输入的“新鲜”密文通过解密电路执行密文计算，如图 1-15 所示。

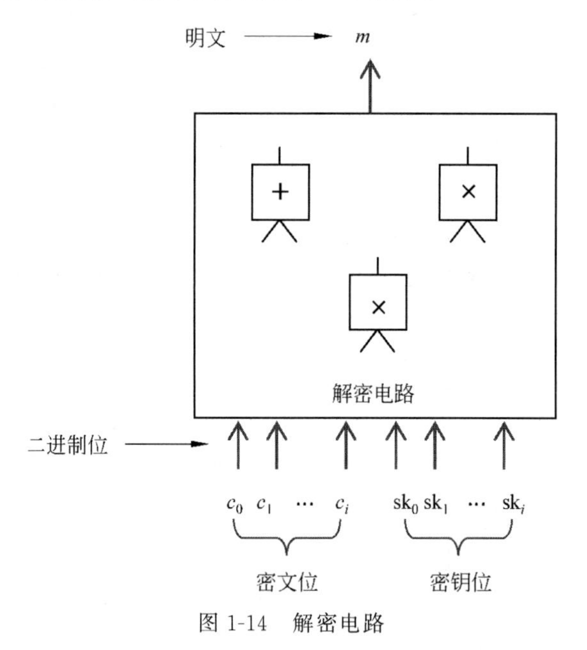

图 1-14 解密电路

由于解密电路是固定的，其电路深度也是固定的，所以输出密文的噪声也是固定的。所以每次执行同态解密，其输出的结果含有固定的噪声，而且都是对同一个消息的加密。如果其噪声空间还允许再进行一次同态乘法计算，那么每次执行完同态乘法计算后，再执行一次同态解密计算，依次递归就可以获得无限次的同态计算，从而达到控制噪声的目的，获得全同态加密。噪声增长与控制过程如图 1-16～图 1-19 所示。

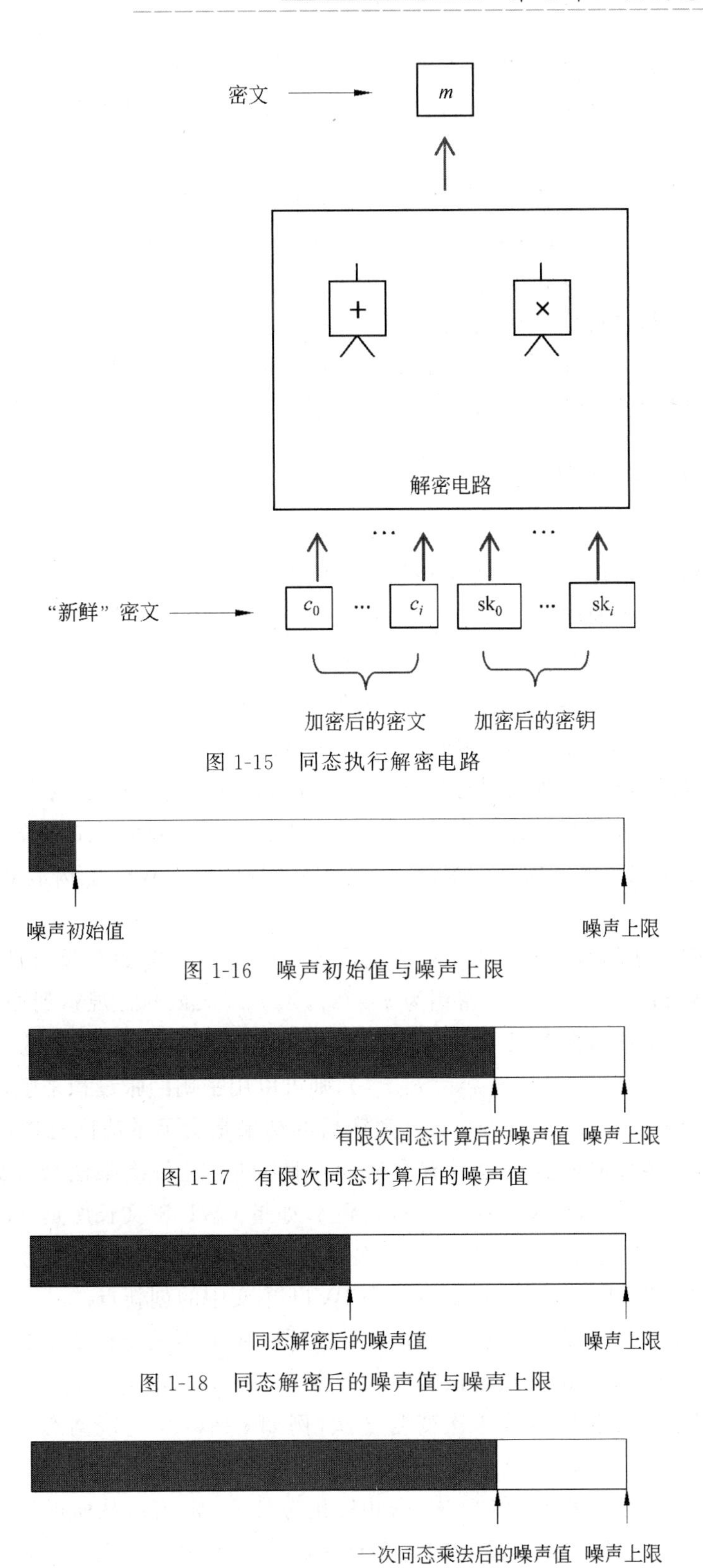

图 1-15　同态执行解密电路

图 1-16　噪声初始值与噪声上限

图 1-17　有限次同态计算后的噪声值

图 1-18　同态解密后的噪声值与噪声上限

图 1-19　同态解密后一次同态乘法后的噪声值与噪声上限

从上面可以看到，我们要的不是降低噪声，而是一个能够把密文噪声控制到一个固定值上的方法。如果这个噪声固定值比噪声上限小一点，还允许再执行一次同态计算，就大功告成。

所以这里的关键是解密电路的深度 d 要小于噪声上限所允许的深度 d'，具体来说就是 $d \leqslant d'-1$。不幸的是，在 Gentry 第一代全同态加密中，其解密电路的深度要大于噪声上限所允许的深度。所以 Gentry 提出一个方法——压缩解密电路，通俗地说，就是让解密电路“苗条”一些，使得解密电路可以“穿上”有限次同态加密这件“外衣”，即使得解密电路的深度 d 小于噪声上限所允许的深度 d'。压缩解密电路是要付出代价的，需要一个假设“稀疏子集和问题”，该问题并不是一个标准困难问题，没有被非常深入地研究过。

1.2.3 LWE 上的全同态加密

Gentry 构造的第一个全同态加密是基于理想格。理想格具有循环结构，在密码学中并不是一个优点。估计 Gentry 采用理想格的原因是理想格除了像格一样具有加法结构，同时还具有乘法结构的特性。真正将全同态加密建立在格上标准困难问题的，是 2011 年 Brakerski 在 FOCS(计算机科学基础)会议上提出的基于 LWE 问题的全同态加密算法(称为 BV11)[31]。该方案也是全同态加密发展的一个重要转折点。该方案依然沿用 Gentry 的构造思路，首先在 LWE 加密算法之上构造一个有限次同态加密算法，然后在此之上使用同态解密技术构造全同态加密。由于 LWE 加密算法天然具有加法同态性，因此重点需要解决乘法同态性的构造。但是，基于 LWE(环 LWE)上的加密算法由于没有环结构，所以无法提供密文向量的乘法，一度成为 LWE(环 LWE)上构造全同态加密的最大障碍。

LWE 加密算法的密文是向量(密钥也是等长的向量)，例如假设有两个 LWE 密文 $\boldsymbol{c}_1=(c_{11}, c_{12})$和 $\boldsymbol{c}_2=(c_{21}, c_{22})$，密钥为 $\boldsymbol{s}=(s_1, s_2)$。Brakerski 观察到如果将密文乘法定义为两个密文向量的张量积，即向量中的每一个元素乘以另外一个向量中的所有元素，例如 $\boldsymbol{c}_1 \otimes \boldsymbol{c}_2=(c_{11}c_{21}, c_{11}c_{22}, c_{12}c_{21}, c_{12}c_{22})$，则可以用密钥的张量积来解密，对应的解密密钥为 $\boldsymbol{s} \otimes \boldsymbol{s}=(s_1s_1, s_1s_2, s_2s_1, s_2s_2)$，解密后的结果是满足乘法同态性的。所以，从某种意义上来说，LWE 加密算法也具有乘法同态性，只不过每次乘法会导致密文长度增长。从上面的例子看到，密文长度从 2 增长到 4，如果 LWE 密文长度是 n，则每次乘法后密文长度增长约 $n^2/2$。因此，要构造有限次同态加密，必须解决乘法计算中密文长度增长的问题。解决这个问题就是 Brakerski 在 BV11 论文中的创新点。

Brakerski 在 BV11 论文中观察到解密函数可以表示为关于密文 $\boldsymbol{c}$ 的一个多变元多项式 $f_{\mathrm{sk}}(\boldsymbol{c})$，其中密文 $\boldsymbol{c}$ 的各项是该多项式的变元，密钥 sk 的各项是多项式的系数。密文乘法后密钥中的各项次数从 1 次变为 2 次，例如 $\boldsymbol{s}=(s_1, s_2)$，同态乘法后密钥变为 $\boldsymbol{s} \otimes \boldsymbol{s}=(s_1s_1, s_1s_2, s_2s_1, s_2s_2)$。如果用一个与 $\boldsymbol{s}$ 长度相同的新密钥 $\boldsymbol{t}$ 对同态乘法后的密钥 $\boldsymbol{s} \otimes \boldsymbol{s}$ 中的各项加密，就可以将“2 次”密钥转化为“1 次”密钥 t，从而得到一个新的密文，该密文的长度与正常密文的长度相同。而且用新密钥 $\boldsymbol{t}$ 对新密文解密，与用 $\boldsymbol{s} \otimes \boldsymbol{s}$ 解密 $\boldsymbol{c}_1 \otimes \boldsymbol{c}_2$ 得到的结果相同。

该方法在 BV11 论文中称为再线性化技术，如图 1-20 所示。每次密文乘法后，使用再线性化技术就可以解决密文乘法导致的长度增长问题。如果不考虑噪声增长问题，就可以做无限次的乘法。但是，由于每次乘法后的噪声增长，只能做有限次乘法，因此在 LWE 加密算法上使用再线性化技术可以获得一个有限次同态加密，如图 1-21 所示。如果想获得全同态加密，就需要控制噪声。例如，使用同态解密技术控制噪声，从而获得全同态加密。

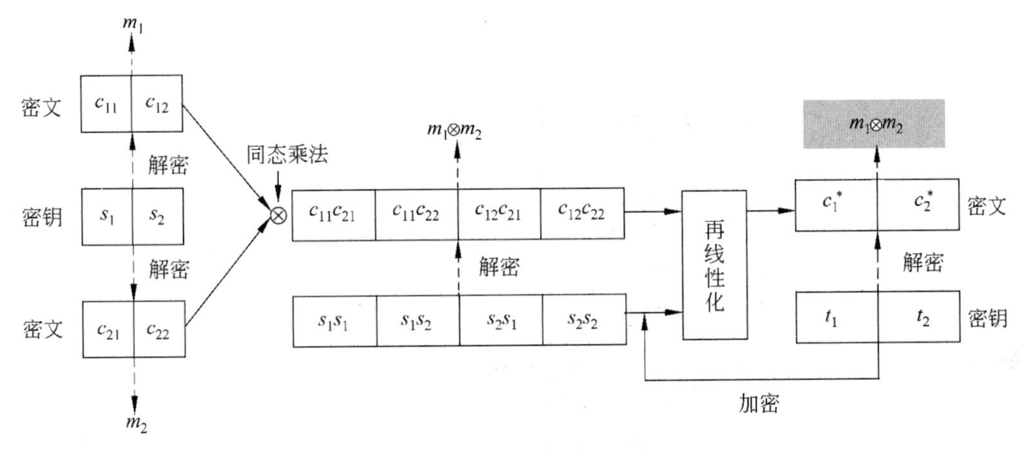

图 1-20　再线性化技术功能

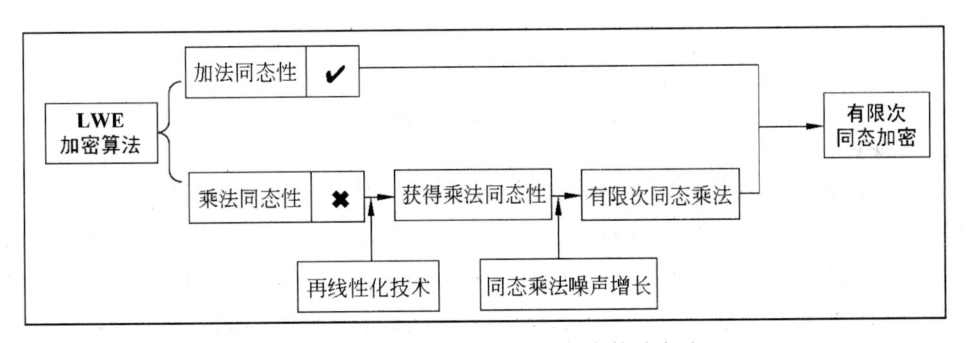

图 1-21　LWE 上有限次同态加密构造方法

那么问题来了，在上述构造的有限次同态加密上能否实现同态解密？也就是能否执行同态解密电路计算。依然不幸的是，LWE 解密电路的深度超过了有限次同态加密所允许的同态计算的电路深度。因此，如何降低 LWE 解密电路的深度又是 BV11 论文中的一个创新点，这个创新点依然来源于再线性化技术。

如果再线性化技术中将新密钥 t 的长度取为比正常密文长度小，就可以获得更小长度的密文，这就为降低解密电路复杂度铺平了道路，但是还不能解决问题。进一步，如果将新密钥 t 的模取为比正常密文的模更小，就可以实现降低解密电路的深度，相当于压缩解密电路，从而达到同态执行解密电路的目的，该方法称为维数-模约减技术。因此，每次乘法后使用维数-模约减技术，约减密文长度和模，然后再使用同态解密技术控制噪声，从而获得全同态加密,如图 1-22 所示。上述维数-模约减技术还带来一个意想不到的好处,就是能够缩短同态密文长度。

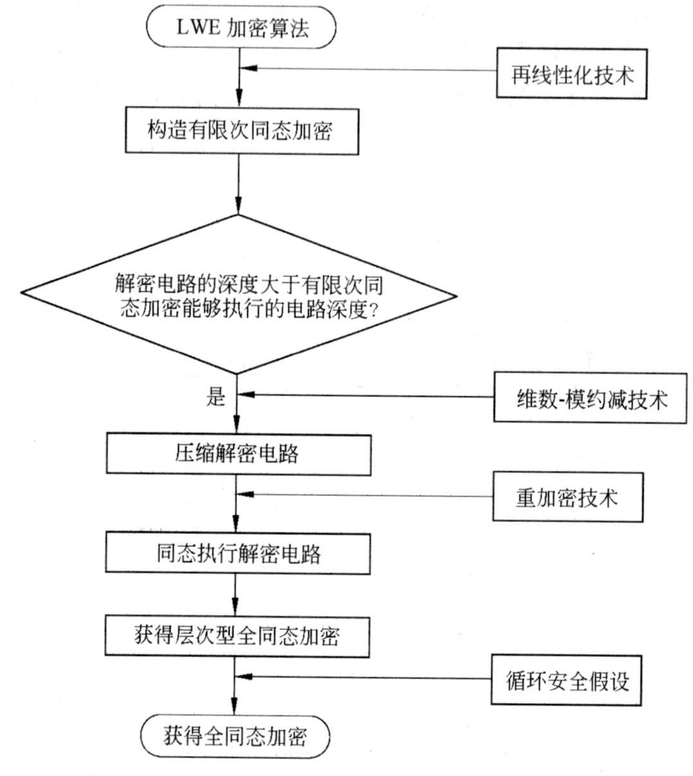

图 1-22　获得全同态加密的方法

上述方法都是通过使用同态解密技术控制噪声。然而,Brakerski 等受 BV11 论文中的维数-模约减技术的启发,在 BGV 论文中提出了模交换技术控制噪声[32],即密文的模在被约减的同时,其噪声也被约减了。例如,密文的初始噪声是 B,取模 $q \approx B^k$。经过一次乘法电路后噪声增长为 B^2,那么经过 n 层乘法电路后,其噪声增长为 $B^2, B^4, \cdots, B^{2^n}$。令 $2^n = k$,则 $n = \log_2 k$,即乘法电路深度为 $\log_2 k$。如果采用模交换技术,每次乘法后对密文除以 B,相当于把噪声从 B^2 约减回 B。同时将密文的长度缩小为原来的 $1/B$,则新密文的模变为 q/B。依次下去,$q/B^2, q/B^3, \cdots, q/B^{k-1}$,可以执行的乘法电路的深度近似为 $k-1$。与 $\log_2 k$ 相比,可见使用模交换技术控制噪声,能够实现乘法电路深度呈指数级提高,如图 1-23 所示。

在 BGV 论文中,对再线性化技术进行了提炼,形成了密钥交换技术,用于对密文长度增长的控制。同时使用模交换技术控制噪声,从而获得多项式深度电路的同态计算。如果希望获得更深电路的同态计算,则可以使用同态解密技术。由于使用模交换技术所获得的同态计算的电路深度大于同态解密电路的深度,因此可以获得全同态加密。全同态加密的理想方式是可以执行任意次同态计算。然而,在实践应用中,只满足固定深度的电路计算就可以了,因此产生了层次型全同态加密的定义,即算法可以执行多项式级深度

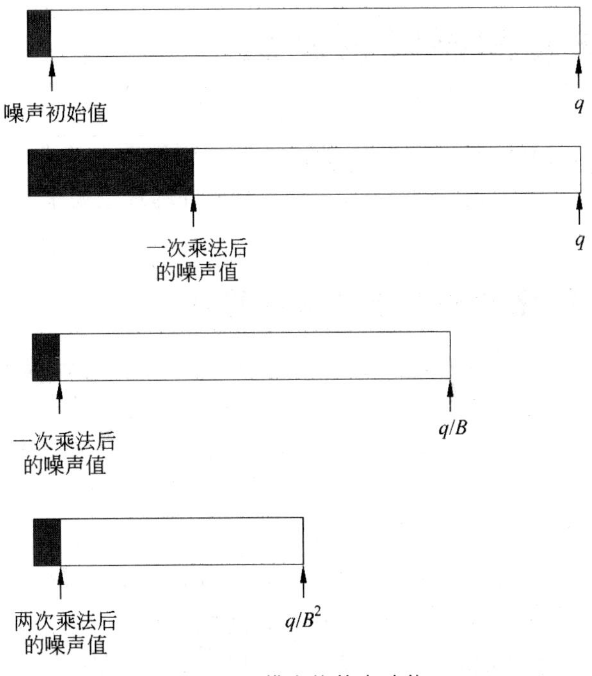

图 1-23 模交换技术功能

的电路,可以满足绝大多数应用。

在全同态加密的应用中,都会从计算的电路深度出发选择是否采用同态解密技术。如果计算的电路不深,采用层次型全同态加密即可,否则就需要采用同态解密技术满足更深电路的计算。

目前环 LWE 上的 BGV 算法的每个门电路计算复杂度为 $\tilde{O}(\lambda \cdot L^3)$(这是没有优化的情况下),其中 L 是电路的深度。比最初的方案($\tilde{\Omega}(\lambda^4)$)有了极大的提升!2012 年,Brakerski 在美密会上提出了 Bra12 算法[33],该算法只需使用密钥交换,而无须使用模交换技术就能够获得全同态加密,使得全同态加密的构造变得简单。

然而,使用密钥交换技术需要在公钥里添加许多用于密钥交换的矩阵,这样便增大了公钥尺寸。计算上,每次密钥交换时密文都需要乘以一个高维矩阵,例如基于 LWE 的方案其密钥交换矩阵是一个 $(n+1)^2\lceil \log q \rceil \times (n+1)$ 的矩阵,这直接影响了效率。所以,去除密钥交换技术或改进提高都能够再次提升全同态加密的效率。

2013 年,Gentry 提出了一个基于近似特征向量的全同态加密(称为 GSW 算法)[35]。其密文使用的是矩阵,所以密文的乘积不存在密文向量的膨胀问题,因此无须密钥交换技术和模交换技术就可以实现层次型全同态加密。该算法的安全性是基于 LWE 问题,是一个非常自然的全同态加密,其渐进复杂度为 $\tilde{O}((\lambda \cdot L)^{\omega})$,其中 $\omega<2.3727$。遗憾的是,在环 LWE 上使用近似特征向量的框架构造全同态加密方案,其效率依旧不如环 LWE 上 BGV 全同态加密。所以,如何改进与提高 GSW 算法是一个值得研究的问题。

1.3 详解同态解密思想

估计很多读者都没有格密码的基础，所以本节采用整数上的全同态加密详细解释同态解密的思想与技术。本节是自包含的，不需要有额外的理论要求。读者只详细阅读，即可掌握同态加密的详细思想与来龙去脉。

1.3.1 一个简化的整数上的加密算法

全同态加密用一句话来说就是：可以对加密的数据做任意计算，计算的结果解密后是相应于对明文做同样计算的结果。有点穿越的意思，从密文空间穿越到明文空间，但是穿越的时候是要被蒙上眼睛的。全同态具有这么好的性质，什么样的加密算法符合要求呢？往下看：

加密 $\mathrm{Enc}(m)$： $m+2r+pq$

解密 $\mathrm{Dec}(c)$： $(c \bmod p) \bmod 2=(c-p\times\lceil c/p \rfloor) \bmod 2=\mathrm{Lsb}(c)\ \mathrm{XOR}\ \mathrm{Lsb}(\lceil c/p \rfloor)$

其中 m 是消息(0 或 1)；r 是噪声；p 是密钥；q 是随机选取的一个公共整数。上面这个算法显然是正确的，模 p 运算把 pq 消去，模 2 运算把 $2r$ 消去，最后剩下明文 m。Lsb 表示最低有效位，因为是模 2 运算，所以结果就是这个二进制数的最低位。这个公式看上去很简单，但是却很耐看，需要多看。

公式中的 p 是一个正的奇数，q 是一个大的正整数(没有要求是奇数，它比 p 要大得多)，p 和 q 在密钥生成阶段确定，p 看成密钥。而 r 是加密时随机选择的一个小的整数(可以为负数)。明文 $m\in\{0,1\}$，是对“二进制位”的加密，密文是整数。上面加密算法的明文空间是 $\{0,1\}$，密文空间是整数集。

全同态加密中除了加密、解密，还有一个非常重要的算法是密文计算(Evaluate)。它的作用是对给定的函数 f 以及密文 $c_1,c_2,\cdots,c_t$ 计算函数 $f(c_1,c_2,\cdots,c_t)$。在这里就是对密文做相应的整数加、减、乘运算。

以上算法是对称加密算法，即只有一把私钥，既用于加密，也用于解密。下面考虑公钥加密方案，其实把 pq 看成公钥即可。由于 q 是公开的，所以如果把 pq 看成公钥，私钥 p 立刻就被知道了($p=pq/q$)。怎么办呢？看上面加密算法中，当对明文 0 进行加密时，密文为 $2r+pq$，所以我们可以做一个集合 $\{x_i;x_i=2r_i+pq_i\}$，公钥 pk 就是集合 $\{x_i\}$，加密时随机地从 $\{x_i\}$ 中选取一个子集 S，按如下公式进行加密：

$\mathrm{Enc}(m)$： $m+2r+\mathrm{sum}(S)$；其中 $\mathrm{sum}(S)$ 表示对 S 中的 x_i 进行求和。

由于 $\mathrm{sum}(S)$ 是一些对 0 加密的密文之和，所以对解密并不影响，整个解密过程不变。

这个方案是安全的，就是整数上的全同态加密算法，该算法于 2010 年欧密会提出(称为 DGHV)。其安全性依赖于一个困难问题——近似最大公约数(GCD)问题，就是给你一些 x_i，你求不出 p。

为了说明方便，我们还是采取 pq 为公钥的方案(尽管不安全，但是不影响说明过程)。所以,加密和解密还是按照一开始看到的公式,现在 pq 为公钥,p 还是私钥,q 是公开参数。再重复一遍我们的加密、解密算法:

加密 Enc(m):　$m+2r+pq$

解密 Dec(c):　$(c \bmod p) \bmod 2=(c-p\times\lceil c/p \rfloor) \bmod 2=\text{Lsb}(c)\ \text{XOR}\ \text{Lsb}(\lceil c/p \rfloor)$

在这里需要解释一下模运算:一个实数 a 模上 p 可以表示为 $a \bmod p=a-\lceil a/p \rfloor * p$,其中$\lceil a \rfloor$表示最近整数,即有唯一整数在$(a-1/2,\ a+1/2]$中。所以,$a \bmod p$ 的范围也就变成了$(-p/2,p/2]$,如图 1-24 所示。这种方式也称为中心模,在全同态加密中使用的都是中心模的方式,这与我们通常说的模 p 范围不一样。通常,模 p 的范围是$[0,p-1]$,那是因为模公式中采用的是向下取整:$a \bmod p=a-\lfloor a/p \rfloor * p$。其实中心模的方式就是将$(p/2,p]$映射到$(-p/2,0]$,如图 1-24 的灰色部分。

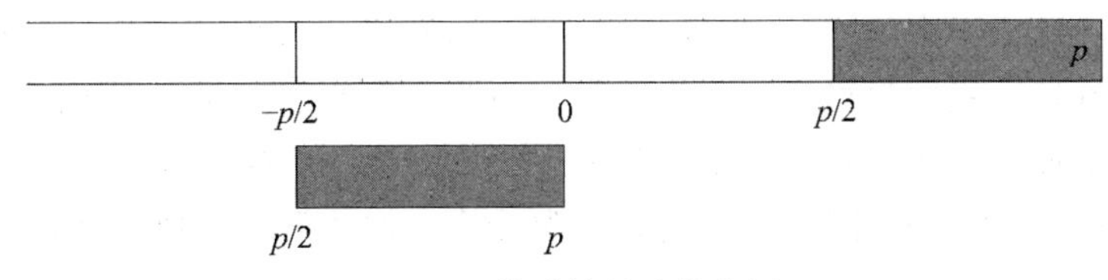

图 1-24　模计算的取值范围

另外有一个问题:负数的模运算怎么计算?例如 $-5 \bmod 3$。其实这是负数的四舍五入问题,就是取绝对值,然后四舍五入,再加负号。例如$-5/3=-2$,$-5/4=-1$。相应的模运算$-5 \bmod 3=-2$,$-5 \bmod 4=-1$。

1.3.2　可怕的噪声

前面对噪声介绍得都比较抽象,下面来具体认识噪声。

由于公钥 pq 是公开的,所以知道密文 c 后可以减去公钥得到

$$c-pq=m+2r$$

由于存在 r 的干扰,所以无法识别明文 m,我们就把 $m+2r$ 称为噪声。另外,在解密时只有当 $c \bmod p=m+2r<p/2$ 时,再对它进行模 2 计算才能正确解密,即$(m+2r) \bmod 2=m$。

如果噪声大于 $p/2$ 时,$c \bmod p$ 就不再等于 $m+2r$,解密就可能无法正确恢复出明文。所以噪声是影响解密的关键。而噪声在密文计算中会增长,下面来看其增长的势头。

假设 $c_1=m_1+2r_1+pq_1$;$c_2=m_2+2r_2+pq_2$;其中 c_1是对明文 m_1的加密,c_2是对明文 m_2的加密。密文的同态加法和同态乘法计算如下:

$$c_1+c_2=(m_1+m_2)+2(r_1+r_2)+p(q_1+q_2)$$

$$c_1 * c_2=(m_1+2r_1)(m_2+2r_2)+p(pq_1q_2+m_1q_2+m_2q_1+2r_1q_2+2r_2q_1)$$

取模计算后:

$$(c_1+c_2) \bmod p=(m_1+m_2)+2(r_1+r_2)$$

$$(c_1 * c_2) \bmod p=(m_1+2r_1)(m_2+2r_2)$$

由上可见,密文之和的噪声是各自密文的噪声之和;而密文乘积的噪声是噪声之积。因此,噪声的主要来源还是乘法计算,在乘法计算中噪声被放大得很快。例如,设 $p=11$,$q=5$,$m_1=0$,$m_2=1$,然后分别随机选取 $r_1=-1$ 和 $r_2=1$,有:

$c_1=\mathrm{Enc}(m_1)=m_1+2r_1+pq_1=0+2\times(-1)+11\times5=53$；$c_1 \bmod p=-2$，解密 $\mathrm{Dec}(c_1)=0$。

$c_2=\mathrm{Enc}(m_2)=m_2+2r_2+pq_2=1+2\times1+11\times5=58$；$c_2 \bmod p=3$，解密 $\mathrm{Dec}(c_2)=1$。

因为 $c_1 \bmod p$ 和 $c_2 \bmod p$ 都在 $(-p/2,p/2)$ 范围内，所以解密正确。c_1 和 c_2 称为新鲜密文，即直接由明文生成的初始密文。在新鲜密文中，噪声是在一定合理范围内的。再来看 $c_1\times c_2$：

$$c^*=c_1\times c_2=53\times58=3074;c^* \bmod p=5$$

因此解密 $\mathrm{Dec}(c^*)=1\neq m_1m_2=0$，所以解密错误。错误的原因是噪声之积 $(c_1 \bmod p)(c_2 \bmod p)=-6$ 不在 $(-p/2,p/2)=(-5.5,5.5)$ 范围内。

密文计算会造成噪声的增长，当噪声超出范围，解密就会失败，这意味着不能够对密文任意计算。到这里我们只得到一个运算时噪声范围不能超过 $p/2$ 的同态加密（也称为 Somewhat 同态加密），似乎用这个方案实现全同态加密是行不通的。我们需要的是全同态加密，即对密文可以任意计算，而不是有限次计算。估计很多人到这里就觉得无路可走了，于是一个突破就擦肩而过。下面分析一下症结所在。

1.3.3 同态解密：一个生硬的思路

噪声阻碍了我们的目标，那么如何消除噪声呢？一个直观的方法是对密文解密，密文解密后噪声就没有了，但是，要解密必须知道私钥，要想通过获得私钥消除噪声是不现实的。那么，如果对密钥加密可以吗？

按照这个思路前进。假设密文 c 的密钥是 s，其对应的公钥是 pk_1。现在用一把新的公钥 pk_2 对私钥 s 加密得到密文 $\boxed{s}$，用 pk_2 对 c 再加密得到密文 $\boxed{c}$。将 $\boxed{s}$ 和 $\boxed{c}$ 输入解密电路里，由于 $\boxed{s}$ 和 $\boxed{c}$ 都是加密后的密文，所以执行的是同态解密计算。先撇开噪声增长不管，看看解密电路最后输出的是什么。输出的是一个新的密文，该密文是明文在 pk_2 下加密的密文，记为 $\boxed{s\text{ 解密 }c}=\boxed{\text{明文}}$。为什么会这样？因为执行的是同态解密计算，所以是在密态下用 s 对 c 解密，所有的操作都是同态操作。是不是有点像魔术，就像原来一个人穿的是西装，现在你没有看到这个人换衣服的情况下，魔术师只是施了一下魔法，这个人立刻就换了一身运动服，人还是原来那个人，只是包装变了。这也是 Gentry 思想中一个最重要的特性：同态解密。

那么，同态解密对于控制噪声又有什么关系呢？

由于解密电路的深度是固定的，所以当执行同态解密计算后，其噪声增长也是固定的。如果其噪声空间还允许再执行一次同态计算，那么依次递归就可以执行任意次同态计算，从而获得全同态加密。

执行同态解密前对输入的密钥和密文加密，通常称为重加密。由于每次重加密执行前需要一个公钥来加密私钥和密文，要进行多次重加密，就需要一个公钥序列 $\{\mathrm{pk}_1,\mathrm{pk}_2,\cdots,\mathrm{pk}_i\}$，对应于公钥序列也有一个对私钥加密后的序列 $\{\boxed{\mathrm{sk}_1},\boxed{\mathrm{sk}_2},\cdots,\boxed{\mathrm{sk}_{i-1}}\}$（其中$\boxed{\mathrm{sk}_i}$是用 pk_{i+1}加密 sk_i得到的密文)。这个过程是如何进行的呢?

电路的每一层对应一对公钥与私钥。第一层对应的是 pk_1 和 sk_1,第二层对应的是 pk_2和 sk_2……。例如,初始公钥为 pk_1,对应的私钥为 sk_1,执行完第一层电路计算后得到的结果密文是 c_1,然后使用同态解密控制噪声,需要执行重加密。于是用第二层电路的公钥 pk_2对 sk_1加密得到$\boxed{\mathrm{sk}_1}$(公钥对于所有层都是公开的),以及用 pk_2对密文 c_1再加密得到$\boxed{c_1}$。然后将$\boxed{\mathrm{sk}_1}$和$\boxed{c_1}$输入解密电路计算后,输出一个密文 c_2,该密文就是用 pk_2对明文加密的结果。密文 c_2可以进入第二层电路进行计算。注意,由于每一层电路对应相应的密钥,所以只有对应该密钥的密文才能进入该层电路计算。同理,在电路第二层进行重加密时,将用 pk_3对该层密钥 sk_2加密得到$\boxed{\mathrm{sk}_2}$,以及对来自第二层电路的输出密文进行加密;最后输入解密电路得到一个新密文,该密文是用 pk_3对明文加密的结果,而且该密文的噪声允许再执行一次同态计算。依次执行下去。

在这种情况下,公钥、私钥的数量与电路的深度呈线性的依赖关系。能否减少密钥的数量?如果基于一个假设:被加密的私钥信息泄露,不会影响私钥本身的安全,就不需要这么多公钥与私钥,所有电路层都共用一个公钥与加密的私钥就可以了。该假设称为循环安全(circular security)。如果全同态的加密是循环安全的,好处在于不需要在计算前确定密钥的数量,也不需要那么多密钥,从而提高了效率,而且方便了许多。然而,要证明循环安全的成立很困难,目前还不存在对该假设的攻击。

如果一个有限次同态加密具有执行自己解密电路的能力,即解密电路的噪声增长不会超过该有限次同态解密所允许的噪声上限,则称该有限次同态加密是可以启动的。从上面的解决思路可以看到没有特别绕弯子的地方,就是碰到问题解决问题,解决不了的,创造条件也要解决。通过创造同态执行解密电路的条件,从而控制噪声,以达到无限次对密文计算的目的。

到这里似乎全同态实现了,实际还存在一个问题:有限次同态加密能否执行自己的解密电路?这就要说说电路的复杂度。

1.3.4 解密电路的复杂度

电路的复杂度一般用布尔电路的大小(the size of boolean circuit,门电路的数量)来衡量。电路可被拆解成一些简单的布尔电路:例如"与"电路、"或"电路、"非"电路,通过它们的数量衡量电路的复杂度。而这些电路是可以组合成任意电路的,也就是说,可以实现任意功能。AND 电路和 XOR 电路对应的算术运算是乘法和加法。用这两个基本电路来描述更加直观。解密电路显然可以用 AND 电路和 XOR 电路的组合表示出来。

电路的每一个输入是二进制位,是通过"线"输入电路中。电路有多少输入就有多少根输入线,这是明文态下的电路,我们更关心的是密态下电路的计算。那么密态下的输入是什么呢?密态下每一根电路的输入线输入的是密文,该密文就是对明文态下这根线上输入的二进制位的加密,相应的 AND 电路和 XOR 电路就变成乘法电路和加法电路。因此，在密态下电路就变成了算术电路(明文态下是布尔电路)。同理，同态解密电路的计算也是在密态下执行解密电路。

在同态计算中，密文乘法导致噪声增长很快，而加法计算的噪声增长就非常缓慢，因此解密电路的复杂度是用乘法电路的深度来衡量。而乘法电路深度与乘法的次数有对应关系：电路深度 $d=\lceil \log_2 n \rceil$，其中 n 是密文计算次数。因此，乘法电路的深度可以转化为多项式的次数来衡量。

为了判断是否能够执行同态解密电路的计算，我们先分析前面那个整数加密方案的同态计算能力，也就是最多能够执行多少次同态乘法。假设对 n 个密文 $c_1,c_2,\cdots,c_n$ 计算，令 f 为所要执行的计算，即有 $c^*=f(c_1,c_2,\cdots,c_n)$，$c^*$ 是密文计算结果。由于 $c_i=m_i+2r_i+pq_i$，所以有

$$
\begin{aligned}
c^* &= f(m_1+2r_1+pq_1,c_2=m_2+2r_2+pq_2,\cdots,m_n+2r_n+pq_n) \\
&= f(m_1+2r_1,m_2+2r_2,\cdots,m_n+2r_n)+p\ (\cdots)
\end{aligned}
$$

密文计算结果 c^* 的噪声为 $c^* \bmod p$，即 $c^* \bmod p=f(m_1+2r_1,m_2+2r_2,\cdots,m_n+2r_n)$。不妨令 $|m_i+2r_i|\leqslant B$，即密文 c_i 的噪声上限是 B。可以把 f 看成含有 n 个变元的多项式 $f(x_1,x_2,\cdots,x_n)$。该多项式的次数就是该方案同态计算的能力。另外前面说过，该方案要想解密正确，必须满足 $f(x_1,x_2,\cdots,x_n)<p/2$。

假设多项式 f 的次数是 d，则 f 的每一项就是从 n 个变元$(x_1,x_2,\cdots,x_n)$里选取 d 个变元，因此有 $C(n,d)$ 个项(其中 C 表示组合运算)，由 $C(n,d)<n^d$ 得

$$f(x_1,x_2,\cdots,x_n)<n^d B^d<p/2$$

则有 $d<\log p / \log(nB)$，也就是说，f 的计算次数最多为 $\log p / \log(nB)=\log_{nB} p$。注意，这里都是以 2 为底的对数。本书中凡是以 2 为底的对数，对数底均省略。

下面再看看解密电路的计算次数：

解密 $\mathrm{Dec}(c)$：$(c \bmod p) \bmod 2=(c-p\times\lceil c/p \rfloor) \bmod 2=\mathrm{Lsb}(c)\ \mathrm{XOR}\ \mathrm{Lsb}(\lceil c/p \rfloor)$

上式的复杂性主要来源于 c/p，所以主要看 c/p 所需的计算次数。$c/p=c\times p^{-1}$，p^{-1} 是小数，为了保证 $c\times p^{-1}$ 取整之后的精确度，p^{-1} 要取 $\log c$ 位。例如，12345678×0.111111 和 $12345678\times 0.11111111$ 的结果取整后是不一样的。那么，如何衡量两个数相乘的次数呢？有如下结论：

乘两个 t 位数相当于加 t 个数：输出位是关于输入位的一个 2 次多项式。

$$
\begin{array}{ccccc}
 & & a_3 & a_2 & a_1 \\
 & & b_3 & b_2 & b_1 \\
\hline
 & & a_3b_1 & a_2b_1 & a_1b_1 \\
 & a_3b_2 & a_2b_2 & a_1b_2 & \\
a_3b_3 & a_2b_3 & a_1b_3 & &
\end{array}
$$

加 t 个数可以应用“3-for-2 trick”技巧：3 个数相加得到 2 个数相加，输出位是关于输入位的一个次数最多为 2 次的多项式。

$$
\begin{array}{cccc}
 & a_3 & a_2 & a_1 \\
 & b_3 & b_2 & b_1 \\
 & c_3 & c_2 & c_1 \\
\hline
 & a_3+b_3+c_3 & a_2+b_2+c_2 & a_1+b_1+c_1 \searrow \text{一次} \\
a_3b_3+a_3c_3+b_3c_3 & a_2b_2+a_2c_2+b_2c_2 & a_1b_1+a_1c_1+b_1c_1 \searrow \text{二次} &
\end{array}
$$

其中 $a_1b_1+a_1c_1+b_1c_1$ 是进位，注意它从形式上还是一个对称多项式。

那么，t 个数应用这个技巧经过 $\log_{3/2}t$ 次相加后得到两个数，输出位的次数为 $2^{\log_{3/2}t}=t^{1.71}$。

再看两个 t 位数相加：

$$
\begin{array}{lccc}
\text{进位：} a_2b_2+a_2a_1b_1+b_2a_1b_1 & & a_1b_1 & \\
 & a_3 & a_2 & a_1 \\
 & b_3 & b_2 & b_1 \\
\hline
 & a_3+b_3+a_2b_2+a_2a_1b_1+b_2a_1b_1 \swarrow \text{三次} & a_2+b_2+a_1b_1 & a_1+b_1
\end{array}
$$

因为上面 3 位数相加次数最多为 3 次，所以输出位的次数最多为 t 次。

结合起来有：乘两个 t 位数的次数最多为 $2t^{1.71}t=2t^{2.71}$，而 $c\times p^{-1}$ 里 c 的位数为 $\log c$，p^{-1} 要取 $\log c$ 位，又 $\log c>\log p$（因为 $p<c$），所以 $c\times p^{-1}$ 的次数至少是 $2(\log p)^{2.71}$。而前面说过 f 的计算次数最多为 $\log p/\log(nB)$，所以解密电路的深度要大于方案所允许的电路深度，因此无法执行同态解密电路的计算，所以无法获得全同态加密，与全同态失之交臂。

怎么办呢？古人云：兵来将挡，水来土掩。解密电路深，把它变浅即可。说起来容易做起来有点难。有技巧的地方在于压缩解密电路。

1.3.5 压缩解密电路

如何把电路变浅呢？一个直观的方法是替别人承担一些工作，这样原来的任务量就变小了。还是先来仔细打量一下问题出现在什么地方：

$$c\times p^{-1}$$

这是一个乘积，要想把它变成一个较浅的运算电路，应该如何做呢？最直观的方法是：把乘积变成和，也就是说，把 $c\times p^{-1}$ 变成和 $\sum z_i$。由于 c 是密文，因此我们不可能拿它开刀，唯一可以做处理的地方是 p^{-1}，也就是说，应该把 p^{-1} 转换成一个和的形式，即 $p^{-1}\to\sum y_i$，要知道 p 是私钥，是不能公开的，所以可以把 p 隐藏在 $\sum y_i$ 中，同时这种隐藏要不会泄露 p 才可行，所以要有一个陷门才可以，这个陷门就是稀疏子集和问题(sparse subset sum problem，SSSP)，就是给一串整数 $x_1,x_2,\cdots,x_n$，存在一个$\{1,2,\cdots,n\}$的子集 S，使得 $\sum s_i x_i=0$（其中 $i\in S$），求这个 S 是不可行的。这个问题被认为是困难的，但是没有被很深入地研究过。有了这个陷门，就可以构造出解密电路：$\mathrm{Lsb}(c)$ XOR $\mathrm{Lsb}(\lceil\sum s_i\cdot z_i\rfloor)$。

取 $y_1, y_2, \cdots, y_n \in [0, 2)$，存在一个稀疏子集 S，使得 $\sum s_i \cdot y_i \approx 1/p \bmod 2\ (i \in S)$（因为是实数，所以用近似等于 $1/p$ 表示，是存在一个误差的，这个误差不影响取整后的结果）。令 $z_i \leftarrow c \cdot y_i \bmod 2$，$z_i$ 保留一定的精确度，从而有 $\sum s_i \cdot z_i \approx c/p \bmod 2$。所以，解密电路中的 $\lceil c/p \rfloor$ 可以替换成 $\lceil \sum s_i \cdot z_i \rfloor$。解密电路变成

$$\mathrm{Lsb}(c)\ \mathrm{XOR}\ \mathrm{Lsb}(\lceil \sum s_i \cdot z_i \rfloor)$$

这个变换后的方案，公钥除了原来的公钥 pk 之外，还多加了一个向量 $\{y_i\}$。密文除了原来的 c 之外，多出了一个向量 $\{z_i\}$。这个多出来的 z_i 可以看作提前拿出来计算，以减轻解密电路负担的，这个方法叫预处理(post-process)。私钥由原来的 sk 变成了 $\{s_i\}$。可以看到，公钥变大，密文也变大，这个代价就是为了换得更浅的电路。那么，电路变浅了吗？下面来分析一下。

主要分析一下 $\sum s_i \cdot z_i$ 所执行电路的深度(次数)，然后和我们前面分析的 f 所能执行的最大次数比较就知道了。

假设 z_i 的精确度为 n 位(我们考虑的都是二进制位表示)，整数位只考虑最低位，因为 $\mathrm{Lsb}(\lceil \sum s_i \cdot z_i \rfloor)$ 是对和先取整，然后再取最低有效位，如下所示：

$$\begin{array}{llllll}
a_{1,0}\cdot & a_{1,-1} & \cdots\ a_{1,-(n-1)} & a_{1,-n} & \text{----------} & s_1 z_1 \\
a_{2,0}\cdot & a_{2,-1} & \cdots\ a_{2,-(n-1)} & a_{2,-n} & \text{----------} & s_2 z_2 \\
a_{3,0}\cdot & a_{3,-1} & \cdots\ a_{3,-(n-1)} & a_{3,-n} & \text{----------} & s_3 z_3 \\
\vdots & \vdots & \quad\ \vdots & \vdots & & \vdots \\
a_{t,0}\cdot & a_{t,-1} & \cdots\ a_{t,-(n-1)} & a_{t,-n} & \text{----------} & s_t z_t
\end{array}$$

其中·代表小数点，小数点后有 n 位。如果上述 t 个数应用"3-for-2 trick"相加，电路深度也不会满足要求，所以得另寻它法。

汉明重量(Hamming weight)通俗地说就是向量中"1"的个数，由于是二进制相加，所以上面每一列相加的结果可以看成该列的汉明重量。那么，汉明重量怎么求呢？有一个定理非常有用，就是：

对于任意一个二进制向量 $\langle a_1, a_2, \cdots, a_t \rangle$，其汉明重量为 W，并且 W 的二进制表示如果为 $w_n w_{n-1} \cdots w_1 w_0$，则 w_i 可以表示为关于变元 $a_1, a_2, \cdots, a_t$ 的一个次数是 2^i 的多项式。这个多项式很容易求，就是对称多项式 $e_{2^i}(a_1, a_2, \cdots, a_t)$，有现成的算法。

可以对上面的那些列运用此定理。对最低列求汉明重量，则汉明重量的最低位是 $e_{2^0}(a_{1,-n}, a_{2,-n}, \cdots, a_{t,-n}) \bmod 2$，它就是该列的和，这个汉明重量的倒数第二位是 $e_{2^1}(a_{1,-n}, a_{2,-n}, \cdots, a_{t,-n}) \bmod 2$，将进位到倒数第二列记为 $C_{n,-(n-1)}$，如此下去。

$$\begin{array}{lllll}
C_{n,0} & C_{n,-1} & \quad\ C_{n,-(n-1)} & & \text{--------}\ \text{进位} \\
a_{1,0}\cdot & a_{1,-1} & \cdots\ a_{1,-(n-1)} & a_{1,-n} & \\
a_{2,0}\cdot & a_{2,-1} & \cdots\ a_{2,-(n-1)} & a_{2,-n} & \\
a_{3,0}\cdot & a_{3,-1} & \cdots\ a_{3,-(n-1)} & a_{3,-n} & \\
\vdots & \vdots & \quad\ \vdots & \vdots & \\
a_{t,0}\cdot & a_{t,-1} & \cdots\ a_{t,-(n-1)} & a_{t,-n} & \\
\hline
 & & & b_{-n} &
\end{array}$$

最后得到：

$$
\begin{array}{lllll}
C_{-1,0} & & & & \\
\vdots & & & & \\
C_{n-1,0} & C_{n-1,-1} & \cdots & & \\
C_{n,0} & C_{n,-1} & & C_{n,-(n-1)} & \\
a_{1,0}\cdot & a_{1,-1} & \cdots & a_{1,-(n-1)} & a_{1,-n} \\
a_{2,0}\cdot & a_{2,-1} & \cdots & a_{2,-(n-1)} & a_{2,-n} \\
a_{3,0}\cdot & a_{3,-1} & \cdots & a_{3,-(n-1)} & a_{3,-n} \\
\vdots & \vdots & & \vdots & \vdots \\
a_{t,0}\cdot & a_{t,-1} & \cdots & a_{t,-(n-1)} & a_{t,-n} \\
\hline
b_0 & b_{-1} & \cdots & b_{-(n-1)} & b_{-n}
\end{array}
$$

则有 $b=\lceil \sum s_i \cdot z_i \rfloor=(b_0+b_{-1}) \bmod 2$（因为是取整，所以只关心第 0 列，取整是要取最近的整数，所以和 b_{-1} 有关，如果 b_{-1} 是 1，则要进上去）。我们现在的任务是计算 $\lceil \sum s_i \cdot z_i \rfloor$ 的电路关于 $a_{i,j}$ 的多项式次数。开始时可以看成都是一次的：

$$
\begin{array}{|lllll|}
\hline
a_{1,0}\cdot & a_{1,-1} & \cdots & a_{1,-(n-1)} & a_{1,-n} \\
a_{2,0}\cdot & a_{2,-1} & \cdots & a_{2,-(n-1)} & a_{2,-n} \\
a_{3,0}\cdot & a_{3,-1} & \cdots & a_{3,-(n-1)} & a_{3,-n} \\
\vdots & \vdots & & \vdots & \vdots \\
\hline
\end{array}
\quad
\begin{array}{|lllll|}
\hline
\deg=1\cdot & \deg=1 & \cdots & \deg=1 & \deg=1 \\
\deg=1\cdot & \deg=1 & \cdots & \deg=1 & \deg=1 \\
\deg=1\cdot & \deg=1 & \cdots & \deg=1 & \deg=1 \\
\vdots & \vdots & & \vdots & \vdots \\
\hline
\end{array}
$$

$$
\begin{array}{lllll}
a_{t,0}\cdot & a_{t,-1} & \cdots & a_{t,-(n-1)} & a_{t,-n}
\end{array}
\quad
\begin{array}{lllll}
\deg=1\cdot & \deg=1 & \cdots & \deg=1 & \deg=1
\end{array}
$$

然后，计算完最后一列，有了向前面各列的进位后，变成如下形式：

$$
\begin{array}{lllll}
e_{2^n}() & e_{2^{n-1}}() & e_{2^1}() & & \\
\deg=1\cdot & \deg=1 & \cdots & \deg=1 & \deg=1 \\
\deg=1\cdot & \deg=1 & \cdots & \deg=1 & \deg=1 \\
\deg=1\cdot & \deg=1 & \cdots & \deg=1 & \deg=1 \\
\vdots & \vdots & & \vdots & \vdots \\
\deg=1\cdot & \deg=1 & \cdots & \deg=1 & \deg=1
\end{array}
$$

每一列关于 $a_{i,j}$ 的次数都变了，例如倒数第二列次数为 2，依次下去：

$$
\begin{array}{lllll}
e_2() & & & & \\
\vdots & & & & \\
e_{2^{n-1}}() & e_{2^{n-2}}() & \cdots & & \\
e_{2^n}() & e_{2^{n-1}}() & \cdots & e_{2^1}() & \\
\deg=1\cdot & \deg=1 & \cdots & \deg=1 & \deg=1 \\
\deg=1\cdot & \deg=1 & \cdots & \deg=1 & \deg=1 \\
\deg=1\cdot & \deg=1 & \cdots & \deg=1 & \deg=1 \\
\vdots & \vdots & & \vdots & \vdots \\
\deg=1\cdot & \deg=1 & \cdots & \deg=1 & \deg=1 \\
\hline
e_{2^0}(..) & e_{2^0}(..) & \cdots & e_{2^0}(..) & e_{2^0}(..)
\end{array}
$$

因为最后的结果是$(b_0+b_{-1}) \bmod 2$，所以我们只关心前面两列（第0列和第1列）的次数。由于每列计算的结果都是$e_{2^0}(\cdots)$，它是关于输入项的一个次数为1次的对称多项式。对于第0列，由于其最高次数为2^n，所以其结果$e_{2^0}(\cdots)$的最高次数为2^n。对于第1列，由于其最高次数为2^{n-1}，所以其结果$e_{2^0}(\cdots)$的最高次数为2^{n-1}。所以，计算$\lceil\sum s_i\cdot z_i\rfloor$的电路关于$a_{i,j}$的多项式次数为$2^n$（$n$是$z_i$的精确度）。

回忆一下我们原来说的f所能计算的最高多项式次数为$\log p/\log nB$（注意2^n中的n和此式中的n不是一回事）。如何比较它们呢，得把参数确定一下，按照DGHV方案中的参数，λ为安全参数，取$\| p \| \sim\lambda^2$，$\| r \|\sim\lambda$，其中$\| \;\|$表示位数。所以$p\sim 2^{\lambda^2}$，$B\sim 2^\lambda$，则$\log p/\log nB\sim\lambda$。因此，要想同态执行$\lceil\sum s_i\cdot z_i\rfloor$电路，$z_i$的精确度要取$\log\lambda$才可以。现在知道DGHV论文中$z_i$精确度为什么要取那个数了吧？

到此为止，我们知道解密电路经过压缩，可以同态执行解密电路，因此可以获得全同态加密，所以可以对密文任意计算。尽管后面基于LWE问题的全同态加密不需要压缩电路，但是其思想依然在应用。例如，用维数-模约减的方法约减解密电路的复杂度，从而获得同态执行解密电路的能力。接下来总结一下实现步骤。

1.3.6 实现算法

每次密文计算后都需要同态执行解密电路来控制噪声，从而保证能够进行下一次密文同态计算。假设密文c是同态计算的结果，现在对其进行同态解密，基本步骤如下。

(1) 对密文c扩展得到$(c,\boldsymbol{z})$，其中c是密文，$\boldsymbol{z}$是向量$<z_1,z_2,\cdots>$，也称为扩展密文。

(2) 对$(c,\boldsymbol{z})$执行重加密。因为明文空间是$\{0,1\}$，所以加密是将密文按位展开后，对每一位加密。重加密是对密文以及私钥进行加密。所以有$c'=\mathrm{Enc}(\mathrm{Lsb}(c))$，得到的$c'$是一个整数。原本是需要对$z$的每一位进行加密的，但是有一个方法可以提高效率，就是对z不加密，认为z的每一位就是对自己的加密。另外，私钥$\boldsymbol{s}=<s_1,s_2,\cdots>$是关于0和1的向量，对私钥的每一位进行加密得到$\mathrm{sk}'=<\mathrm{Enc}(s_1),\mathrm{Enc}(s_2),\cdots>=<s_1',s_2',\cdots>$，注意$s_i'$是整数。然后计算$\sum s_i\cdot z_i$，计算它的算法如前面所说，把每一个$z_i$的二进制表示写成矩阵的一行，这样就得到一个矩阵：

$$\begin{matrix} a_{1,0}. & a_{1,-1} & \cdots & a_{1,-(n-1)} & a_{1,-n} \\ a_{2,0}. & a_{2,-1} & \cdots & a_{2,-(n-1)} & a_{2,-n} \\ a_{3,0}. & a_{3,-1} & \cdots & a_{3,-(n-1)} & a_{3,-n} \\ \vdots & \vdots & & \vdots & \vdots \\ a_{t,0}. & a_{t,-1} & \cdots & a_{t,-(n-1)} & a_{t,-n} \end{matrix}$$

然后用s_i'乘以上面矩阵第i行的每一位，得到一个整数矩阵（矩阵中每一个元素都是整数）：

$$\begin{matrix} \cdots \quad \cdots \quad e_{2^1}(b_{1,-(n-1)},\, b_{2,-(n-1)},\cdots,b_{t,-(n-1)}) \\ \vdots \\ b_{1,0}. \quad b_{1,-1} \quad \cdots \quad b_{1,-(n-1)} \quad b_{1,-n} \end{matrix}$$

$$
\begin{array}{cccc}
b_{2,0}. & b_{2,-1} & \cdots & b_{2,-(n-1)} & b_{2,-n} \\
b_{3,0}. & b_{3,-1} & \cdots & b_{3,-(n-1)} & b_{3,-n} \\
\vdots & \vdots & & \vdots & \vdots \\
b_{t,0}. & b_{t,-1} & \cdots & b_{t,-(n-1)} & b_{t,-n} \\
\hline
 & & & & e_{2^0}(b_{1,-n},\ b_{2,-n},\ \cdots,b_{t,-n})
\end{array}
$$

然后对最后一列（最低位）求汉明码。根据前面所述定理，汉明码的最低位是 $e_{2^0}(b_{1,-n},\ b_{2,-n},\cdots,b_{t,-n})$，其余各位 $e_{2^1}(b_{1,-(n-1)},\ b_{2,-(n-1)},\cdots,b_{t,-(n-1)})\cdots$都作为进位进到前面相应的位。依次计算下去，第 1 列的结果是 $b_{-1}=e_{2^0}(b_{1,-1},\ b_{2,-1},\cdots,b_{t,-1},\cdots)$，第 0 列的结果是 $b_0=e_{2^0}(b_{1,0},\ b_{2,0},\cdots,b_{t,0},\cdots)$

$$
\begin{array}{ccccc}
b_{1,0}. & b_{1,-1} & \cdots & b_{1,-(n-1)} & b_{1,-n} \\
b_{2,0}. & b_{2,-1} & \cdots & b_{2,-(n-1)} & b_{2,-n} \\
b_{3,0}. & b_{3,-1} & \cdots & b_{3,-(n-1)} & b_{3,-n} \\
\vdots & \vdots & & \vdots & \vdots \\
b_{t,0}. & b_{t,-1} & \cdots & b_{t,-(n-1)} & b_{t,-n} \\
\hline
b_0 & b_{-1} & & &
\end{array}
$$

(3) 计算 $b=(b_0+b_{-1})$，b 就是对应的 $\text{Lsb}(\lceil s_i \cdot z_i \rfloor)$同态计算的结果。

(4) 根据上面已经得到的 $c'=\text{Enc}(\text{Lsb}(c))$，最终对密文 c 的重加密结果为 $c^*=c'+b$。知道此 c^* 和 c 有什么关系吗？c^* 是 c 的“重生”，其噪声允许至少再执行一次同态计算。

(5) 接下来继续执行下一次同态计算。

1.4 格密码学介绍

格密码学近些年受到密码学界广泛的关注与重视，成为密码学界的一个热点[63-65]。格密码学的安全性基于最坏情况下的格上困难问题，所以其安全性有很强的保证，能够抵抗量子计算机的攻击。此外，格密码学上的计算非常简单，许多情况下只需要整数的矩阵向量乘积模运算。因此，其在实践中具有很强的吸引力。由于大整数分解和计算离散对数的量子算法已经存在[66]，所以传统数论上的密码学已经受到安全性上的威胁，急需能够抗量子计算的密码学，格密码学目前是最好的选择。

自 18 世纪以来，格就被一些数学家研究，例如高斯、拉格朗日等。近年来，格被作为一种算法工具在计算机科学界用于解决各种问题[67-68]。格也被发现在密码学分析中有许多应用[69-70]。从计算复杂度观点上看，格有许多独特的属性[71-74]。

格用于密码系统的构造并非是显然的。1996 年，Ajtai 在其论文[75]中发现了格能够用于构造密码学基，在此之前人们只是用格做密码学分析，这一开创性的杰出工作开启了格密码学的发展。

格密码学大概可以分为两类：一类是格密码学基础研究，主要是构建密码学单向函数等[61,76-81]；另一类是密码学应用研究，主要利用格密码理论解决各种问题。例如，公钥密码学[11,82-87]、数字签名[88-94]、基于身份的密码学[95-98]、全同态加密[4,25-47]、零知识证明协议[99-104]，以及其他各种密码学基与协议[105-113]。具体的格密码理论将在第2章介绍。

第2章 格密码理论基础

2.1 格密码在后量子密码中的优势

密码学曾被定义为一种编码和解码的艺术，这种把密码学看作艺术的定义与现代密码学的定义相违背[114]。20世纪末以前，密码学确实是一门艺术，构造良好的编码，打破已经存在的编码，这些都依赖于个人的技巧与创新。在这期间，密码学的理论性不强，甚至没有一个关于什么是良好编码的准确概念。

直到20世纪末，密码学发生了根本性的改变，密码学的理论丰富了，密码学真正成为一门科学。密码学领域不再仅是秘密通信，还包括消息认证、数字签名、密钥交换协议、认证协议、电子拍卖与选举、数字现金等。密码学的使用不再只是军方，如今密码学无处不在。密码学逐渐成为计算机科学的一个重要分支。具体内容请参考密码学的经典书籍[114]。密码学从理论到技术应用于各行各业，已经形成若干工业标准。以下是美国国家标准与技术研究院(national institute of standards and technology，NIST)制定的密码技术标准，如图2-1所示。

1994年，Shor提出分解大整数的量子算法以及计算离散对数的量子算法[115]，如图2-2所示。随后，Grover提出量子搜索算法，传统密码技术受到量子计算的极大威胁[116]。对称密码能提高自己的安全等级长度，还能够抵御量子计算的威胁，但是传统公钥密码由于建立在大整数分解、离散对数以及椭圆曲线之上，全面受到量子计算的攻击，具体见表2-1。

表2-1　传统密码的后量子安全等级

名　称	类　型	传统安全等级	后量子安全等级
对称密码			
AES-128	分组密码	128	64(Grover)
AES-256	分组密码	256	128(Grover)
Salsa20	流密码	256	128(Grover)
GMAC	消息认证码	128	128(没有影响)
Poly1305	消息认证码	128	128(没有影响)

续表

名　　称	类　　型	传统安全等级	后量子安全等级
		对称密码	
SHA-256	哈希函数	256	128(Grover)
SHA-3	哈希函数	256	128(Grover)
		公钥密码	
RSA-3072	加密	128	破解(Shor)
RSA-3072	数字签名	128	破解(Shor)
DH-3072	密钥交换	128	破解(Shor)
DSA-3072	数字签名	128	破解(Shor)
ECDH(256 位)	密钥交换	128	破解(Shor)
ECDSA(256 位)	数字签名	128	破解(Shor)

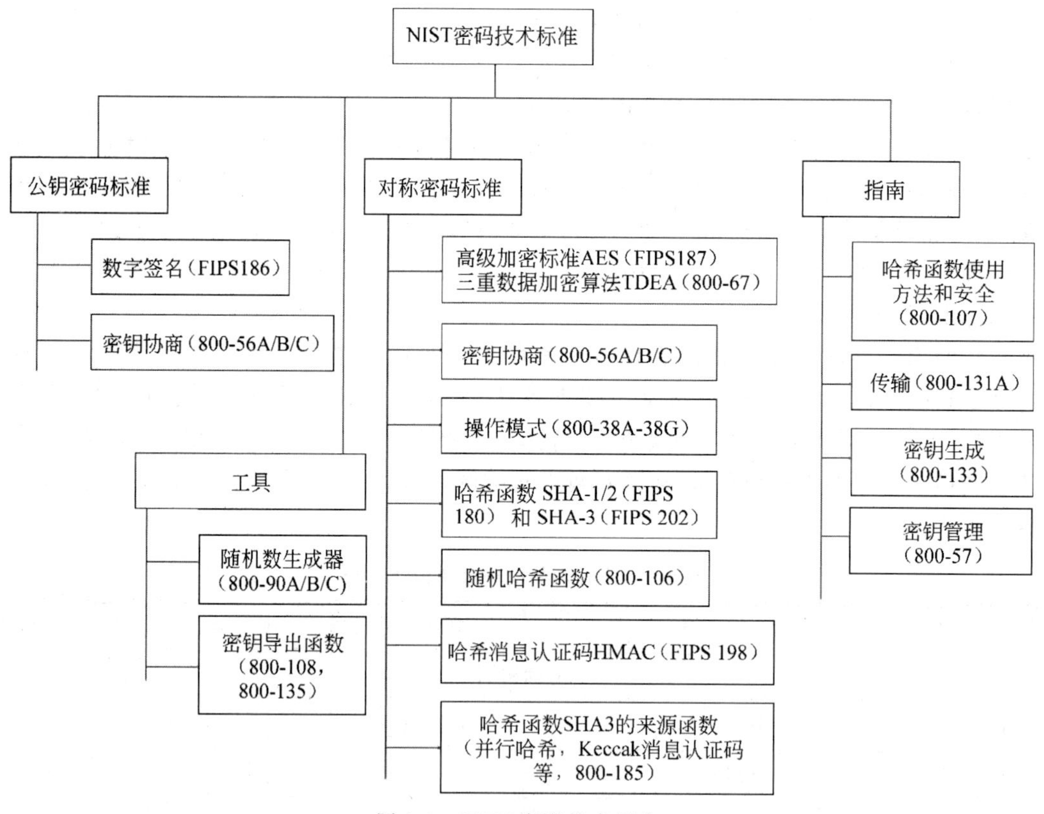

图 2-1　NIST 密码技术标准

2012 年，NIST 组织开展了后量子密码项目。为什么要研究后量子密码？2015 年，滑铁卢大学量子计算研究所副所长 Michele Mosca 在其发布的研究报告中声称[117]：

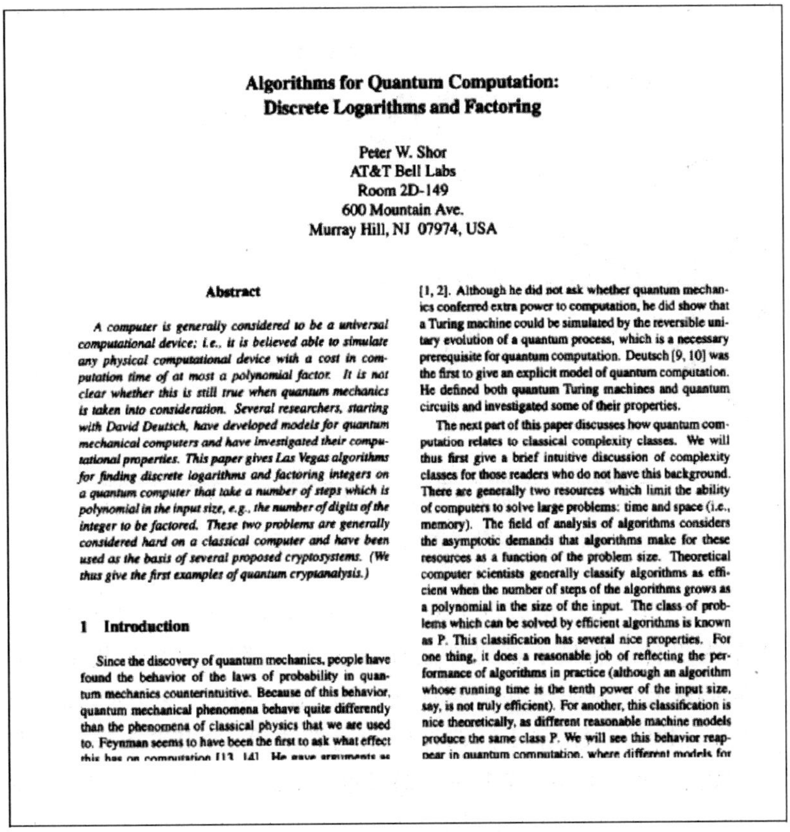

Algorithms for Quantum Computation:
Discrete Logarithms and Factoring

Peter W. Shor
AT&T Bell Labs
Room 2D-149
600 Mountain Ave.
Murray Hill, NJ 07974, USA

Abstract

A computer is generally considered to be a universal computational device; i.e., it is believed able to simulate any physical computational device with a cost in computation time of at most a polynomial factor. It is not clear whether this is still true when quantum mechanics is taken into consideration. Several researchers, starting with David Deutsch, have developed models for quantum mechanical computers and have investigated their computational properties. This paper gives Las Vegas algorithms for finding discrete logarithms and factoring integers on a quantum computer that take a number of steps which is polynomial in the input size, e.g., the number of digits of the integer to be factored. These two problems are generally considered hard on a classical computer and have been used as the basis of several proposed cryptosystems. (We thus give the first examples of quantum cryptanalysis.)

1 Introduction

Since the discovery of quantum mechanics, people have found the behavior of the laws of probability in quantum mechanics counterintuitive. Because of this behavior, quantum mechanical phenomena behave quite differently than the phenomena of classical physics that we are used to. Feynman seems to have been the first to ask what effect this has on computation [13, 14]. He gave arguments as

[1, 2]. Although he did not ask whether quantum mechanics conferred extra power to computation, he did show that a Turing machine could be simulated by the reversible unitary evolution of a quantum process, which is a necessary prerequisite for quantum computation. Deutsch [9, 10] was the first to give an explicit model of quantum computation. He defined both quantum Turing machines and quantum circuits and investigated some of their properties.

The next part of this paper discusses how quantum computation relates to classical complexity classes. We will thus first give a brief intuitive discussion of complexity classes for those readers who do not have this background. There are generally two resources which limit the ability of computers to solve large problems: time and space (i.e., memory). The field of analysis of algorithms considers the asymptotic demands that algorithms make for these resources as a function of the problem size. Theoretical computer scientists generally classify algorithms as efficient when the number of steps of the algorithms grows as a polynomial in the size of the input. The class of problems which can be solved by efficient algorithms is known as P. This classification has several nice properties. For one thing, it does a reasonable job of reflecting the performance of algorithms in practice (although an algorithm whose running time is the tenth power of the input size, say, is not truly efficient). For another, this classification is nice theoretically, as different reasonable machine models produce the same class P. We will see this behavior reappear in quantum computation, where different models for

图 2-2　Shor 发表的量子算法论文

预言传统公钥密码在 2026 年被量子计算破解的可能性是 1/7，而 2030 年可能性达到 1/2。

有一个经典的莫斯卡(Mosca)定理是这样说的，如图 2-3 所示。

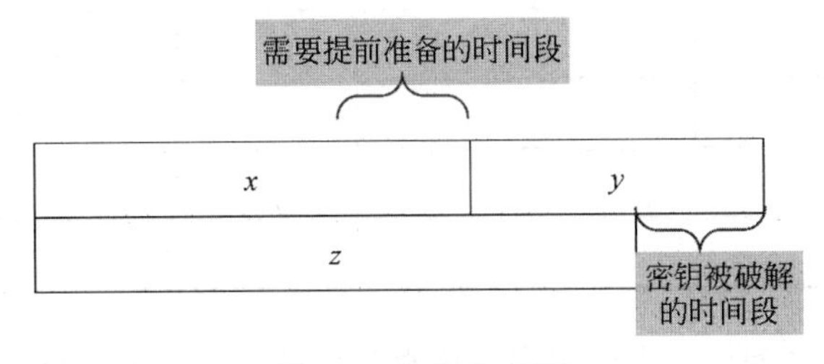

图 2-3　莫斯卡定理

莫斯卡定理：若你的信息安全需要保证 x 年，则转换到抗量子算法环境下的时间需要 y 年，大规模量子计算机生产的时间需要 z 年。如果 $x+y>z$，则会对信息的安全构成威胁，如图 2-3 所示。因此，为了抵抗量子计算对传统密码的威胁，应该提前准备起来，研发后量子密码。后量子密码算法公钥/密文长度如图 2-4 所示。

2016 年，NIST 开始征集后量子密码算法标准。2018 年，第二轮后量子密码算法

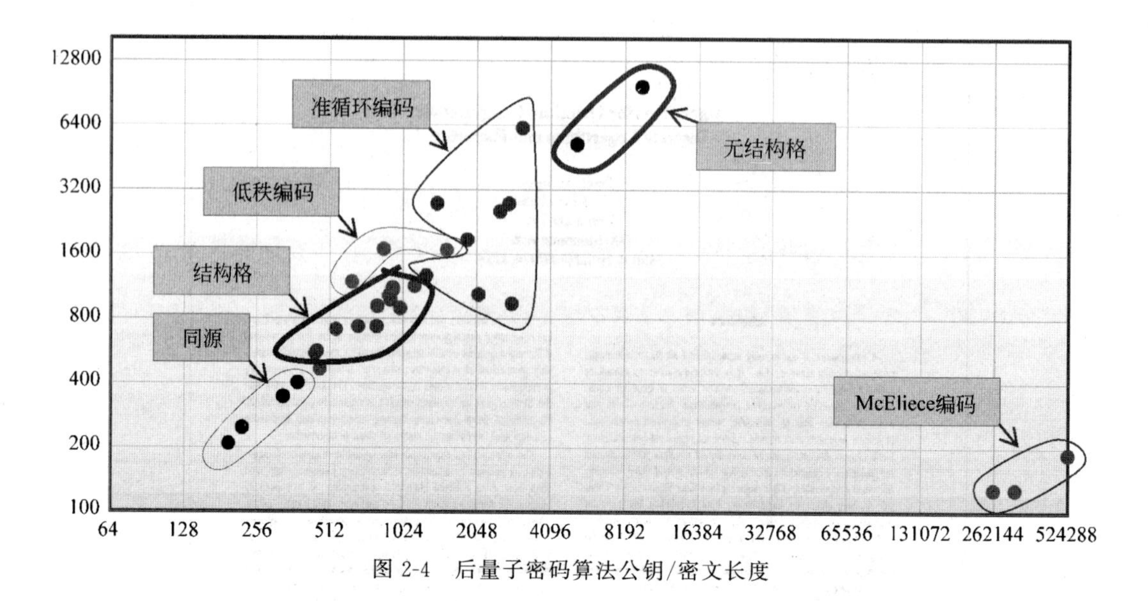

图 2-4　后量子密码算法公钥/密文长度

候选算法出台。2020 年，第三轮后量子密码算法候选算法出台。预计 2024 年，后量子密码算法标准草案出台。后量子密码算法标准包括 3 部分：加密、数字签名以及密钥协商。后量子密码涉及的密码学基主要有格密码、基于编码、多变元，以及其他密码学基，例如基于哈希的数字签名、基于同源性的密码算法等。NIST 第一轮后量子密码算法候选结果一共收到 69 个提案，其中 5 个提案退出，统计见表 2-2。可见格密码具有绝对优势。

表 2-2　第一轮后量子密码算法候选结果

后量子密码涉及的密码学基	数字签名	加密/密钥交换	总　数
格密码	5	21	26
基于编码	2	17	19
多变元	7	2	9
基于对称/哈希函数	3	0	3
其他	2	5	7
总计	19	45	64

格密码的性能到底如何？先给大家一个直观的感受。根据 NIST 发布的评测数据如图 2-4 所示，其中横坐标是公钥长度(单位是字节(B))，纵坐标是密文的长度(单位是字节(B))。在格密码中，格分为两种：一种是无结构的格，例如 LWE 困难问题；另一种是有结构的格，例如环 LWE 困难问题。结构格上的加密算法，其公钥长度大概在 480～1524B，密文长度大概在 500～1200B。无结构格上的加密算法，其公钥长度大概在 4250～8392B，密文长度大概在 5200～10400B。

2.2 数学基础知识

下面介绍本书所需要的数学知识，可以参考两本非常好的相关数学书籍[118-119]。

2.2.1 向量空间简介

实际生活中，许多量可以用一个数值表达，例如温度、长度、价格等。但是，在科学计算与测量中，也有许多量需要用一组数据来表达，例如个人信息包括姓名、身份证号码、年龄、工资等。还有三维空间中的一个点，用 3 个坐标值表示。为了形象地说明向量空间，可以用下面的例子。

假设一家超市里一共有 100 件商品，那么这 100 件商品的每月库存量可以用一组数字$(a_1, a_2, \cdots, a_{100})$表示。通常我们称这样的一组数字为向量。当超市进货的时候，库存向量加上进货的向量就是当前的库存量。当超市卖出货物时，要从当前库存向量中减去出货向量。所以，向量的加法、减法就是对应于向量中每个元素的加法和减法。如果经理需要库存量加一倍，则用 2 乘以库存向量中的每个元素即可。这说明一个实数 a 与一个向量相乘，相当于实数 a 与向量中的每个元素相乘，这种乘法称为标量乘。向量的加法和标量乘法足以表示所有关于库存量的计算。

还有实数$\mathbb{R}$上的三维空间例子。三维空间中的每个点可表示成由 3 个坐标组成的向量(a,b,c)。如果三维空间中的另外一个点向量(x,y,z)与点向量(a,b,c)的方向相同，则点向量(x,y,z)可以用点向量(a,b,c)的标量乘法表示，即存在 $k\in\mathbb{R}$，使得$(x,y,z)=k(a,b,c)$。如果向量(x,y,z)与向量(a,b,c)不在一个方向上，则存在另外一个向量(e,f,g)，使得$(x,y,z)=(a,b,c)+(e,f,g)$。因此，实数$\mathbb{R}$上的三维空间中的任何一点，可以通过已知向量做加法和标量乘法计算表示出来。

因此，向量空间有两个操作：加法和标量乘法。形式化定义如下。

$\mathbb{R}$是实数集。我们考虑$\mathbb{R}^m$里的向量空间，其中 m 是一个正整数。向量空间定义如下。

向量空间：向量空间 $\mathbf{V}$ 是$\mathbb{R}^m$的子集，且对于所有 $\boldsymbol{v}_1$、$\boldsymbol{v}_2\in\mathbf{V}$，$a_1,a_2\in\mathbb{R}$满足如下属性：

$$a_1\boldsymbol{v}_1+a_2\boldsymbol{v}_2\in\mathbf{V}$$

也就是说，向量空间 $\mathbf{V}$ 对于加法和与$\mathbb{R}$中元素的标量乘法是封闭的。

因此，向量空间 $\mathbf{V}$ 与加法可以形成一个阿贝尔群。

线性组合：令 $\boldsymbol{v}_1,\boldsymbol{v}_2,\cdots,\boldsymbol{v}_k\in\mathbf{V}$，向量 $\boldsymbol{v}_1,\boldsymbol{v}_2,\cdots,\boldsymbol{v}_k$ 的线性组合是具有如下形式的任意一个向量：

$$\boldsymbol{w}=a_1\boldsymbol{v}_1+a_2\boldsymbol{v}_2+\cdots+a_k\boldsymbol{v}_k\in\mathbf{V}，\text{其中 } a_1,a_2,\cdots,a_k\in\mathbb{R}$$

所有 $\boldsymbol{v}_1,\boldsymbol{v}_2,\cdots,\boldsymbol{v}_k$ 线性组合的集合$\{a_1v_1+a_2v_2+\cdots+a_kv_k: a_1,a_2,\cdots,a_k\in\mathbb{R}\}$称为由$\{\boldsymbol{v}_1,\boldsymbol{v}_2,\cdots,\boldsymbol{v}_k\}$**张成的**。

线性无关：一组向量 $\boldsymbol{v}_1,\boldsymbol{v}_2,\cdots,\boldsymbol{v}_k$ 是线性无关的，当且仅当 $a_1=a_2=,\cdots,=a_k=0$ 时

下式才成立

$$a_1\boldsymbol{v}_1+a_2\boldsymbol{v}_2+\cdots+a_k\boldsymbol{v}_k=0$$

线性相关：一组向量 $\boldsymbol{v}_1,\boldsymbol{v}_2,\cdots,\boldsymbol{v}_k$ 是线性相关的，当且仅当 $a_i(i=0,1,\cdots,k)$ 中至少有一个不等于 0 时下式才成立

$$a_1\boldsymbol{v}_1+a_2\boldsymbol{v}_2+\cdots+a_k\boldsymbol{v}_k=0$$

基：如果向量空间 $\boldsymbol{V}$ 是由一组线性无关的向量 $\boldsymbol{v}_1,\boldsymbol{v}_2,\cdots,\boldsymbol{v}_k$ 张成的，则称 $\boldsymbol{v}_1,\boldsymbol{v}_2,\cdots,\boldsymbol{v}_k$ 是 $\boldsymbol{V}$ 的一个基。

这也就意味着，对于每个向量 $\boldsymbol{w}\in\boldsymbol{V}$，存在唯一的 $a_1,a_2,\cdots,a_k\in\mathbb{R}$，使得 $\boldsymbol{w}$ 可以表示成

$$\boldsymbol{w}=a_1\boldsymbol{v}_1+a_2\boldsymbol{v}_2+\cdots+a_k\boldsymbol{v}_k\in\boldsymbol{V}$$

向量空间的维数：令 $\boldsymbol{V}\subset\mathbb{R}^m$ 是向量空间，$\boldsymbol{V}$ 的基中向量的个数称为向量空间 $\boldsymbol{V}$ 的维数。

例如，如果 $\boldsymbol{v}_1,\boldsymbol{v}_2,\cdots,\boldsymbol{v}_k$ 是 $\boldsymbol{V}$ 的一个基，则 $\boldsymbol{V}$ 的维数是 k。而向量 $\boldsymbol{v}_i(i=1,2,\cdots,k)$的维数是 m。

注意区分向量空间的维数和向量的维数。

内积：令 $\boldsymbol{v},\boldsymbol{w}\in\boldsymbol{V}\subset\mathbb{R}^m$，且有 $\boldsymbol{v}=(x_1,x_2,\cdots,x_m)$，$\boldsymbol{w}=(y_1,y_2,\cdots,y_m)$。向量 $\boldsymbol{v}$ 和 $\boldsymbol{w}$ 的内积定义为

$$\boldsymbol{v}\cdot\boldsymbol{w}=\langle\boldsymbol{v},\ \boldsymbol{w}\rangle=x_1\ y_1+x_2\ y_2+\cdots+x_m\ y_m$$

$\boldsymbol{v}\cdot\boldsymbol{w}$ 和 $\langle\boldsymbol{v},\ \boldsymbol{w}\rangle$ 这两种表达方式都可以，两者可以混用。在全同态加密部分使用后者，因为目前全同态加密的论文都是采用后者表示。

可见，向量的内积并不是一个向量，而是一个数值。

如果 $\langle\boldsymbol{v},\ \boldsymbol{w}\rangle=0$，则称 $\boldsymbol{v}$ 与 $\boldsymbol{w}$ 是正交的(这两个向量是垂直的)，即如果两个向量的角度是 90°，则它们的内积为 0。那么，如果相同的两个向量做内积，即 $\boldsymbol{v}\cdot\boldsymbol{v}$，结果是什么？有什么意义？答案是其结果为向量 $\boldsymbol{v}$ 的长度的平方。由此引出了向量长度的概念。

对于向量的长度，一般用欧几里得范数(Euclidean norm)度量，也称为 l_2 范数，定义为

$$\|\boldsymbol{v}\|_2=\sqrt{\boldsymbol{v}\cdot\boldsymbol{v}}=\sqrt{x_1^2+x_2^2+\cdots+x_m^2}$$

还可以用其他形式的范数，例如 l_1 范数，定义为

$$\|\boldsymbol{v}\|_1=|x_1|+|x_2|+\cdots+|x_m|$$

还有 l_∞ 范数，定义为

$$\|\boldsymbol{v}\|_\infty=\max(|x_1|,|x_2|,\cdots,|x_m|)$$

范数的概念在格上全同态加密中衡量密文中噪声的大小很重要。

有一种向量比较特殊，它的长度是 1。我们称长度为 1 的向量是**单位向量**(unit vector)，即 $\boldsymbol{v}\cdot\boldsymbol{v}=1$。对于任意一个非零向量 $\boldsymbol{v}$，其单位向量是 $\boldsymbol{v}/\|\boldsymbol{v}\|_2$，该单位向量与 $\boldsymbol{v}$ 的方向一致。

前面我们知道当 $\boldsymbol{v}\cdot\boldsymbol{w}=0$ 时，$\boldsymbol{v}$ 与 $\boldsymbol{w}$ 是垂直的。那么，当 $\boldsymbol{v}\cdot\boldsymbol{w}$ 不等于 0 的时候，有一个有趣的现象，即 $\boldsymbol{v}\cdot\boldsymbol{w}$ 的符号(正或负)将告诉我们 $\boldsymbol{v}$ 与 $\boldsymbol{w}$ 之间的角度是大于 90°还是小于 90°。当 $\boldsymbol{v}\cdot\boldsymbol{w}>0$ 时，$\boldsymbol{v}$ 与 $\boldsymbol{w}$ 之间的角度小于 90°。当 $\boldsymbol{v}\cdot\boldsymbol{w}<0$ 时，$\boldsymbol{v}$ 与 $\boldsymbol{w}$ 之间的角

度大于 90°。

另外，若 $\boldsymbol{a}$、$\boldsymbol{b}$ 是两个单位向量，则 $\boldsymbol{a}\cdot\boldsymbol{b}=\cos\theta$ 且 $|\boldsymbol{a}\cdot\boldsymbol{b}|\leqslant 1$。因此，对于 $\boldsymbol{v}$、$\boldsymbol{w}$ 两个非零向量，其对应的单位向量是 $\boldsymbol{v}/\|\boldsymbol{v}\|_2$ 和 $\boldsymbol{w}/\|\boldsymbol{w}\|_2$，可得到如下两个重要性质：

性质 2-1 $\boldsymbol{v}\cdot\boldsymbol{w}=\|\boldsymbol{v}\|_2\|\boldsymbol{w}\|_2\cos\theta$。

性质 2-2 （柯西-施瓦茨(Cauchy-Schwarz)不等式）$|\boldsymbol{v}\cdot\boldsymbol{w}|\leqslant\|\boldsymbol{v}\|_2\|\boldsymbol{w}\|_2$。

2.2.2 矩阵和行列式的一些重要概念

逆矩阵 假设 $\boldsymbol{A}$ 是一个方阵，如果 $\boldsymbol{A}$ 存在它的逆矩阵，则记该逆矩阵为 $\boldsymbol{A}^{-1}$ 且有 $\boldsymbol{A}\boldsymbol{A}^{-1}=\boldsymbol{A}^{-1}\boldsymbol{A}=\boldsymbol{I}$，其中 $\boldsymbol{I}$ 是单位矩阵，即对角线上的元素都为 1。一个矩阵未必有逆矩阵。

如果方阵 $\boldsymbol{A}$ 和 $\boldsymbol{B}$ 都是可逆的，则 $\boldsymbol{AB}$ 也是可逆的，且有 $(\boldsymbol{AB})^{-1}=\boldsymbol{B}^{-1}\boldsymbol{A}^{-1}$。

矩阵的转置 如果 $\boldsymbol{A}$ 是一个 n 行 m 列的矩阵，则 $\boldsymbol{A}$ 的转置是一个 m 行 n 列的矩阵。$\boldsymbol{A}$ 的转置矩阵记为 $\boldsymbol{A}^{\mathrm{T}}$。关于转置矩阵，有如下性质：$\boldsymbol{A}+\boldsymbol{B}$ 的转置是 $(\boldsymbol{A}+\boldsymbol{B})^{\mathrm{T}}=\boldsymbol{A}^{\mathrm{T}}+\boldsymbol{B}^{\mathrm{T}}$。$\boldsymbol{AB}$ 的转置是 $(\boldsymbol{AB})^{\mathrm{T}}=\boldsymbol{B}^{\mathrm{T}}\boldsymbol{A}^{\mathrm{T}}$。$\boldsymbol{A}^{-1}$ 的转置是 $(\boldsymbol{A}^{-1})^{\mathrm{T}}=(\boldsymbol{A}^{\mathrm{T}})^{-1}$。若 $\boldsymbol{x}$ 是一个 m 维向量，则有 $(\boldsymbol{Ax})^{\mathrm{T}}=\boldsymbol{x}^{\mathrm{T}}\boldsymbol{A}^{\mathrm{T}}$。

矩阵的秩 在一个矩阵中，可能有相同的两行，也可能其中一行可以用其他行线性表示出来，对于列而言，也有相同的现象。因此，一个个 n 行 m 列的矩阵，其真实尺寸未必是 n 行 m 列。那么，其真实尺寸是多少呢？这个概念就用矩阵的秩(rank)来表示。矩阵的秩可以分为行秩和列秩。行秩就是矩阵中行向量线性无关的个数，列秩就是矩阵中列向量线性无关的个数。但是，在线性代数中行秩和列秩总是相等的。

行列式 行列式也是非常重要的一个概念。对于一个方阵 $\boldsymbol{A}$，其行列式记为 $\det(\boldsymbol{A})$。行列式是一个数值，但是这个数值包含了矩阵的很多信息。如果矩阵是不可逆的，则该矩阵的行列式为 0。当矩阵 $\boldsymbol{A}$ 是可逆的，则 $\boldsymbol{A}^{-1}$ 的行列式是 $\det(\boldsymbol{A}^{-1})=1/\det(\boldsymbol{A})$。$\boldsymbol{AB}$ 的行列式 $\det(\boldsymbol{AB})=\det(\boldsymbol{A})\det(\boldsymbol{B})$。$\boldsymbol{A}$ 的转置的行列式 $\det(\boldsymbol{A}^{\mathrm{T}})=\det(\boldsymbol{A})$。

2.3 格理论基础

2.3.1 格的定义及性质

前面介绍了实数集 $\mathbb{R}$ 上向量空间的概念。在向量空间 $\boldsymbol{V}$ 中，任意两个向量可以做加法运算，任意一个向量可以与一个实数做标量乘法运算。格的概念与向量空间的概念非常相似，就是多了一个限制，即格上只允许格中的向量与整数做标量乘法运算。这一小小的限制，导致许多有趣的问题与结果。

1. 格的定义

若格(lattices) 给出一组线性无关的向量 $\boldsymbol{b}_1,\boldsymbol{b}_2,\cdots,\boldsymbol{b}_n\in\mathbb{R}^m$，则格 L 可以由 $\boldsymbol{b}_1,\boldsymbol{b}_2,\cdots,\boldsymbol{b}_n$ 的整系数线性组合生成，定义为

$$L=\{z_1\boldsymbol{b}_1+z_2\boldsymbol{b}_2+,\cdots,+z_n\boldsymbol{b}_n: z_1,z_2,\cdots,z_n\in\mathbb{Z}\}$$

通常称 $\boldsymbol{b}_1,\boldsymbol{b}_2,\cdots,\boldsymbol{b}_n$ 是格 L 的基。注意，$\boldsymbol{b}_1,\boldsymbol{b}_2,\cdots,\boldsymbol{b}_n$ 是 $\mathbb{R}$ 上的一组线性无关向量，而不是 $\mathbb{Z}$ 上的。因此，格是由一些点构成的，这些点都是由格的基生成的。图 2-5 是一个二维空间上的格，图上列出了该格的两个基 $\boldsymbol{B}=(\boldsymbol{b}_1,\boldsymbol{b}_2)$ 和 $\boldsymbol{C}=(\boldsymbol{c}_1,\boldsymbol{c}_2)$。注意，根据一个已知格的基可以找到另外一个该格的基，所以一个格有许多基。

格的定义与向量空间的定义非常类似，只不过将线性组合的系数限定为整数，因此导致格在几何上是由一些离散而呈周期性结构的点构成，这些离散的格点之间是有距离的。距离产生美，格上产生了许多有趣的几何性质。

在上述格的定义中，称 n 为格的秩，m 为格的维数。因为格是由线性无关的向量 $\boldsymbol{b}_1,\boldsymbol{b}_2,\cdots,\boldsymbol{b}_n$ 生成的，根据秩的定义，格的秩为 n。一般情况下 $n\leqslant m$，当 $n=m$ 时，称该格是一个满秩格。通常我们只考虑满秩格的情况，许多结果都可以推广到非满秩的情况。

按照习惯，一般把基表示成矩阵的形式，该矩阵用 $\boldsymbol{B}$ 表示，$\boldsymbol{B}$ 的每一个列向量就是格的基 $\boldsymbol{b}_1,\boldsymbol{b}_2,\cdots,\boldsymbol{b}_n$。本书中，所有的向量都默认为列向量，即 $\boldsymbol{B}=(\boldsymbol{b}_1,\boldsymbol{b}_2,\cdots,\boldsymbol{b}_n)\in\mathbb{R}^{n\times n}$。格的定义为

$$L=\{\boldsymbol{Bz}\mid \boldsymbol{z}\in\mathbb{Z}^n\}。$$

一个二维格的实例如图 2-6 所示，其中 $\boldsymbol{v}_1$ 和 $\boldsymbol{v}_2$ 是格的两个基，其他格点通过格基表示。

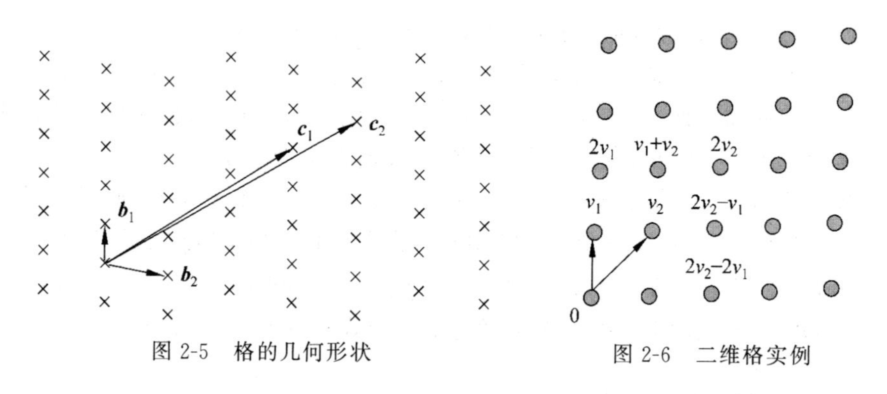

图 2-5　格的几何形状　　　图 2-6　二维格实例

2. 格基之间的关系

任何一个格都有许多基，也就是说，一个格可以由不同的基生成。那么，这些生成同一个格的基之间有什么关系呢？答案是单位模矩阵(unimodular)将这些不同的基联系起来。所谓单位模矩阵，就是行列式值的绝对值为 1 的矩阵。对于格 L 的两个基 $\boldsymbol{B}_1,\boldsymbol{B}_2\in\mathbb{R}^{n\times n}$，存在一个单位模矩阵 $\boldsymbol{U}\in\mathbb{R}^{n\times n}$，使得 $\boldsymbol{B}_1=\boldsymbol{B}_2\boldsymbol{U}$。这是格基之间的代数性质。

格基之间还有几何性质。这需要引入一个非常重要的概念"基本平行体"(Fundamental Parallelepiped)。

给出一组线性无关的向量 $\boldsymbol{b}_1,\boldsymbol{b}_2,\cdots,\boldsymbol{b}_n\in\mathbb{R}^n$，基本平行体的定义如下：

$P(\boldsymbol{b}_1,\boldsymbol{b}_2,\cdots,\boldsymbol{b}_n)=\{z_1\boldsymbol{b}_1+z_2\boldsymbol{b}_2+,\cdots,+z_n\boldsymbol{b}_n:\ z_1,z_2,\cdots,z_n\in\mathbb{Z}\text{ 且 }0\leqslant z_i<1\}$。

从定义可以看出，基本平行体是由格的基向量围绕成的一个半闭半开的区域，如图 2-7 所示的灰色区域。

最有趣的是基本平行体中除了含有 0 这个点外，不含有任何其他格点。因此，如果一

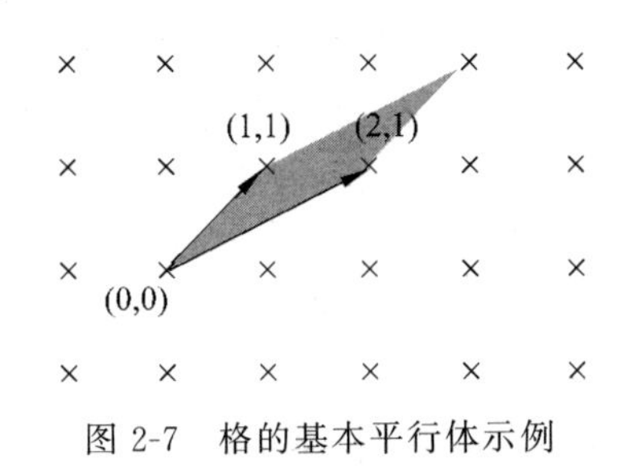

图 2-7　格的基本平行体示例

些向量所围成的基本平行体中含有其他格点，则这些向量不是格的基。

由于同一格可以由不同的基生成，因此不同基生成的同一格的基本平行体的形状是不一样的。那么，这些同一格的不同基本平行体之间有什么关系呢？

格的行列式　令 $\boldsymbol{B}$ 是格 L 的基矩阵，则格 L 的行列式定义为 $\det(L)=|\det(\boldsymbol{B})|$。注意，符号 det 表示行列式，具体定义见 2.2.2 节。尽管格 L 可以有不同的基，但是对应的 $\det(L)$ 值却是相同的。从几何上来说，$\det(L)$ 代表格 L 的基本平行体的体积，因此格 L 的不同的基对应的基本平行体的体积是相等的。所以，$\det(L)$ 独立于所选择的基，是格 L 的不变量。直觉上，$\det(L)$ 的值与格 L 中点的密度成反比，即 $\det(L)$ 的值越大，格 L 中的点越稀疏。

对偶格　格 L 的对偶格记为 L^*。对于 L 中的每一个点 $\boldsymbol{v}$，L^* 由所有满足条件 $\langle \boldsymbol{v},\boldsymbol{x}\rangle \in \mathbb{Z}$ 的向量 $\boldsymbol{x}\in\mathbb{R}^n$ 构成。对偶格的对偶格还是原来的格，即 $(L^*)^*=L$。还有性质：$\det(L^*)=1/\det(L)$。对偶格与原来的格可以看成一种互逆的关系。尽管对偶格的解释不是很直观，但是在格密码学中非常有用。

格的连续最小值　由于格上的点是离散的，所以除零向量外，肯定存在一个非零向量，其长度是最短的。格中最短向量的长度作为格的一个基本参数，也称为格的第一连续最小值，记为 $\lambda_1(L)$。注意，这里的长度可以用任何范数衡量，但是通常用欧几里得范数。范数的概念见 2.2.1 节。

最短向量不是唯一的，如果 $\boldsymbol{x}$ 是最短向量，则 $-\boldsymbol{x}$ 也是最短向量。格上最短向量的长度一直是人们关心的问题，它依赖于格的维数和 $\det(L)$。最短向量的长度有上界，也有下界，根据闵可夫斯基（Minkowski）第一理论，最短向量的长度上界为 $\lambda_1(L)\leqslant\sqrt{n}(\det(L))^{1/n}$。最短向量的长度下界为 $\lambda_1(L)\geqslant\min\limits_{i=1,2,\cdots,n}\|\tilde{\boldsymbol{b}}_i\|_2$，其中 $\tilde{\boldsymbol{b}}_i$ 是 Gram-Schmidt 正交化生成的基。这充分说明格上的点之间不是任意靠近的。

除了第一最小值外，还有第二最小值、第三最小值等。但是，由于第一最小值的倍数可能是第二最小值，因此，为了去除这种情形，用线性无关性对其进行限制。第 i 个最小值的形式化定义为

$\lambda_i(L)=\min\{\max\{\|\boldsymbol{x}_1\|,\|\boldsymbol{x}_2\|,\cdots,\|\boldsymbol{x}_i\|\}$：$\boldsymbol{x}_1,\boldsymbol{x}_2,\cdots,\boldsymbol{x}_i$ 是格 L 上的非零向量且是线性无关的，其中 $\|\ \|$ 可以是任何范数。}

2.3.2　格上的计算问题

1. 格上困难问题

格上的代数问题是容易计算的。例如，判断一个向量是否在格中，计算格的行列式

等。但是,格上的几何问题一般都是困难的。例如,上面所说的最短向量长度问题,尽管闵可夫斯基第一理论给出了最短向量长度的上界,但是该方法不是构造性的,并没有给出具体的方法去发现这样的最短格向量。事实上,目前还没有能够发现该长度的短向量的算法。

下面是一些著名的格上计算问题。其中 SVP 问题与 CVP 问题是这些计算问题中最著名的,也是这些计算问题中最困难的。这两个问题都与 $\lambda_1(L)$ 有关,而且它们之间是相互等价的。

SVP(最短向量问题,shortest vector problem) 输入格 L,发现格 L 的最短向量。

CVP(最靠近向量问题,closest vector problem)输入格 L 与一个目标向量 $\boldsymbol{t}$(目标向量未必在格中),发现最靠近 $\boldsymbol{t}$ 的一个格点 $\boldsymbol{v}$。

举一个例子,在整数格 $\mathbb{Z}^n$ 中 CVP 问题就变得非常简单,例如给定任何一个点 $\boldsymbol{t}$,最靠近 $\boldsymbol{t}$ 的格点就是$\lceil \boldsymbol{t} \rfloor$,即对 $\boldsymbol{t}$ 向上或者向下取整。这一特点将在后面的密码系统的构建中用到,请大家牢记。

SIVP(最短线性无关向量组问题,shortest independent vectors problem)输入 n 维格 L,发现格 L 中的 n 个线性无关的向量 $\boldsymbol{b}_1,\boldsymbol{b}_2,\cdots,\boldsymbol{b}_n$,使得$\max\limits_i \| b_i \|$ 是短的。

SIVP 问题与 $\lambda_n(L)$ 有关,SVP 问题与 CVP 问题可以归约到 SIVP 问题,即如果解决了 SVP 问题或者 CVP 问题,则 SIVP 问题就可以被有效地解决。

目前还不知道如何在 SVP 问题与 CVP 问题上构造密码学函数,格密码学所依赖的主要计算问题就是 SIVP 问题。

上面这些问题的描述都是精确版本。在格密码学中,通常考虑这些问题的近似情况,用一个角标 γ 表示其近似因子。例如,SVP_γ 表示发现一个向量,其长度至多为最短向量长度的 γ 倍。

密码学中还有一个常用的格上计算问题 Gap SVP_γ,它来自SVP_γ 问题。给一个格 L 和一个有理数 r,有两种完全不同的情况: Yes 情况,即 $\lambda_1(L)<r$;No 情况,即 $\lambda_1(L)>r$。目标是判断给出的格 L 属于哪一种情况。

CVP 问题还有一种特殊情况是 BDD(bounded distance decoding)问题,即当格点与目标点的距离小于 $\lambda_1(L)/2$ 时,发现一个最靠近目标点的格点。如果该格点存在,则它是唯一的。SIVP 问题可以归约到 BDD 问题,即解决了 SIVP 问题,就可以有效地解决 BDD 问题。这里要特别强调,格上 BDD 问题是通过其对偶格中的一组短向量(即使用 SIVP 问题)进行解决的。这也是构建格公钥密码学的基础。

问题的困难性 对于准确求解 SVP 问题,或者在多项式近似因子内近似求解,已知最好的算法需要运行时间为 $2^{O(n)}$[120],算法的空间需求也为指数级。如果用多项式时间算法近似求解以上所有问题,能够获得的近似因子 $\gamma=2^{O(n\log\log n/\log n)}$,几乎是格的维数的指数级[63]。所以,对于近似因子是指数级 $\gamma=2^{O(n)}$ 时,格上的计算问题是容易的,而对于小的近似因子 γ,格上的计算问题是 NP 难题。

密码学主要建立在多项式近似因子 γ 之上,例如为 $\gamma=n^c$,其中 c 至少为 1。对于这样的近似因子,格上的计算问题并不认为是 NP 困难的,但是仍然认为是困难的,因为已知最好的算法依然需要指数级时间 $2^{O(n)}$,即使量子计算机目前也无法降低其运行时间。一般来说,一个计算问题的复杂度有平均情况下的复杂度,也有最坏情况下的复杂度。最坏情况下的复杂度所花费的计算时间也是最多的，所以一个计算问题在最坏情况下的困难性也是最大的。若在最坏情况下以小概率破解了该问题的一个实例，则能破解该问题的所有实例。

格密码学将假设建立在格上计算问题的最坏情况下的困难性之上。以往密码学都是建立在平均情况的困难性假设之上，格密码学的特殊性质使得它非常具有吸引力。格密码学假设：在最坏情况下求解格上的计算问题，没有多项式时间算法能够获得多项式近似因子 $n^{O(1)}$，即对于任何可能的格，没有多项式时间算法能够获得多项式近似因子 $n^{O(1)}$。需要注意的是，当近似因子超过$\sqrt{n\log n}$时，近似格问题将不再是 NP 难题，只有当近似因子更小时，例如为 $n^{O(1/\log\log n)}$ 时，近似格问题才是 NP 难题[64]。

2. 格基约减方法

前面说过，CVP 问题在整数格 $\mathbb{Z}^n$ 中变得非常简单，为什么在整数格 $\mathbb{Z}^n$ 中问题就变得容易呢？这是因为 $\mathbb{Z}^n$ 中的基向量都是相互垂直的。这给我们一个启示，如果将任意一个格转化为具有垂直基的格，则能够轻松解决 CVP 问题。

在上述格问题中，都需要输入格，其意思就是输入格的基。注意，通常用格的基表示格。但是，由于同一个格有很多基，因此有些基是“好”的，有些基是“坏”的。“好”的基意味着基中的向量是短的，而且向量之间尽可能垂直，“坏”的基意味着基中的向量是长的，而且向量都在同一方向(或者相反方向)。对于“好”的基，以上格的困难问题就意味着容易求解。理想情况下，我们希望 $\|\boldsymbol{b}_1\|=\lambda_1(L)$，$\|\boldsymbol{b}_2\|=\lambda_2(L)\cdots\cdots$，但是当维数超过(包括等于)5 之后，就不存在这样的基，而且求这样的基相当于求解 SVP 问题，而我们知道这是困难问题。因此，我们把目光转向：如何将“坏”的基转换为“好”的基。

我们把在一个格中对基进行变换，找到一组非常接近垂直基的过程称为格基约减(lattice basis reduction)。其目标是发现一组既短又垂直的基。此外，当考虑一组完全垂直的基时，该格的行列式(基本平行体的体积)等于各个垂直基的长度之积。由于格的基本平行体的体积是不变的，因此这说明格基的短和垂直这两个特性是相关的，基向量越垂直就越短，因此只把问题聚焦于基向量的垂直即可。

幸运的是，在数学界早已有格拉姆-施密特(Gram-Schmidt)正交化方法，该方法是一个反复迭代的过程。输入一组基后，经过反复迭代最后输出一组垂直的基，这组垂直的基能够张成与输入基相同的向量空间。但是，将其应用于格向量时，由于格向量的系数都是整数，因此需要进行约束，即将格拉姆-施密特系数四舍五入到最近的整数，这样可以应用格拉姆-施密特方法生成格上垂直的基。但是，格拉姆-施密特方法存在一个问题，就是高度依赖于向量的顺序，不同基向量的顺序导致不同的结果。为了解决该问题，1982 年诞生了 LLL 算法[121]，这是第一个多项式时间的格基约减算法。LLL 算法充分说明了在向量的排序上过于贪婪会导致算法效率低下。对于输入的格基 $\boldsymbol{b}_1,\boldsymbol{b}_2,\cdots,\boldsymbol{b}_n$，有近似结果 $\|\boldsymbol{b}_1\|\leqslant\left(\frac{4}{3}\right)^{(n-1)/2}\lambda_1(L)$。

LLL 算法一次考虑两个向量，后来 Schnorr 将其推广到一次考虑多个向量，即对一个块进行操作，从而产生 BKZ 算法。在 BKZ 中，不是一次只考虑 2 个向量，而是一次考虑

m 个向量，其中 m 称为块的大小。在 BKZ 算法中，对低维数的格使用了求解 SVP 的过程。随着 m 的增加，BKZ 算法会返回更好的最短向量的近似值，但是它的复杂度也会随着 m 的增加呈指数级增长。当 $m=2$ 时，BKZ 算法等价于 LLL 算法。当 $m=n$ 时，BKZ 算法相当于精确求解 SVP 问题。

上面说的是格基约减的理论方法。然而，人们在实践应用中发现，格基约减算法通常会输出比理论上限更小的格基。在格密码界，人们对格基约减算法非常重视，因为格基约减算法是攻击格密码系统最重要的工具。尤其是目前全同态加密都建立在格密码之上。理解格基约减算法的实际性能，有助于衡量格密码的安全性。

2008 年，Gama 和 Nguyen 在欧密会的一篇论文中发现[122]，在实验中这些格基约减算法的性能确实比理论的上界要好得多，但仍在有限的范围内。2011 年，Chen 和 Nguyen 在亚密会的论文中[123]对这些结果进行了扩展。为了理解这些结果，需要有一种方法来描述格基约减算法的实际性能。

由于寻找第一个最小值 $\lambda_1(L)$ 本身就是一个困难的问题，所以这个值一般是不知道的。因此，尽管格基约减算法会输出一些短向量，但我们不知道它的长度与格中最短向量的长度相比如何。因此，在使用格基约减算法时，经常会考虑以下的格问题。

赫尔米特最短向量问题（Hermite shortest vector problem）：给出格 L 中的一个基 $\boldsymbol{B}$，以及一个近似因子 α，发现一个最短向量 $\boldsymbol{v}\in L$，使得 $\|\boldsymbol{v}\|\leqslant\alpha\det(L)^{1/n}$。

这个问题与赫尔米特（Hermite）给出的著名结果 $\lambda_1(L)^2\leqslant\gamma_n\det(L)^{1/n}$ 是相关的，其中 γ_n 是赫尔米特常数，其值与格的维数 n 相关。这说明最短向量的长度与 $\det(L)^{1/n}$ 成正比。由于很容易计算出 $\det(L)$，所以可以获得算法的近似因子 α。2008 年，Gama 和 Nguyen 在其论文中给出格基约减算法 LLL 和 BKZ 在实践中的近似因子约为 δ^n，其中 δ 称为赫尔米特根因子。可以看到，近似因子依然与格的维数 n 呈指数级关系。同时，他们还指出在实践中获得的赫尔米特根因子远小于理论上给出的上限。LLL 算法理论上给出的向量长度约为 $\|\boldsymbol{b}_1\|\leqslant\left(\frac{4}{3}\right)^{(n-1)/4}\det(L)^{1/n}\approx1.075^n\det(L)^{1/n}$。而在实践中，LLL 算法输出的向量长度约为 $\|\boldsymbol{b}_1\|\leqslant1.022^n\det(L)$。对于块长度是 20 的 BKZ 算法，理论上得到的结果是 1.033^n，而实践中的结果是 1.012^n。Gama 和 Nguyen 还指出，赫尔米特根因子 $\delta=1.01$ 时，是可求解其对应的最短向量，而 $\delta=1.005$ 时，其对应的最短向量不可求解。2011 年，Chen 和 Nguyen 在亚密会的论文中提到了上述结果，指出 $\delta=1.005$ 时，其对应的短向量是可解的，而 $\delta=1.001$ 时，其对应的最短向量不可求解。由此可见，最短向量的困难性是随着算力和方法不断变化的。

2.4 构建格公钥密码系统的方法

2.4.1 陷门单向函数

陷门单向函数是含有一个陷门的一类特殊单向函数。陷门单向函数包含两个明显特征：一是单向性；二是存在陷门。所谓单向性，也称不可逆性，即对于一个函数 $y=f(x)$，

若已知 x，要计算出 y 很容易，但是，若已知 y，要计算出 $y=f^{-1}(x)$ 则很困难。因此，它首先是一个单向函数，在一个方向上易于计算，而在反方向却难于计算。但是，如果知道那个秘密陷门，在另一个方向也很容易计算这个函数。

单向函数的命名就源于其只有一个方向能够计算。所谓陷门，也被称为后门。对于单向函数，若存在一个 z 使得知道 z，则可以很容易地计算出 $y=f^{-1}(x)$，而若不知道 z，就无法计算出 $y=f^{-1}(x)$，则称函数 $y=f(x)$ 为陷门单向函数，而 z 称为陷门。

单向函数不能用作加密，因为用单向函数加密的信息是无人能解开它的。但可以利用具有陷门信息的单向函数构造公钥密码算法。

2.4.2 随机格

在密码学的应用中，会随机选取一个格来做任何数学运算，而且要求随机格的每一个格点都应该在整数格 $\mathbb{Z}^n$ 中，这样其中每一个格点的坐标都是整数，便于密码学应用。此外，因为计算机系统的特点，也为了方便计算，一般会选择一个比较大的数字 q 作为值大小的上限。结合上面两条要求，一般在密码学算法中用到的格都被称作 q 阶随机格（q-ary random lattice），见如下定义。

首先随机生成一个矩阵 $\boldsymbol{A}\in\mathbb{Z}_q^{n\times m}$，其中 n,m,q 是整数。定义两个格：

$$\Lambda_q^{\perp}(\boldsymbol{A})=\{y\in\mathbb{Z}^m:\boldsymbol{A}y=0 \bmod q\}$$

$$\Lambda_q(\boldsymbol{A})=\{\boldsymbol{y}\in\mathbb{Z}^m:y=\boldsymbol{A}^{\mathrm{T}}\boldsymbol{s} \bmod q,\text{某个向量 }\boldsymbol{s}\in\mathbb{Z}^n\}$$

上述两个格称为 q 阶随机格。通过随机均匀选取的一个矩阵 $\boldsymbol{A}$，就可以获得一个随机格。注意，在 $\Lambda_q^{\perp}(\boldsymbol{A})$ 中的所有向量与 $\boldsymbol{A}$ 的每一行在模 q 计算下都是正交的。而 $\Lambda_q(\boldsymbol{A})$ 是由 $\boldsymbol{A}$ 的每一行生成的。$\Lambda_q(\boldsymbol{A})$ 和 $\Lambda_q^{\perp}(\boldsymbol{A})$ 之间是一个对偶的关系，$\Lambda_q(\boldsymbol{A})=q\cdot\Lambda_q^{\perp}(\boldsymbol{A})^*$，$\Lambda_q^{\perp}(\boldsymbol{A})=q\cdot\Lambda_q(\boldsymbol{A})^*$。

2.4.3 构造单向哈希函数

单向哈希函数（one-way hash function）在密码学上非常重要。当拥有单向函数之后，就可以基于它构建各种其他密码学中的组件，如伪随机数生成器等。那么，格上如何构造单向函数呢？Ajtai 在 1996 年提出基于 q 阶随机格构造单向函数，Ajtai 是基于格密码的困难问题 SIS（最短整数解，short integer solution）构造的，并且给出了安全论证。下面首先介绍 SIS 困难问题。

随机生成一个矩阵 $\boldsymbol{A}\in\mathbb{Z}_q^{n\times m}$，这是公开部分，SIS 问题是能否发现一个短向量 $\boldsymbol{x}\in\mathbb{Z}_m$ 使得

$$\boldsymbol{A}\boldsymbol{x}=0 \bmod q$$

这就是求解短向量问题（SIS），可以看出 SIS 问题是求 $\Lambda_q^{\perp}(\boldsymbol{A})$ 上的最短向量问题，这是格密码学中公认的困难问题。为了计算简单，一般选取短向量 $\boldsymbol{x}$ 为二进制位向量。Ajtai 根据 SIS 的困难性构造出一个单向哈希函数 $f_{\boldsymbol{A}}$：

$$\text{令 } m>n\log q\text{，定义 } f_{\boldsymbol{A}}:\{0,1\}\to\mathbb{Z}_q^n\text{，具体有：} f_{\boldsymbol{A}}(\boldsymbol{x})=\boldsymbol{A}\boldsymbol{x} \bmod q$$

上述函数的单向性解释如下。从线性代数角度看，给一个矩阵 $\boldsymbol{A}$ 和 $\boldsymbol{b}=f_{\boldsymbol{A}}(\boldsymbol{x})$，求 $\boldsymbol{x}$ 是非常容易的，但是，如果要求 $\boldsymbol{x}$ 是短向量却是困难的。求解 $\boldsymbol{A}\boldsymbol{x}=\boldsymbol{b}$ 可以表示成 $\boldsymbol{A}\boldsymbol{t}=$

$\boldsymbol{b}\pmod q$的解 $\boldsymbol{t}$ 和 $\boldsymbol{Ay}=0\pmod q$的解 $\boldsymbol{y}$ 之和。而 $\boldsymbol{Ay}=0\pmod q$的解就是随机格 $\Lambda_q^{\perp}(\boldsymbol{A})$。因此,发现一个小的 $\boldsymbol{x}=\boldsymbol{t}+\boldsymbol{y}$,就相当于发现一点 $-\boldsymbol{y}\in\Lambda_q^{\perp}(\boldsymbol{A})$,该点与目标点 $\boldsymbol{t}$ 的距离为 $\|\boldsymbol{x}\|=\|\boldsymbol{t}-(-\boldsymbol{y})\|$。因此,单向函数 $f_{\boldsymbol{A}}(\boldsymbol{x})$的逆问题等价于$\text{ADD}_{\gamma_1}$问题和$\text{BDD}_{\gamma_2}$问题。而 ADD 问题又进一步可以归约到 SIVP 问题上,其困难性可想而知。

此外,在选择 $f_{\boldsymbol{A}}$参数的时候,一般会把 q 选择得比较小,使得这个单向哈希函数是一个满射的函数,这代表会有多个不同的短向量 $\boldsymbol{x},\boldsymbol{y}$ 使得 $f_{\boldsymbol{A}}(\boldsymbol{x})=f_{\boldsymbol{A}}(\boldsymbol{y})$。这一满射的特性决定了一定会有碰撞(collision)存在。但是,Ajtai 证明了这个单向哈希函数还有另一个特殊的属性:抗碰撞,即就算存在碰撞,也无法有效地根据一个已知的 $\boldsymbol{x}$,找到另一个对应的 $\boldsymbol{y}$。

注意ADD_{γ_1}问题和BDD_{γ_2}问题是平均情况下的格问题,所以 Ajtai 的工作将格问题的平均情况与最坏情况的困难性连接在了一起[75],这一伟大的工作开启了格密码时代。Ajtai 的工作随后被改进与简化[124-125],最好的已知结果来源于论文[76],后来这些结果在文章[89]中被提炼。

2.4.4 构造陷门单向函数

前面说到 Ajtai 在 1996 年证明了函数 $f_{\boldsymbol{A}}$是一个单向函数。后面需要考虑能否在此之上引入陷门。如果找到了陷门单向函数,则可以构造格公钥密码算法。

$f_{\boldsymbol{A}}$是一个单向函数,这意味着可以快速地计算这个函数,但是无法从函数的输出结果有效地还原出输入。如果已知陷门,就可以构造出这个单向函数的反函数。那么,这样的反函数 $f_{\boldsymbol{A}}^{-1}$具有什么特性呢? 2.4.3 节说过 $f_{\boldsymbol{A}}$是一个满射函数,所以对于一个输入 y,其反函数 $f_{\boldsymbol{A}}^{-1}$具有多个输出(解)$x_1,x_2,\cdots$,可以随机从这些输出里选择一个 x_i,但是为了安全考虑,随机选择需要服从高斯分布,而且要求反函数 $f_{\boldsymbol{A}}^{-1}$的输出要与 $f_{\boldsymbol{A}}$的输入空间的解分布大致相同。Micciancio 和 Peikert 在 MP12 这篇论文中[126],把满足这类分布的满射函数 $f_{\boldsymbol{A}}$与其反函数 $f_{\boldsymbol{A}}^{-1}$称作原像可抽样函数(preimage sampleable function,PSF)。

例如,如图 2-8 所示,对于单向函数 $f_{\boldsymbol{A}}$,从输入空间中以高斯分布随机选取 x,计算出所有对应的 y,然后从这些 y 中统计出随机选取一个 y 所对应的全部 $x_1,x_2,\cdots$。然后,对于其反函数 $f_{\boldsymbol{A}}^{-1}$,如图 2-9 所示,从输出空间中随机选取一个 y,计算出其所对应的 $x_1,x_2,\cdots$。原像可抽样函数的定义告诉我们,通过上面两种方法生成的$\{y,x_1,x_2,\cdots\}$在

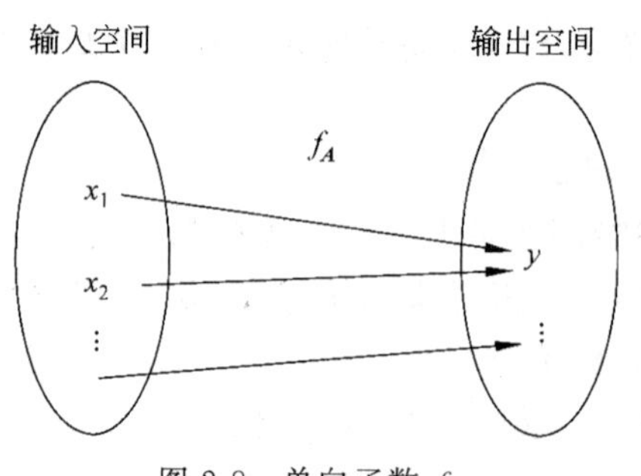

图 2-8 单向函数 $f_{\boldsymbol{A}}$

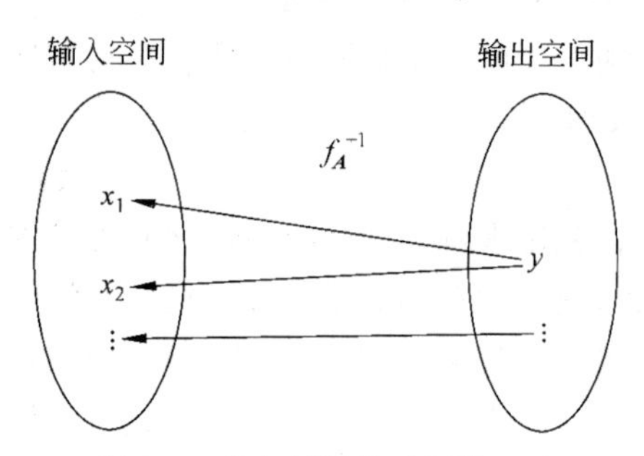

图 2-9 单向函数的反函数 $f_{\boldsymbol{A}}^{-1}$

概率上的分布是计算上不可区分的。也就是说，给出一组$\{y, x_1, x_2, \cdots\}$，我们无法区分到底是随机选择输入空间中的$x_1, x_2, \cdots$，然后通过$f_{\boldsymbol{A}}$生成的，还是随机从输出空间中选择y通过$f_{\boldsymbol{A}}^{-1}$生成的。

下面就可以构造陷门。有两种方法可以构造陷门，首先介绍第一种方法构造陷门单向函数。

(1) 第一种方法构造陷门单向函数。

前面说过一个格有两种类型的格基向量，一种是“好”基，这些基向量很短而且相互接近垂直。有了这样的“好”基，很容易求解 CVP 问题，具体见 2.3.2 节的解释。还有一种是“坏”基，这些基向量长度较长，而且相互之间靠得较近，看上去是一个狭长的平行体，此时就无法用“好”基的方法求解 CVP 问题。事实上，给定一组“坏”基，格中的 SVP、CVP、SIS 等常见问题都是困难的。这样的几何特性恰好能够用于构造密码学上的陷门。如图 2-10 所示，“⇢”代表“好”基，“→” 代表着“坏”基。

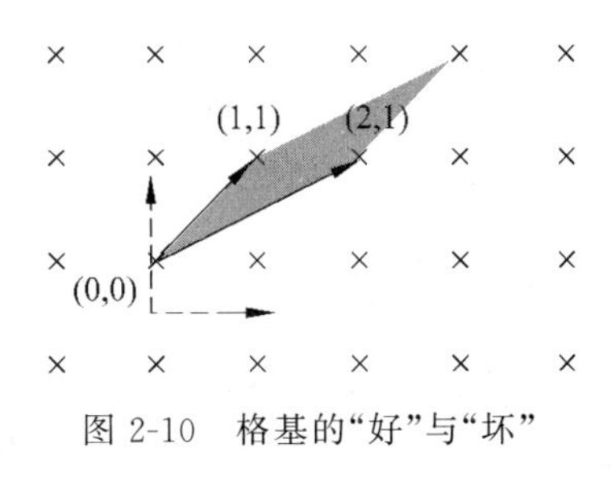

图 2-10 格基的“好”与“坏”

例如，给出一组“好”基，数学上可以把它们表示成一个矩阵$\boldsymbol{A}_{\text{short}}$。根据这组“好”基，很容易找到距离一个点最近的格点(CVP 问题)，将其表示成格基向量的线性组合。反函数$f_{\boldsymbol{A}}^{-1}$就可以输出一组满足均匀高斯分布的$x_1, x_2, \cdots$。也就是说，知道了陷门(一组“好”基)就能够计算反函数$f_{\boldsymbol{A}}^{-1}$，由此可以构造出陷门单向函数。如果随机选择一组基，则得到的是“坏”基，无法找到距离一个点最近的格点(CVP 问题)，从而无法还原成格基向量的线性组合，也就是无法计算出反函数$f_{\boldsymbol{A}}^{-1}$。

上述方法尽管很直观，但是存在一个很大的问题，即如何找到一组“好”基。根据 2.3.2 节可知，这在几何上是一个困难问题。因此，在格密码中并不使用这种方法构造陷门单向函数。

(2) 第二种方法构造陷门单向函数。

Micciancio 和 Peikert 在 2012 年的欧密会上发表的论文 *Trapdoors for Lattices: Simpler, Tighter, Faster, Smaller*(简称 MP12)[126]中提出一种构造格陷门的新方法。MP12 构造格陷门的方法比第一种方法高效，而且还可以构造第一种方法所需的短向量矩阵$\boldsymbol{A}_{\text{short}}$，可谓功能更加强大。

再把思路理一下。前面说过，为了构造格上的单向哈希函数，基于 SIS 问题构造了一个函数$f_{\boldsymbol{A}}(\boldsymbol{x})=\boldsymbol{A}\boldsymbol{x} \bmod q$，其中$\boldsymbol{A}$是均匀随机选择的一个矩阵，$\boldsymbol{x}$是输入的一个短向量，函数$f_{\boldsymbol{A}}(\boldsymbol{x})$就是一个单向哈希函数，知道$\boldsymbol{x}$很容易求出$f_{\boldsymbol{A}}(\boldsymbol{x})$；反之却是困难的。构造陷门，使得知道陷门后能够求出$f_{\boldsymbol{A}}(\boldsymbol{x})$的反函数$f_{\boldsymbol{A}}^{-1}(\boldsymbol{x})$，注意这里的$f_{\boldsymbol{A}}^{-1}(\boldsymbol{x})$会输出很

多个满足高斯分布的解。由此获得了格上的陷门单向函数。关键是这个陷门如何构造?

MP12 提出构造陷门的方法主要思想来源于均匀随机分布的特性。如果一个矩阵 $\boldsymbol{A}$ 是均匀随机分布的,则在 $\boldsymbol{A}$ 上任意添加其他元素,例如加上一个矩阵,结果依然是呈均匀随机分布的。这就给我们一个启示,如果给矩阵 $\boldsymbol{A}$ 添加一些东西,使之具有特殊的结构,方便我们构造陷门,而表面上看 $\boldsymbol{A}$ 却依然是均匀随机分布的,无法区分出与原来的矩阵 $\boldsymbol{A}$ 有什么不同,这样就能够构造出陷门函数。

MP12 构造陷门的方法如下。

第一步:构造一个具有特殊结构的矩阵 $\boldsymbol{G}$,得到相应的函数 $f_G(\boldsymbol{x})$。$\boldsymbol{G}$ 的特殊结构使得计算其反函数 $f_G^{-1}(\boldsymbol{x})$ 是容易的。

第二步:将 $\boldsymbol{G}$ 嵌入均匀随机分布的矩阵 $\boldsymbol{A}$ 中,得到相应的陷门矩阵 $\boldsymbol{R}$。表面上看,叠加后的矩阵 $\boldsymbol{A}$ 依然是呈均匀随机分布的,但是知道陷门 $\boldsymbol{R}$ 后,很容易从 $\boldsymbol{A}$ 还原出 $\boldsymbol{G}$。

第三步:构造出 $f_A^{-1}(\boldsymbol{x})$。关键点是将矩阵 $\boldsymbol{A}$ 上的 SIS 问题归约到矩阵 $\boldsymbol{G}$ 上的 SIS 问题,从而将计算 $f_A^{-1}(\boldsymbol{x})$ 归约到 $f_G^{-1}(\boldsymbol{x})$。而计算反函数 $f_G^{-1}(\boldsymbol{x})$ 是容易的。

具体构造细节可以参考论文 MP12。在这里说明一点,基于 LWE 问题的陷门单向函数的构造,其思想与上述一致。介绍完 LWE 问题后,会做相应的解释。

2.4.5 格公钥密码系统的框架

格密码学基于 SIVP 问题的困难性,即发现格上 n 个线性无关的短向量是困难的,因此很自然想到用格作为公钥,用线性无关的短向量作为密钥。由于格上 SIVP 问题是困难的,所以通过公钥发现密钥是困难的。格公钥密码系统的框架如下。

密钥生成:L 是一个格,$\boldsymbol{S}$ 是格 L 上一组线性无关的短向量。公钥是格 L,密钥是 $\boldsymbol{S}$。

加密:消息 m 编码成一个随机的短向量 $\boldsymbol{x}$,在对偶格 L^* 上随机选择一个点 $\boldsymbol{v}$,密文 $\boldsymbol{c}=\boldsymbol{v}+\boldsymbol{x}$。密文可以看成对格点 $\boldsymbol{v}$ 的一个扰动,密文与格点的距离为 $\|\boldsymbol{x}\|_2$。

解密:解密 $\boldsymbol{c}$ 首先要从 $\boldsymbol{c}$ 中恢复出 $\boldsymbol{v}$,然后根据 $\boldsymbol{x}=\boldsymbol{c}-\boldsymbol{v}$,才能从 $\boldsymbol{x}$ 中恢复出明文 m。如果 $\|\boldsymbol{x}\|_2<\lambda_1(L^*)$,则恢复 $\boldsymbol{v}$ 是一个 BDD 问题,可以使用短向量 $\boldsymbol{S}$ 解决 BDD 问题,即发现靠近目标点 $\boldsymbol{c}$ 的格点 $\boldsymbol{v}$,然后根据 $\boldsymbol{x}=\boldsymbol{c}-\boldsymbol{v}$ 恢复出明文 m。

在上述框架中,使用对偶格 L^* 是因为使用格 L 上一组线性无关的短向量,可以有效解决 L^* 上的 BDD 问题。另外,如果想从公钥恢复密钥,则对应的是 SIVP 问题,而在没有密钥的情况下解密,对应的则是 BDD 问题。

上述格公钥密码系统的描述只是一个框架,并没有给出细节,例如密钥应该如何选取,错误向量 $\boldsymbol{x}$ 应该选择什么样的分布,如何选择格才能使在其上的 SVIP 问题和 BDD 问题是困难的,等等。

另外,关于最坏情况下 SIVP 问题和 BDD 问题的困难性在这里并没有涉及。而密码学需要一个计算问题是在平均情况下是困难的,例如,根据一个合适的概率分布随机选择一个密钥,应该有理由充分相信,在高概率情况下该密钥是难以破解的,而不是说某些密钥是难以破解的。对于随机选择的一个格 L,其上的 SIVP 问题和 BDD 问题是否是困难的?为此,密码学引入了随机格(参见 2.4.2 节)。

2.5　LWE 问题

错误学习问题(learning with errors,LWE)由 Regev 在 2005 年提出[11],该问题已经成为格密码学中广泛使用的密码学基。LWE 问题是一个平均情况下的问题,Regev 在文献[11]中将 LWE 问题量子归约到格上标准困难问题。因此,在 LWE 问题之上建立的所有密码学算法,其安全性都建立在格问题的最坏情况下困难性之上。

2.5.1　LWE 搜索问题

LWE 搜索问题就是给出一些关于秘密向量 $\boldsymbol{s}$ 的“近似”随机线性方程,其目标是恢复秘密向量 $\boldsymbol{s}$。例如,给出如下一些“近似”随机线性方程:

$$14\boldsymbol{s}_1+15\boldsymbol{s}_2+5\boldsymbol{s}_3+2\boldsymbol{s}_4\approx 8 \pmod{17}$$
$$13\boldsymbol{s}_1+14\boldsymbol{s}_2+14\boldsymbol{s}_3+6\boldsymbol{s}_4\approx 16 \pmod{17}$$
$$6\boldsymbol{s}_1+10\boldsymbol{s}_2+13\boldsymbol{s}_3+1\boldsymbol{s}_4\approx 3 \pmod{17}$$
$$10\boldsymbol{s}_1+4\boldsymbol{s}_2+12\boldsymbol{s}_3+16\boldsymbol{s}_4\approx 12 \pmod{17}$$
$$\cdots\cdots$$
$$9\boldsymbol{s}_1+5\boldsymbol{s}_2+9\boldsymbol{s}_3+6\boldsymbol{s}_4\approx 9 \pmod{17}$$

在上述每个方程中加入一个小的错误,例如错误取自 $-1\sim+1$,目标是恢复向量 $\boldsymbol{s}$。如果上述方程中没有加入错误,使用高斯消元法就可以在多项式时间内恢复向量 $\boldsymbol{s}$。但是,加入错误后,使得该问题变得非常困难。一个 LWE 问题的具体例子如图 2-11 所示。

LWE 搜索问题的定义　参数 $n\geqslant 1$,模 $q\geqslant 2$,χ 是 $\mathbb{Z}_q$ 上的一个错误概率分布。$A_{s,\chi}$ 是 $\mathbb{Z}_q^n\times\mathbb{Z}_q$ 上的一个概率分布,该分布通过如下方式获得:随机均匀选择一个向量 $\boldsymbol{a}\in\mathbb{Z}_q^n$,根据分布 χ 选择错误向量 $\boldsymbol{e}\in\mathbb{Z}_q$,输出 $(\boldsymbol{a},b=\langle\boldsymbol{a},\boldsymbol{s}\rangle+\boldsymbol{e} \bmod q)$。LWE 问题是:对于 $\boldsymbol{s}\in\mathbb{Z}_q^n$,给出从 $A_{s,\chi}$ 取出任意数量的独立实例,其目的是输出 $\boldsymbol{s}$。

一般把那些随机选择的向量 $\boldsymbol{a}$ 表示成矩阵 $\boldsymbol{A}$,则 LWE 搜索问题可以用一句话表达:给出 $(\boldsymbol{A},\boldsymbol{b})$,求解 $\boldsymbol{s}$,如图 2-12 所示。

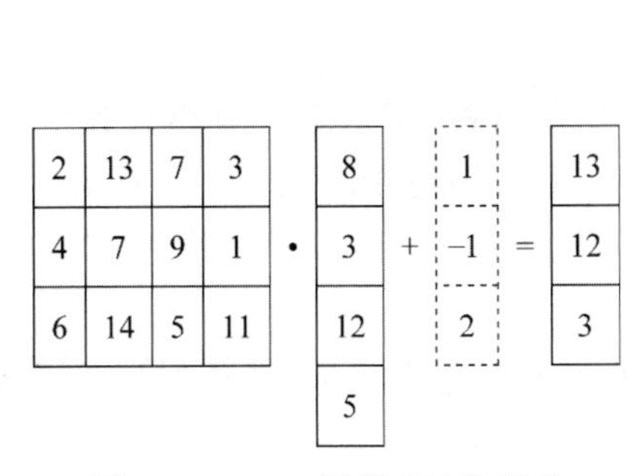

图 2-11　LWE 问题的具体例子

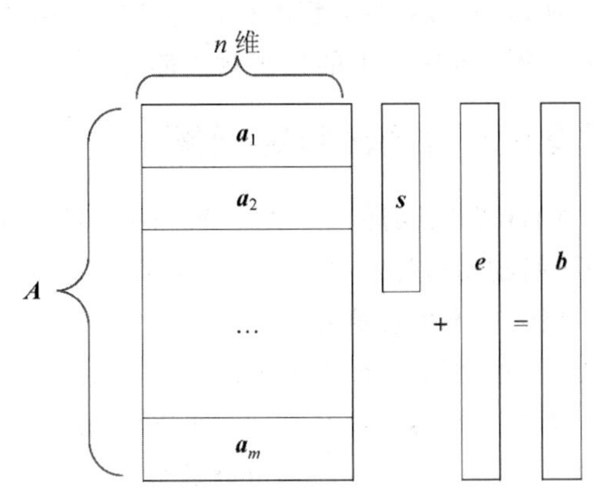

图 2-12　LWE 实例抽象

参数说明 在 LWE 问题中,主要参数是维数 n,模 q 通常设置为 Poly(n),即关于 n 的多项式,例如一般可取为 n^2。如果将模 q 设置为关于 n 呈指数级增长,则在应用中会降低效率,但是该问题的困难性会更易于理解。当模 $q=2$ 时是 LPN(learning parity with noise)问题。错误(噪声)$\boldsymbol{e}$ 取自偏离为 αq 的高斯分布。如图 2-13 所示的一个高斯分布的例子。可见,错误(噪声)$\boldsymbol{e}$ 的值高概率取自 0 的附近值,因此其值是小的。

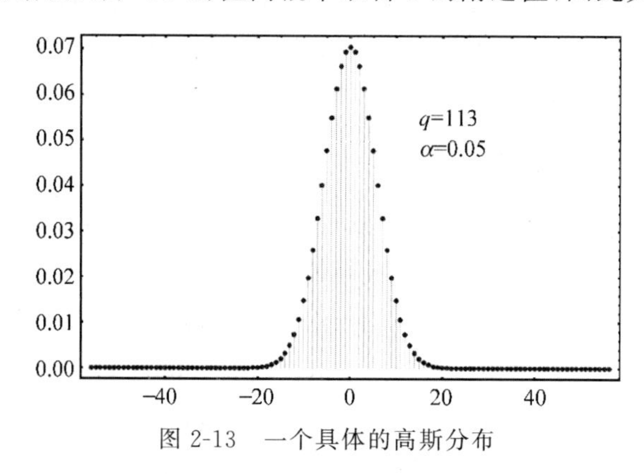

图 2-13 一个具体的高斯分布

LWE 问题的安全性证明要求 $\alpha q<\sqrt{n}$,所以 α 一般设置为 1/Poly(n)。Regev 在其文献[11]中证明了,解决上述 LWE 问题,意味着存在一个有效的量子算法解决格上最坏情况下的标准困难问题,即解决近似 GapSVP 问题和近似 SIVP 问题,近似因子为$\tilde{O}(n/\alpha)$。LWE 问题中的错误分布 χ 的标准偏离$\approx\alpha\cdot q$(其中 $\alpha\in(0,1)$),$q=q(n)$),LWE 实例的数量并不重要,问题的困难性本质上独立于它。注意这是一个量子归约。

目前,求解 LWE 搜索问题的最好算法的运行时间和所需方程数量是 $2^{O(n)}$。可见,所需时间是指数级的,甚至是量子算法也无能为力。而且该算法与目前解决格问题的最好算法的思路是一样的,解决格问题所需要的时间也是 $2^{O(n)}$。因此,任何解决 LWE 问题算法的改进与提高都会导致解决格问题的突破。

目前,有效的解决格问题的量子算法仍旧没有被发现,尽管人们在这方面做了很多努力。所以,可以推测:解决格问题的量子算法不存在。由此 LWE 问题是困难的,以及建立在 LWE 问题之上的加密算法都是安全的,即使对于量子敌手而言。

2.5.2 LWE 判定问题

LWE 判定问题 上述 LWE 问题是一个 LWE 搜索问题,密码学中更感兴趣的是 LWE 问题的另外一个版本:平均情况下的 LWE 判定问题,即对于随机均匀选择的 $\boldsymbol{s}\in\mathbb{Z}_q^n$,能够以不可忽略的概率区分 $A_{S,\chi}$分布与均匀分布 $\mathbb{Z}_q^n\times\mathbb{Z}_q$ 上的实例。判定 LWE 问题可以归约到 LWE 搜索问题。

如果在均匀选择秘密向量 $\boldsymbol{s}$ 的情况下,判定 LWE 问题可以被解决,则对于所有秘密向量 $\boldsymbol{s}$,判定 LWE 问题都可以被解决。

那么,LWE 判定问题与 LWE 搜索问题之间的关系是什么?

当 q 为素数且以 Poly(n)为界时($2\leqslant q\leqslant$Poly(n)),LWE 判定问题与 LWE 搜索问

题是等价的，即 LWE 判定问题的安全性是建立在 LWE 搜索问题的安全性上的。

由于 LWE 搜索问题的安全性建立在近似 GapSVP 问题和近似 SIVP 问题的困难性之上，所以 LWE 判定问题的安全性也建立在近似 GapSVP 问题和近似 SIVP 问题的困难性之上。注意：这里 q 是小的且是素数，如果 q 不满足这些条件，则上述等价并不成立。因此，那些建立在 LWE 判定问题上的密码学算法都要服从 q 的这些条件。

由 LWE 判定问题的困难性可知，当任意给出一个实例（LWE 实例或随机均匀实例）时，判断者无法区分出到底是 LWE 实例还是随机均匀实例。这种不可区分性为构造加密算法提供了强有力的基础，如图 2-14 所示。

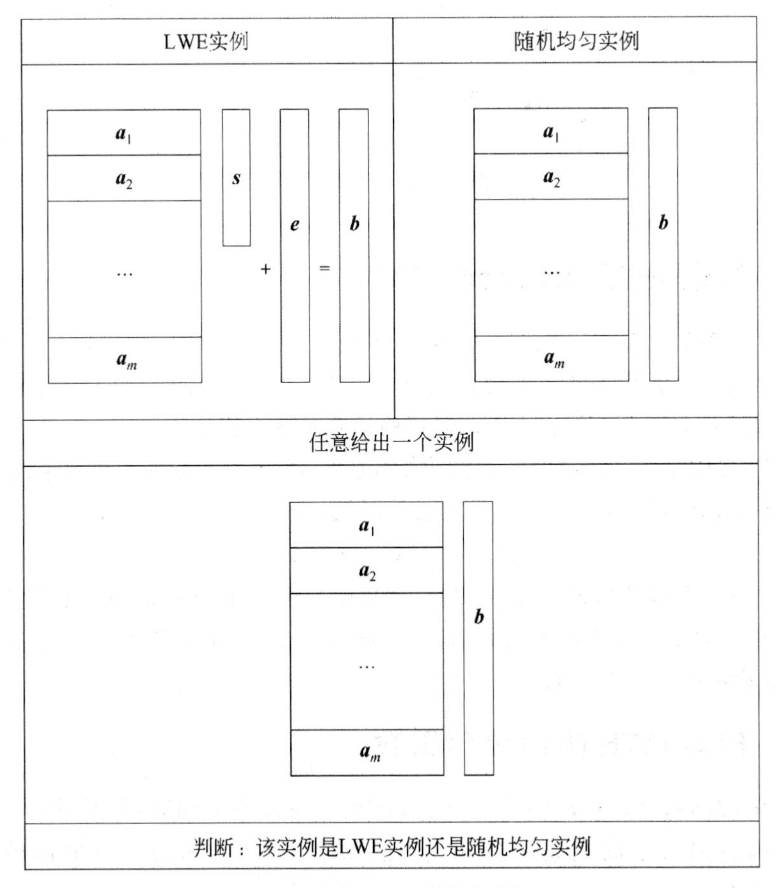

图 2-14 LWE 判定问题

LWE 问题与 BDD 问题 上述 LWE 问题的定义中，对于 m 个从 $A_{S,\chi}$ 取出的独立实例，可以用随机均匀矩阵 $\mathbf{A}\in\mathbb{Z}_q^{n\times m}$ 和 $\boldsymbol{b}=\mathbf{A}^{\mathrm{T}}\boldsymbol{s}+\boldsymbol{e}$ 表示。而 $\mathbf{A}^{\mathrm{T}}\boldsymbol{s}$ 可以看成格 $\Lambda_q(\mathbf{A}^{\mathrm{T}})$ 上的点，因此加入噪声后，其结果就是格点附近的一个向量。如果要求解该格点，相当于求解 CVP 问题。

此外，由于要求噪声的值是小的，与 BDD 问题所要求的范围一致，因此 LWE 问题可以看成随机格 $\Lambda_q(\mathbf{A}^{\mathrm{T}})$ 上的 BDD 问题。注意：BDD 问题是 CVP 问题的特殊情况，如图 2-15 所示。

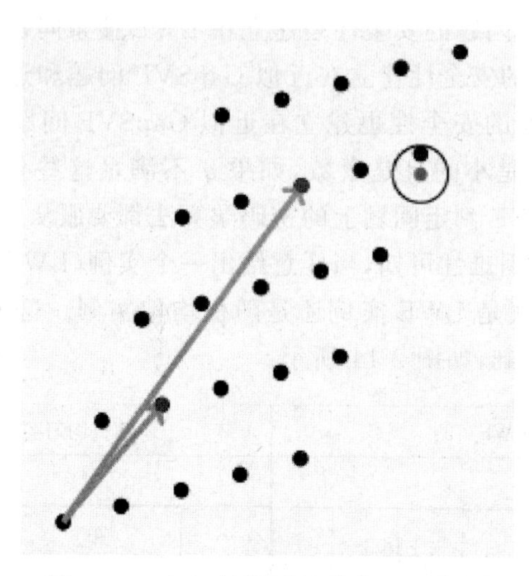

图 2-15　LWE 问题可以看成 BDD 问题

2.5.3　构造 LWE 单向哈希函数

从 2.4.3 节看到，根据 SIS 问题可以构建格上的密码函数，例如哈希单向函数以及陷门单向函数。同理，LWE 问题是否能够构建这些密码函数，对于 LWE 问题在密码学中的应用具有重要意义。下面根据 LWE 问题构建哈希单向函数。

根据 LWE 搜索问题的困难性，即给出 LWE 实例($\boldsymbol{A}$, $\boldsymbol{b}$)求解 $\boldsymbol{s}$ 是困难的，就可以定义单向函数的单向性，从而构建一个单向哈希函数，如下：

$$f_{\boldsymbol{A}}(\boldsymbol{s},\boldsymbol{e})=\boldsymbol{A}\boldsymbol{s}+\boldsymbol{e}\in\mathbb{Z}_q^m$$

相比于在 SIS 上构建单向哈希函数，在 LWE 上构建单向哈希函数要简单许多。另外，上述 LWE 上的单向哈希函数是单射的，因此每一个 LWE 问题都有一个唯一解，这与 SIS 上单向哈希函数也是不同的。

2.5.4　构造 LWE 陷门单向函数

2.5.3 节中的函数 $f_{\boldsymbol{A}}(\boldsymbol{s},\boldsymbol{e})$具有单向性，即很容易计算该函数，但是计算其反函数却是困难的。构造陷门单向函数的目标是：已知陷门，就能构造出单向函数的反函数 $f_{\boldsymbol{A}}^{-1}(\boldsymbol{s},\boldsymbol{e})$。此外，由于函数 $f_{\boldsymbol{A}}(\boldsymbol{s},\boldsymbol{e})$ 是单射，所以其反函数会输出唯一满足条件的 $\boldsymbol{s}$ 和 $\boldsymbol{e}$。

与在 SIS 问题之上构造陷门的方法一样，有两种方法构造 LWE 上的陷门。第一种方法构造陷门单向函数如下。

(1) 第一种方法构造陷门单向函数。

给出一组“好”基，数学上可以把它们表示成一个矩阵 $\boldsymbol{A}_{\text{short}}$。根据这组“好”基，很容易找到距离一个点最近的格点(CVP 问题)，将其表示成格基向量的线性组合。反函数 $f_{\boldsymbol{A}}^{-1}(\boldsymbol{s},\boldsymbol{e})$可以输出唯一满足条件的 $\boldsymbol{s}$ 和 $\boldsymbol{e}$。也就是说，知道了陷门(一组“好”基)，就能够计算反函数，由此可以构造出陷门单向函数。

如果随机选择一组基，则得到的是“坏”基，无法找到距离一个点最近的格点(CVP问题)，从而无法还原成格基向量的线性组合，也就是无法计算出反函数 $f_{A}^{-1}(\boldsymbol{s},\boldsymbol{e})$。

(2) 第二种方法构造陷门单向函数。

首先回顾一下构造陷门的方法。

第一步：构造一个具有特殊结构的矩阵 $\boldsymbol{G}$，得到相应的函数 $f_{G}(\boldsymbol{x})$。$\boldsymbol{G}$ 的特殊结构，使得计算其反函数 $f_{G}^{-1}(\boldsymbol{x})$ 是容易的。

第二步：将 $\boldsymbol{G}$ 嵌入均匀随机分布的矩阵 $\boldsymbol{A}$ 中，得到相应的陷门矩阵 $\boldsymbol{R}$。表面上看，叠加后的矩阵 $\boldsymbol{A}$ 依然是呈均匀随机分布的，但是知道陷门 $\boldsymbol{R}$ 后，很容易从 $\boldsymbol{A}$ 还原出 $\boldsymbol{G}$。

第三步：构造出 $f_{A}^{-1}(\boldsymbol{x})$。关键点是将矩阵 $\boldsymbol{A}$ 上的LWE问题归约到矩阵 $\boldsymbol{G}$ 上的LWE问题，从而将计算 $f_{A}^{-1}(\boldsymbol{x})$ 归约到 $f_{G}^{-1}(\boldsymbol{x})$。由于计算反函数 $f_{G}^{-1}(\boldsymbol{x})$ 是容易的，所以可构造出陷门单向函数。

首先进行第一步。这个特殊结构的矩阵 $\boldsymbol{G}$ 称为工具矩阵(gadget matrix)。为了方便叙述和理解，我们把矩阵 $\boldsymbol{G}$ 的第一行 $\boldsymbol{g}$ 拿来表述，$\boldsymbol{g}=(1,2,4,\cdots,2^{i-1})\in\mathbb{Z}_q^{1\times i}$。这个向量其实是2的幂次的排列，结构非常简单而且有些特殊的性质。不妨令 $q=2^i$，定义一个函数 $f_{\boldsymbol{g}}$ 如下所示：

$$\begin{aligned}f_{\boldsymbol{g}}(\boldsymbol{s},\boldsymbol{e})&=s\cdot\boldsymbol{g}+\boldsymbol{e}\bmod q\\&=(s+e_0,2s+e_1,\cdots,2^{i-1}s+e_{i-1})\bmod q\end{aligned}$$

其中 s 是 $\mathbb{Z}_q$ 中的一个数，其实就是LWE单向函数 $f_{\boldsymbol{A}}(\boldsymbol{s},\boldsymbol{e})$ 的输入向量 $\boldsymbol{s}$ 中的一个值。我们的目标是构造 f_G，$f_{\boldsymbol{g}}$ 只是 f_G 的一个微缩版本，为了表述方便，方法上完全一样。

通过实验我们发现 $f_{\boldsymbol{g}}(\boldsymbol{s},\boldsymbol{e})$ 不具有单向特征，而且可以很容易地计算出 $\boldsymbol{s}$。例如，$q=2^i$，所以 $\mathbb{Z}_q$ 中的数都可以表示成 i 位。$f_{\boldsymbol{g}}$ 的最后一项是 $2^{i-1}s+e_{i-1}$，由于 s 是 i 位，所以 $2^{i-1}s$ 相当于将 s 的各位向左移动 $i-1$ 位。这样，s 的最低位就移到了最高位。由于噪声远远小于 q，所以并不会影响最高位上的值。因此，通过该方法成功地提取出了 s 的最低位。如法炮制，依次可以求得 s 的其他各位。这个方法非常有用，而且具有通用性。看来 $f_{\boldsymbol{g}}(\boldsymbol{s},\boldsymbol{e})$ 恰好是我们所需要的。上面是微缩版本，完整版的工具矩阵形式如下，只不过维数上扩展了。

$$\boldsymbol{G}=I\otimes g=\begin{bmatrix}g&&&\\&g&&\\&&\ddots&\\&&&g\end{bmatrix}\in\mathbb{Z}_q^{n\times ni}$$

对应的单向函数 $f_G(\boldsymbol{s},\boldsymbol{e})=\boldsymbol{s}^{\mathrm{T}}\cdot\boldsymbol{G}+\boldsymbol{e}\bmod q$。这些表达方式在后面全同态加密GSW算法中以及多钥全同态加密的表示中都很有用。注意：尽管我们称之为单向函数，其实它一点儿都不具备单向特性，用上述方法很容易恢复 $\boldsymbol{s}$ 的各位。因此，计算反函数 $f_{G}^{-1}(\boldsymbol{x})$ 是容易的，达到了第一步的预期目标。剩下的工作就是找到一个陷门将LWE矩阵 $\boldsymbol{A}$ 与 $\boldsymbol{G}$ 联系起来。

现在进入第二步。目标是将 $\boldsymbol{G}$ 嵌入矩阵 $\boldsymbol{A}$ 中，使得矩阵 $\boldsymbol{A}$ 看上去是随机均匀分布的。按照如下方式构造矩阵 $\boldsymbol{A}$：

$$\boldsymbol{A}=[\boldsymbol{B}|\boldsymbol{G}]\cdot\begin{bmatrix}\boldsymbol{I} & \boldsymbol{R}\\ \boldsymbol{0} & \boldsymbol{I}\end{bmatrix}=[\boldsymbol{B}|\boldsymbol{G}-\boldsymbol{BR}]$$

其中 $\boldsymbol{B}$ 是一个随机均匀分布的 $n\times m'$ 的矩阵；$\boldsymbol{R}$ 是一个服从高斯分布的 $m'\times n\log q$ 的随机矩阵。现在我们最关心的是这样构造的 $\boldsymbol{A}$ 是否是一个随机均匀的矩阵。

首先看矩阵乘积 $\boldsymbol{BR}$，根据 Leftover Hash 定理，只要 $m'\approx n\log q$，矩阵乘积 $\boldsymbol{BR}$ 就近似于随机均匀分布。另外，$\boldsymbol{G}$ 是一个常数矩阵，所以 $\boldsymbol{G}-\boldsymbol{BR}$ 也是随机均匀分布的。再加上最左边的矩阵 $\boldsymbol{B}$ 是随机均匀分布的，所以 $\boldsymbol{A}$ 是一个随机均匀的矩阵。

最重要的是给出矩阵 $\boldsymbol{A}$，没人能够区分出它是随机均匀生成的，还是由 $\boldsymbol{B}$、$\boldsymbol{G}$、$\boldsymbol{R}$ 构造出来的。将这个构造出来的矩阵 $\boldsymbol{A}$，与随机均匀矩阵放在一起，没有人能够区分出这两个矩阵。此外，知道了 $\boldsymbol{R}$，可以很容易地从 $\boldsymbol{A}$ 还原出 $\boldsymbol{G}$，如下所示。因此，$\boldsymbol{R}$ 就是我们要构造的陷门。

$$\boldsymbol{A}\begin{bmatrix}\boldsymbol{I}\\ \boldsymbol{R}\end{bmatrix}=\boldsymbol{G}$$

现在进入第三步。知道了矩阵 $\boldsymbol{A}$ 的陷门，现在看如何求解 LWE 问题的反函数。该反函数的定义如下。

已知 $\boldsymbol{b}^{\mathrm{T}}=\boldsymbol{s}^{\mathrm{T}}\boldsymbol{A}+\boldsymbol{e}^{\mathrm{T}}\in\mathbb{Z}_q^m$，求唯一解$(\boldsymbol{s},\boldsymbol{e})$。

由于知道陷门 $\boldsymbol{R}$，将上式两边(从右边)同时乘以$\begin{bmatrix}\boldsymbol{I}\\ \boldsymbol{R}\end{bmatrix}$，得到：

$$\boldsymbol{b}^{\mathrm{T}}\begin{bmatrix}\boldsymbol{I}\\ \boldsymbol{R}\end{bmatrix}=\boldsymbol{s}^{\mathrm{T}}\boldsymbol{G}+\boldsymbol{e}^{\mathrm{T}}\begin{bmatrix}\boldsymbol{I}\\ \boldsymbol{R}\end{bmatrix}$$

上式右边与 $f_G(\boldsymbol{s},\boldsymbol{e})$很相像，除了噪声略微不同。如果噪声值在$(-q/4,q/4)$范围内，根据第一步得到的结果：计算反函数 $f_G^{-1}(\boldsymbol{s},\boldsymbol{e})$是容易的，则可以求解 $\boldsymbol{s}$。

由此获得了 LWE 上的陷门单向函数 $f_{\boldsymbol{A}}(\boldsymbol{s},\boldsymbol{e})$。已知陷门，就能计算出反函数 $f_{\boldsymbol{A}}^{-1}(\boldsymbol{s},\boldsymbol{e})$。

2.5.5 LWE 问题的困难性

LWE 问题的困难性 以下 3 个原因说明 LWE 问题是困难的。

第一，已知最好的求解 LWE 问题的算法运行时间是指数级的，即使用量子计算机，也没有任何帮助。

第二，LWE 问题是 LPN 问题的自然扩展，而 LPN 问题在学习理论中被广泛研究而且普遍认为是困难的。此外，LPN 问题可以形式化为随机线性二元码的解码问题，如果 LPN 问题的求解算法有一点进步，则意味着编码理论的一个突破。

第三，最重要的是 LWE 问题被归约到最坏情况下的格上标准困难问题，例如 GapSVP 和 SIVP[11,85]。

Regev 在 2005 年证明了只要 $\alpha q\geqslant 2\sqrt{n}$，那么在平均情况下解决 LWE 问题，其困难性至少与使用量子算法近似格上标准困难问题是相同的，其中近似因子是 $\widetilde{O}(n/\alpha)$。随后，Peikert 在 2009 年给出了一个相同近似因子的经典约减而非量子约减[127]，但是需要

满足 $q \geqslant 2^{n/2}$。随后，Brakerski 等在 2013 年给出了在 q 为多项式的情况下的一个 LWE 问题的经典约减，但是在维数上有所损失[128]。

LWE 判定问题的困难性有 3 种归约方式，如图 2-16 所示。

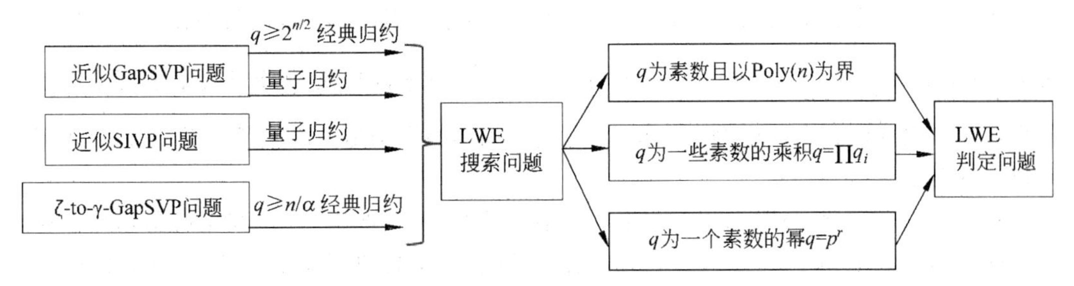

图 2-16　LWE 判定问题困难性的 3 种归约方式

第一，小的模 $q \geqslant n/\alpha$，且 q 为素数并以 Poly(n)为界时，LWE 判定问题困难性建立在新的变种问题 ζ-to-γ-GapSVP 问题的困难性上。(经典归约)

第二，大的模 $q \geqslant 2^{n/2}$ 且 q 为一些素数的乘积，LWE 判定问题困难性建立在格上标准困难问题 GapSVP 问题的困难性上。(经典归约)

第三，q 为素数且以 Poly(n)为界时，LWE 判定问题的困难性量子建立在近似 GapSVP 问题和近似 SIVP 问题的困难性之上。(量子归约)

在 LWE 问题中，秘密 $\mathbf{s}$ 可以随机均匀地取自高斯分布 χ。这一方面使得 $\mathbf{s}$ 的长度可以更短，另一方面其困难性不变[111]。

假设根据高斯分布 χ 选择的错误向量长度的界是 B，则有 $B \leqslant \alpha q\sqrt{n}$，得到 $\alpha \geqslant B/(q\sqrt{n})$，从而 $n/\alpha \leqslant (n^{1.5}q)/B$。该式反映了近似因子与 q/B 的大小有关，而 q/B 又与全同态加密算法的计算深度有关，所以，在维数 n 和 B 固定的情况下，模 q 越大，全同态加密的安全性越低，但是能够执行更深的同态计算电路(即能够执行更多的同态计算)。在 LWE 加密算法中，模 q 的取值很重要，它影响整个算法的效率与安全性，即模 q 的取值与算法所依赖的最坏情况下的困难问题和近似因子是紧密相关的。

2.5.6　高斯分布

高斯分布(Gaussian distribution)也称为正态分布(normal distribution)。由于格密码的论文都被称为高斯分布，所以本书也把正态分布称为高斯分布。高斯分布最早由棣莫弗(Abraham de Moivre)在求二项分布的渐近公式中得到。高斯在研究测量误差时从另一个角度导出了它。拉普拉斯和高斯研究了它的性质。高斯分布是一个在数学、物理及工程等领域都非常重要的概率分布，在统计学的许多方面有着重大的影响力，尤其是在格密码中有广泛的应用。

高斯分布是这样定义的。如果一个$\mathbb{R}$上的分布，其密度函数是$\frac{1}{\sigma\sqrt{2\pi}}\exp(-x^2/2\sigma^2)$，则称该分布是中心为 0，方差(variance)为σ^2(标准偏离(standard deviation)是 σ)的高斯分布。高斯分布数学上非常简洁，整个分布可以只使用两个参数：平均值和方差。

高斯分布在计算上有一个良好的性质：两个独立的高斯分布随机变量，它们的中心都是 0，相应的方差分别是σ_1^2和σ_2^2，则这两个独立的高斯分布随机变量之和是一个中心为 0，相应的方差是$\sigma_1^2+\sigma_2^2$的高斯分布随机变量。

还有一个有趣且实用的事实，即一个方差为σ^2的高斯随机变量，其值不在距离其中心为 $t\sigma$ 的概率是$\frac{1}{t}\exp(-t^2/2)$。有了这条事实，就可以从高斯随机分布变量中有效地抽样出符合所需取值范围的样例。换句话说，这样抽样的样例是可以保证有界的，而且该界可以根据需求制定。

具体来说，落在中心附近相差一个标准偏离的数值占 68.27%；落在中心附近相差两个标准偏离的数值占 95.45%；落在中心附近相差 3 个标准偏离的数值占 99.73%，如图 2-17 所示。

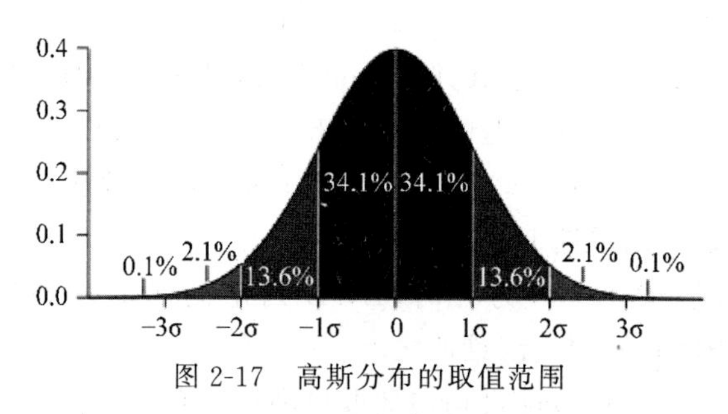

图 2-17　高斯分布的取值范围

关于概率分布 χ 的选取要说明一下：在 LWE 实例中，错误 $\boldsymbol{e}$ 的选取可以使用任意的概率分布(只要它是小的)，因为它都可以归约到错误选自高斯分布的 LWE 实例。另外说个与此相关的问题，对于错误向量 $\boldsymbol{x}$ 的分布(同样对于错误 $\boldsymbol{e}$ 的分布)，一种选取方法是从范数有界的整数向量中随机而均匀地选取，但是出于技术原因考虑，采用另外一种分布更方便，即在格密码学中通常根据高斯分布选取错误向量，即选取的每一个 $\boldsymbol{x}\in\mathbb{Z}^n$ 的概率可以粗略地认为与 $\exp(-\pi\|\boldsymbol{x}/\alpha\|^2)$成比例。

可以看出，高斯分布在分析上有它的优势，即点 $\boldsymbol{x}$ 的概率仅依赖于它的范数 $\|\boldsymbol{x}\|$，而且点 $\boldsymbol{x}$ 的每个坐标可以独立选取(每个坐标的概率都与 $\exp(-\pi\|x_i/\alpha\|^2)$粗略地成比例)，这样就可以得到一个事实，当 $\boldsymbol{x}$ 根据上述高斯分布在$\mathbb{Z}^n$上选取时，概率 $\Pr\{\|\boldsymbol{x}\|>\alpha\sqrt{n}\}$是呈指数级小的。所以，通过舍去这部分(尾部)可忽略的小概率，上述$\mathbb{Z}^n$上的高斯分布就可认为是 $\alpha\sqrt{n}$ 范数有界的。

2.6 LWE 私钥加密算法

尽管 LWE 公钥加密算法用得非常多，尤其是目前全同态加密都是在 LWE 公钥加密算法基础上构建的。但是，LWE 私钥加密算法的简单与便于阐述，有助于读者领悟 LWE 加密算法的本质思想，以及深入理解后面介绍的 LWE 公钥加密算法。

前面说过 LWE 实例($\boldsymbol{A}$，$\boldsymbol{b}=\boldsymbol{As}+\boldsymbol{e}$)上的困难问题，即已知 $\boldsymbol{A}$ 和 $\boldsymbol{b}$，求解($\boldsymbol{s}$，$\boldsymbol{e}$)是困

难的。此外,LWE 实例与随机均匀实例是不可区分的。因此,可以构建 LWE 加密算法。LWE 加密思想的本质是将消息 m(0 或 1)叠加到随机均匀的 LWE 实例$\langle \boldsymbol{a}, \boldsymbol{s}\rangle + e$ 上,就像一次加密(one-time pad)一样,当消息叠加到一个随机均匀的数后,其结果与随机均匀选取的数区分不出来。

由于$\langle \boldsymbol{a}, \boldsymbol{s}\rangle + e \in \mathbb{Z}_q$,因此其值的范围在$(-q/2, q/2]$,可以将其看成一个有限环状域。为了把消息 $m \in \mathbb{Z}_2$ 映射到这个有限环状域 $\mathbb{Z}_q$ 上,可以把 0 映射到 0 一侧,而把 1 映射到 $q/2$ 一侧,如图 2-18 所示,这相当于消息的编码。

消息编码后再和 LWE 实例$\langle \boldsymbol{a}, \boldsymbol{s}\rangle + e$ 叠加,其过程相当于加密。已知密钥 $\boldsymbol{s}$,就可以消去$\langle \boldsymbol{a}, \boldsymbol{s}\rangle$项,剩下消息与噪声的叠加,使得消息会上下沿着圆周移动。只要噪声是小的,例如小于 $q/4$,依然可以区分是在 $q/2$ 一侧,还是在 0 一侧,如图 2-19 所示。但是,当噪声大于 $q/4$ 时,可能无法区分是映射到 0 一侧的消息,还是映射到 $q/2$ 一侧的消息,这就是 Regev 在构造 LWE 加密算法时的思想精髓。

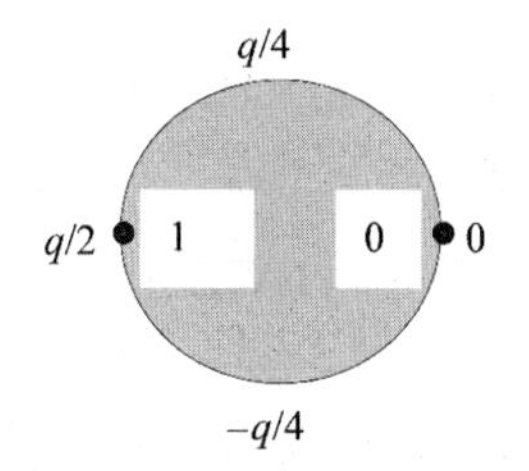

图 2-18　消息 $m \in \mathbb{Z}_2$ 映射到有限环状域 $\mathbb{Z}_q$ 上

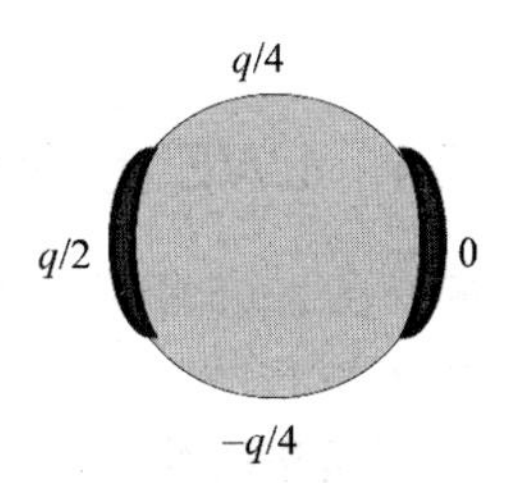

图 2-19　LWE 加密图示

当然,消息也可以是某一个有限数值,例如 $m \in \mathbb{Z}_t$。可以把该消息空间映射到有限环状域 $\mathbb{Z}_q$ 上。LWE 上的私钥加密思路如下。

私钥:$\boldsymbol{s} \leftarrow \mathbb{Z}_q^n$。

消息:$\boldsymbol{m} \in \mathbb{Z}_t^m$。

LWE 参数:$\boldsymbol{A}, \boldsymbol{e}, \boldsymbol{b} \leftarrow \boldsymbol{A}\boldsymbol{s} + \boldsymbol{e}$。

加密:$(\boldsymbol{A}, \boldsymbol{m} + \boldsymbol{b})$

解密:$\boldsymbol{m} + \boldsymbol{b} - \boldsymbol{A}\boldsymbol{s} = \boldsymbol{m} + \boldsymbol{e}$

在 $\boldsymbol{m} + \boldsymbol{e}$ 中,由于噪声"摧毁"了消息 $\boldsymbol{m}$,所以无法解密。为此,需要将消息 $\boldsymbol{m}$ 搬到 $\mathbb{Z}_q$ 的高位上,相当于将 $\boldsymbol{m}$ 放大 q/t 倍,如图 2-20 所示。

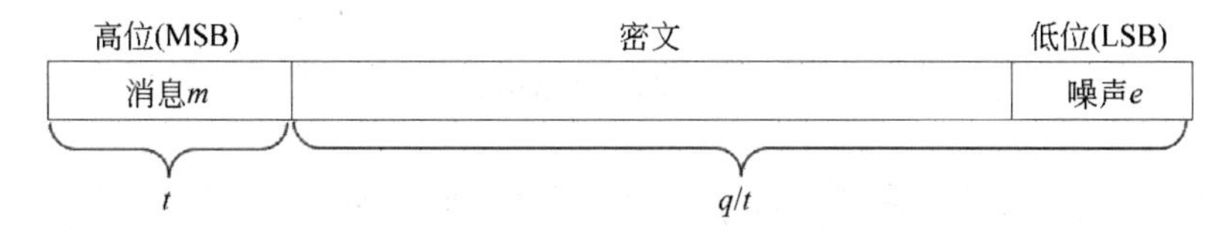

图 2-20　密文中的消息放在最高有效位上

LWE 上的私钥加密算法如下。

私钥:$\boldsymbol{s} \leftarrow \mathbb{Z}_q^n$。

消息:$\boldsymbol{m} \in \mathbb{Z}_t^m$。

LWE 参数:$\boldsymbol{A} \leftarrow \mathbb{Z}_q^{m \times n}$ 和向量 $\boldsymbol{e} \leftarrow \chi^m$。$\chi$ 是 $\mathbb{Z}$ 上的噪声高斯分布,使得 $\boldsymbol{e}$ 是小的。

计算 $\boldsymbol{b} \leftarrow \boldsymbol{As}+\boldsymbol{e} \bmod q$。

加密：$(\boldsymbol{A}, \boldsymbol{c} \leftarrow \lfloor q/t \rfloor \cdot \boldsymbol{m}+\boldsymbol{b})$

解密：$\left\lfloor \frac{t}{q}(\boldsymbol{c}-\boldsymbol{As}) \bmod q \right\rceil \bmod t$

令 $\lfloor q/t \rfloor = q/t-\Delta$，其中 $0 \leqslant \Delta < 1$。解密过程中，$\boldsymbol{c}-\boldsymbol{As}=\frac{q}{t}m+(e-\Delta m)$。因此，只要噪声 $(e-\Delta m)$ 小于 $q/2t$，则四舍五入后，能够正确解密出 m。

2.7 LWE 上公钥加密算法

由于全同态加密算法是在已知公钥加密算法的基础上构建的，所以了解已知的公钥加密算法非常重要。LWE 上的满足 CPA 安全的公钥加密算法很少，下面陈述 LWE 上的满足 CPA 安全的公钥加密算法。

2.7.1 LWE 上 Regev 公钥加密算法

Regev 在 2005 年引入 LWE 问题的同时，设计了一个 LWE 上的公钥加密算法[11]。该算法描述如下。

参数 n 是格的维数，χ 是 $\mathbb{Z}$ 上的噪声高斯分布，其值的选取应尽可能小，模是素整数 $q=q(n)$。

E1.SecretKeygen(1^n)：随机均匀选取向量 $\boldsymbol{s} \leftarrow \mathbb{Z}_q^n$，输出私钥 $\mathrm{sk}=\boldsymbol{s} \in \mathbb{Z}_q^n$。

E1.PublicKeygen$(\boldsymbol{s})$：令 $N \geqslant 2(n\log q)$。随机均匀选取矩阵 $\boldsymbol{A} \leftarrow \mathbb{Z}_q^{N\times n}$ 和向量 $\boldsymbol{e} \leftarrow \chi^N$。计算 $\boldsymbol{b} \leftarrow \boldsymbol{As}+\boldsymbol{e}$，其中 $\boldsymbol{b}-\boldsymbol{A}\cdot\boldsymbol{s}=\boldsymbol{e}$。输出公钥 $\mathrm{pk}=(\boldsymbol{b}, \boldsymbol{A})$，如图 2-21 所示。

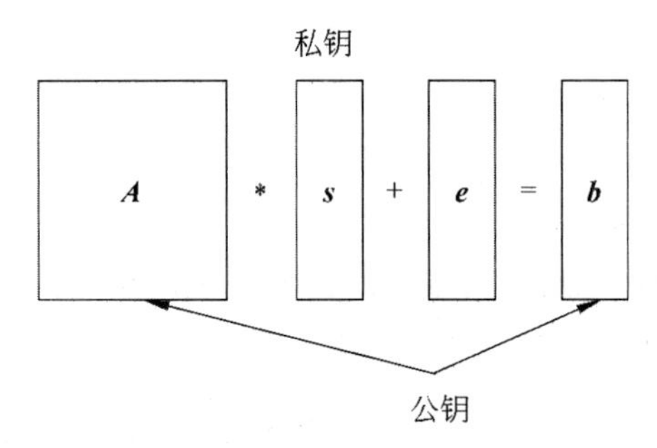

图 2-21 LWE 加密中的公钥

E1.Enc(pk, m)：为了加密消息 $m \in \{0,1\}$，令 $\boldsymbol{m} \leftarrow (m, 0, \cdots, 0) \in \{0,1\}^{n+1}$。选取 $\boldsymbol{r} \in \{0,1\}^N$，输出密文 $(c_1, \boldsymbol{c}_2)$，其中 $c_1 \leftarrow \lfloor q/2 \rfloor \cdot m+\boldsymbol{b}^{\mathrm{T}} \cdot \boldsymbol{r} \in \mathbb{Z}_q$，$\boldsymbol{c}_2 \leftarrow \boldsymbol{A}^{\mathrm{T}} \cdot \boldsymbol{r} \in \mathbb{Z}_q^n$，如图 2-22 所示。

E1.Dec(sk, c)：输出 $\left\lfloor \frac{2}{q}[(c_1-\boldsymbol{c}_2\cdot\boldsymbol{s}) \bmod q] \right\rceil \bmod 2$。

解密正确性条件：解密的核心是 $c_1-\boldsymbol{c}_2\boldsymbol{s}=\lfloor q/2 \rfloor \cdot m+\boldsymbol{b}^{\mathrm{T}}\cdot\boldsymbol{r}-\boldsymbol{A}^{\mathrm{T}}\cdot\boldsymbol{r}\cdot\boldsymbol{s}=\lfloor q/2 \rfloor \cdot m+\boldsymbol{e}^{\mathrm{T}}\cdot\boldsymbol{r}$。令 $\boldsymbol{e}^{\mathrm{T}}\cdot\boldsymbol{r}=e^*$，则 $c_1-\boldsymbol{c}_2\boldsymbol{s}=\lfloor q/2 \rfloor \cdot m+e^*$，这个式子称为解密结构。$e^*$

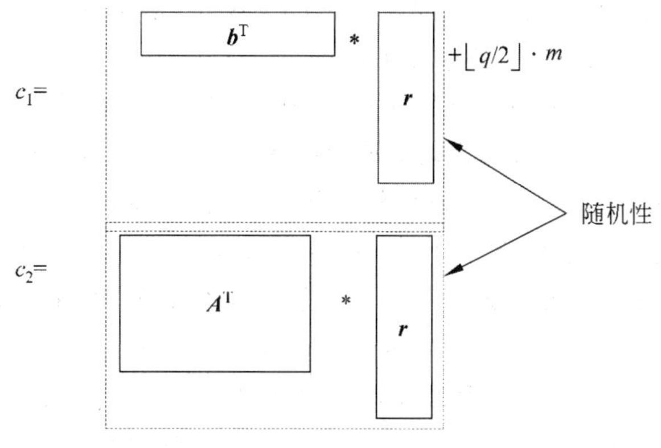

图 2-22　LWE 加密图示

称为噪声。这样的解密结构，使得 LWE 加密算法具有加法同态性与乘法通态性，后面讲到全同态加密时，会详细讲解。该算法解密的正确性条件是：密文中的噪声 e^* 小于 $\lfloor q/2 \rfloor/2$时，密文可以被正确解密。

上述 Regev 公钥加密算法还有另外一种形式[31]，其密文中的噪声是偶数形式，因此解密形式就是模 q 再模 2，如果密文中的噪声是小的，则模 2 后就可以得到明文。该类型的公钥加密算法如下。

2.7.2　LWE 上 Regev 公钥加密变形

参数 n 是格的维数，χ 是 $\mathbb{Z}$ 上的噪声高斯分布，其值的选取应尽可能小，模是素整数 $q=q(n)$。

E2.SecretKeygen(1^n)：随机均匀选取向量 $\boldsymbol{s} \leftarrow \mathbb{Z}_q^n$，输出私钥 $\mathrm{sk}=\boldsymbol{s} \in \mathbb{Z}_q^n$。

E2.PublicKeygen($\boldsymbol{s}$)：令 $N \geqslant 2(n\log q)$。随机均匀选取矩阵 $\boldsymbol{A} \leftarrow \mathbb{Z}_q^{N\times n}$ 和向量 $\boldsymbol{e} \leftarrow \chi^N$，计算 $\boldsymbol{b} \leftarrow \boldsymbol{A}\boldsymbol{s} + 2\boldsymbol{e}$，其中 $\boldsymbol{b} - \boldsymbol{A} \cdot \boldsymbol{s} = 2\boldsymbol{e}$。输出公钥 $\mathrm{pk}=(\boldsymbol{b}, \boldsymbol{A})$。

E2.Enc(pk, m)：为了加密消息 $m \in \{0,1\}$，令 $\boldsymbol{m} \leftarrow (m,0,\cdots,0) \in \{0,1\}^{n+1}$。随机选取 $\boldsymbol{r} \in \{0,1\}^N$，输出密文($c_1$, $\boldsymbol{c}_2$)，其中 $c_1 \leftarrow m + \boldsymbol{b}^{\mathrm{T}} \cdot \boldsymbol{r} \in \mathbb{Z}_q$，$\boldsymbol{c}_2 \leftarrow \boldsymbol{A}^{\mathrm{T}} \cdot \boldsymbol{r} \in \mathbb{Z}_q^n$。

E2.Dec(sk, c)：输出 $m \leftarrow (c_1 - \boldsymbol{c}_2\boldsymbol{s}) \bmod q \bmod 2$。

解密正确性条件：$c_1 - \boldsymbol{c}_2\boldsymbol{s} = m + \boldsymbol{b}^{\mathrm{T}} \cdot \boldsymbol{r} - \boldsymbol{A}^{\mathrm{T}} \cdot \boldsymbol{r} \cdot \boldsymbol{s} = m + 2\boldsymbol{e}^{\mathrm{T}} \cdot \boldsymbol{r}$。令 $\boldsymbol{e}^{\mathrm{T}} \cdot \boldsymbol{r} = e^*$，则 $c_1 - \boldsymbol{c}_2\boldsymbol{s} = m + 2e^*$。该算法解密的正确性条件是：密文中的噪声 e^* 小于 $q/4$ 时，模 2 后噪声会被消掉，密文可以被正确解密。

上述两个 LWE 的公钥加密算法看似非常相像，但是基于两个算法构造全同态加密的方法却是不同的。Brakerski 等在论文[32]中基于第二种 Regev 加密算法的变形构造了一个全同态加密算法，称为 BGV 算法。随后，Brakerski 在论文[33]中基于第一种 Regev 加密算法构造了一个全同态加密算法，称为 Bra12 算法。

2.7.3　LWE 上多位 Regev 公钥加密算法

Regev 的 LWE 公钥加密是对明文的每一位进行加密，为了提高效率，Kawachi 在论文[86]中提出一次对多位进行加密的 LWE 公钥加密算法，而最有效的改进与提高是

Peikert 等在论文[82]中提出的更大明文空间的 LWE 公钥加密算法，随后 Miccianico 等对其进行了优化[64]。下面陈述其优化版本。

参数 n、χ、q 和 Regev 最初 LWE 加密算法中的相同，此外还有 l、t、a 3 个参数。

E3.SecretKeygen(1^n)：随机均匀选取矩阵 $\boldsymbol{S}' \leftarrow \mathbb{Z}_q^{n\times l}$，输出 $\mathrm{sk}=\boldsymbol{S}\leftarrow(1,\cdots,1||\boldsymbol{S}')$，即 $\boldsymbol{S}\in\mathbb{Z}_q^{(n+l)\times l}$ 的第 1 行到第 l 行的元素都为 1，其余为矩阵 $\boldsymbol{S}'$。

E3.PublicKeygen($\boldsymbol{s}$)：令 $N\geqslant 2(n\log q)$。随机均匀选取矩阵 $\boldsymbol{A}'\leftarrow \mathbb{Z}_q^{N\times n}$ 和矩阵 $\boldsymbol{E}\leftarrow\chi^{N\times l}$，计算 $\boldsymbol{b}\leftarrow\boldsymbol{A}'\boldsymbol{S}'+\boldsymbol{E}\in\mathbb{Z}_q^{N\times l}$。令 $\boldsymbol{A}$ 是 $l+n$ 列矩阵，由矩阵 $\boldsymbol{b}$ 和矩阵 $-\boldsymbol{A}'$ 构成，即 $\boldsymbol{A}=[\boldsymbol{b}|-\boldsymbol{A}']\in\mathbb{Z}_q^{N\times(n+l)}$，其中 $\boldsymbol{A}\cdot\boldsymbol{S}=\boldsymbol{E}$，输出 $\mathrm{pk}=\boldsymbol{A}$。

E3.Enc(pk,m)：消息空间为 $\mathbb{Z}_t^l$，为了加密消息 $\boldsymbol{m}\in\mathbb{Z}_t^l$，令 $\boldsymbol{m}'\leftarrow(\boldsymbol{m},0,\cdots,0)\in\{0,1\}^{n+l}$，随机均匀选取 $\boldsymbol{r}\in\{-a,-a+1,\cdots,a\}^N$，输出密文 $\boldsymbol{c}\leftarrow\lceil(q/t)\boldsymbol{m}'\rfloor+\boldsymbol{A}^{\mathrm{T}}\cdot\boldsymbol{r}\in\mathbb{Z}_q^{n+l}$。

E3.Dec(sk, c)：输出 $\boldsymbol{m}\leftarrow\left\lceil\frac{t}{q}(\boldsymbol{S}^{\mathrm{T}}\boldsymbol{c})\right\rfloor$。

解密正确性条件：只要密文中的噪声小于 $q/2t$，密文就可以被正确解密。

2.8 环 LWE 问题

为了直观说明环 LWE 问题与 LWE 问题的关系，先看如下的 LWE 实例，如图 2-23 所示。

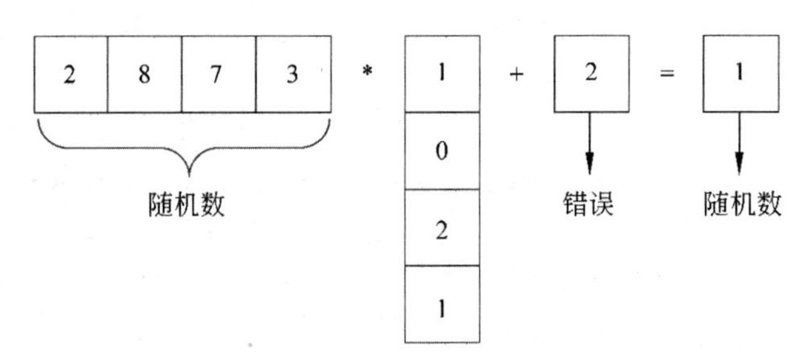

图 2-23　在 LWE 实例中生成一个伪随机数

图 2-23 说明了在 LWE 实例中为了生成一个随机数，需要提供 n 个随机数与一个错误（噪声），因此代价是巨大的。如何提高效率？一个自然想法是使用 n 个伪随机数“一次性（并行）”生成 n 个随机数，而不是只生成 1 个随机数，如图 2-24 所示。

为了实现上述提高效率的方法，多项式似乎是一个好的工具。例如，在多项式环 $\mathbb{R}_q=\mathbb{Z}_q[x]/f(x)$ 中，每次计算（加法、乘法）后都要对多项式的系数进行模 q 以及对多项式进行模 $f(x)$，本质上控制了系数的长度以及多项式的次数（长度），即计算后依然保持多项式是“小”的。

$\mathbb{R}_q$ 中的每个元素都是多项式，换句话说，$\mathbb{R}_q$ 中的每个元素都由 $\mathbb{Z}_q$ 中的 q 个元素组成。因此，对 $\mathbb{R}_q$ 中元素的一次操作相当于一次对 $\mathbb{Z}_q$ 中的 q 个元素同时操作，这样大幅提升了效率，如图 2-25 所示。

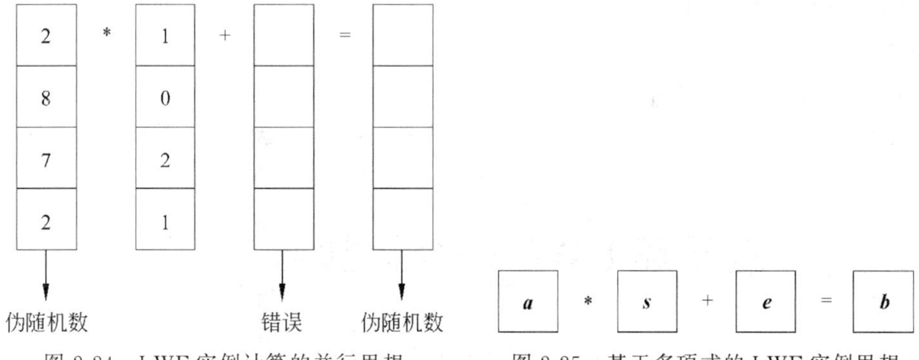

图 2-24　LWE 实例计算的并行思想　　图 2-25　基于多项式的 LWE 实例思想

环 LWE 问题（ring learn with error problem）是 LWE 问题在环上的版本，由 Lyubaskevsky 等在论文[48]中提出，定义如下。

1. 环 LWE 搜索问题

参数模 $q \geqslant 2$，$n \geqslant 1$ 是 2 的幂次方，$f(x)=x^n+1$。令 $R=\mathbb{Z}[x]/(f(x))$，$R_q=\mathbb{Z}_q[x]/(f(x))$，$\chi$ 是 R 上的一个错误概率分布。$\bar{A}_{s,\chi}$ 是 $R_q \times R_q$ 上的一个概率分布，该分布通过如下方式获得：随机均匀选择 $\boldsymbol{a} \in R_q$，根据分布 χ 选择错误向量 $\boldsymbol{e} \in R_q$，输出 $(\boldsymbol{a}, \boldsymbol{b}=\boldsymbol{a} \cdot \boldsymbol{s}+\boldsymbol{e} \bmod q)$。环 LWE 问题是对于 $\boldsymbol{s} \in R_q$，给出任意数量的从 $\bar{A}_{s,\chi}$ 取出的独立实例，其目的是输出 $\boldsymbol{s}$。

环 LWE 实例如图 2-26 所示，其中 $m<n$：

2. 环 LWE 判定问题

密码学中更感兴趣的是 LWE 问题的另外一个版本：平均情况下的环 LWE 判定问题，即对于随机均匀选择的 $\boldsymbol{s} \in R_q$，能够以不可忽略的概率区分 $\bar{A}_{s,\chi}$ 分布与均匀分布 $R_q \times R_q$ 上的实例。随机均匀分布实例如图 2-27 所示。

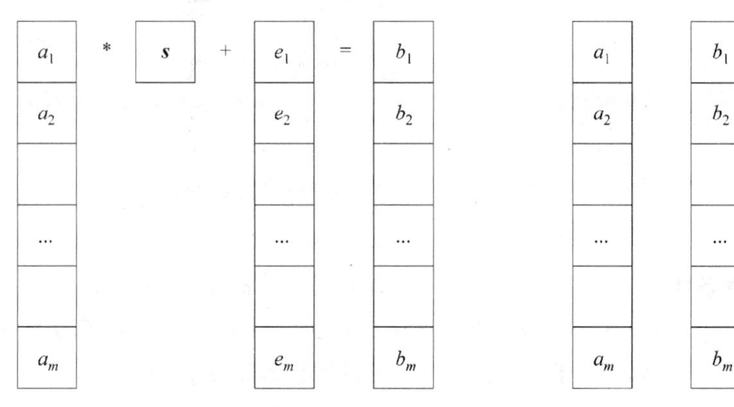

图 2-26　环 LWE 实例　　图 2-27　随机均匀分布实例

3. 环 LWE 问题的困难性

环 LWE 问题的困难性可以量子归约到理想格上的近似 SVP 问题（搜索问题）。

在环 LWE 问题中,$\boldsymbol{s}$ 可以随机均匀地取自 χ。这一方面使得 $\boldsymbol{s}$ 的长度更短,另一方面,其困难性不变。

环 R 上的两个元素相乘,其范数有如下性质[4]。

性质 2-1: 对于 $a,b\in R$,有 $\|a\cdot b\|_\infty\leqslant\delta\cdot\|a\|_\infty\cdot\|b\|_\infty$,其中 δ 是扩张因子。当 $R=\mathbb{Z}[x]/(f(x))$,其中 $f(x)=x^n+1$ 且 n 是 2 的幂次方,有 $\delta=n$。

2.9 基于环 LWE 的公钥加密

2.9.1 环 LWE 上公钥加密算法

Lyubaskevsky 等在 2010 年的欧密会上提出环 LWE 的公钥加密算法[48],可以认为该算法是 Regev 的 LWE 公钥加密在环上的推广,算法如下。

参数模 $q\geqslant 2$,$n\geqslant 1$ 是 2 的幂次方,$f(x)=x^n+1$。令 $R=\mathbb{Z}[x]/(f(x))$,$R_q=\mathbb{Z}_q[x]/(f(x))$,$\chi$ 是 R 上的一个错误概率分布。

E4.SecretKeygen(1^λ): 随机均匀选取 $\boldsymbol{s}\leftarrow\chi$,输出密钥 sk $=\boldsymbol{s}$。

E4.PublicKeygen(sk): 随机均匀选取 $\boldsymbol{a}\in R_q$,选取 $e_1\leftarrow\chi$,计算 $\boldsymbol{b}=\boldsymbol{as}+e_1$,输出公钥 pk$=(\boldsymbol{b},\boldsymbol{a})\in R_q\times R_q$。注意: pk 可以看成二维向量,也可以看成一个 1×2 的矩阵,如图 2-28 所示。

E4.Enc(pk, $\boldsymbol{m}$): 加密 n 位消息 $\boldsymbol{m}\in\{0,1\}^n$,将其视为多项式 $m\in R_2$的系数。随机选择 $e_2,e_3,e_4\leftarrow\chi$,输出密文$(c_1,c_2)$,其中 $c_1=\lfloor q/2\rfloor\cdot m+\boldsymbol{b}e_2+e_3\in R_q$,$c_2=\boldsymbol{a}e_2+e_4\in R_q$,如图 2-29 所示。

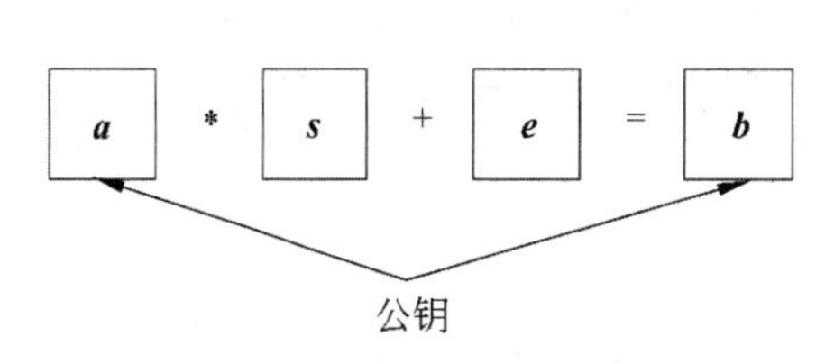

图 2-28 环 LWE 加密公钥

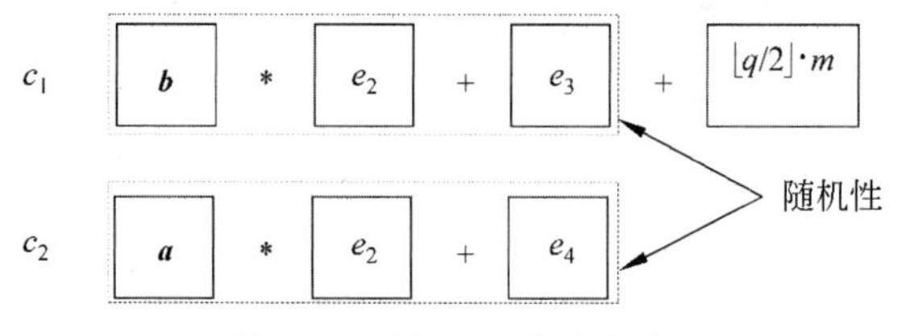

图 2-29 环 LWE 加密密文

E4.Dec(sk, $\boldsymbol{c}$): 计算 $m\leftarrow\left\lfloor\frac{2}{q}[(c_1-c_2\cdot\boldsymbol{s})\bmod q]\right\rceil\bmod 2\left\lfloor\frac{2}{q}[\langle c,\boldsymbol{s}\rangle]_q\right\rceil\bmod 2$,输出 m。

解密正确性条件: $c_1-c_2\boldsymbol{s}=\lfloor q/2\rfloor\cdot m+\boldsymbol{b}e_2+e_3-(\boldsymbol{a}e_2\boldsymbol{s}+e_4\boldsymbol{s})=\lfloor q/2\rfloor\cdot m+e_1e_2+e_3-e_4\boldsymbol{s}$。令 $e^*=e_1e_2+e_3-e_4\boldsymbol{s}$,则 $c_1-c_2\boldsymbol{s}=\lfloor q/2\rfloor\cdot m+e^*$。该算法解密的正确性条件是: 密文中的噪声 e^* 小于 $\lfloor q/2\rfloor/2$ 时,可以被正确解密。

上述算法还有另外一个形式,即噪声是偶数的形式,算法如下。

2.9.2 环 LWE 上公钥加密算法变形

参数模 $q\geqslant 2$,$n\geqslant 1$ 是 2 的幂次方,$f(x)=x^n+1$。令 $R=\mathbb{Z}[x]/(f(x))$,$R_q=$

$\mathbb{Z}_q[x]/(f(x))$，χ 是 R 上的一个错误概率分布。

E5.SecretKeygen(1^λ)：随机均匀选取 $\boldsymbol{s} \leftarrow \chi$，输出密钥 sk$=\boldsymbol{s}$。

E5.PublicKeygen(sk)：随机均匀选取 $\boldsymbol{a} \in R_q$，选取 $e_1 \leftarrow \chi$，计算 $\boldsymbol{b}=\boldsymbol{as}+2e_1$，输出公钥 pk$=(\boldsymbol{a},\boldsymbol{b}) \in R_q \times R_q$。

E5.Enc(pk, $\boldsymbol{m}$)：加密 n 位消息 $\boldsymbol{m} \in \{0,\ 1\}^n$，将其视为多项式 $m \in R$ 的系数。随机选择 $e_2, e_3, e_4 \leftarrow \chi$，输出密文$(c_1,\ c_2)$，其中 $c_1=m+\boldsymbol{b}e_2+2e_3 \in R_q$，$c_2=\boldsymbol{a}e_2+2e_4 \in R_q$。

E5.Dec(sk, $\boldsymbol{c}$)：计算 $m \leftarrow (c_1 - c_2\boldsymbol{s}) \bmod q \bmod 2$，输出 m。

解密正确性条件：$c_1 - c_2\boldsymbol{s}=m+\boldsymbol{b}e_2+2e_3-(\boldsymbol{a}e_2\boldsymbol{s}+2e_4\boldsymbol{s})=m+2e_1e_2+2e_3-2e_4\boldsymbol{s}$。令 $e^*=e_1e_2+e_3-e_4\boldsymbol{s}$，则 $c_1-c_2s=m+2e^*$。该算法密文解密的正确性条件是：密文中的噪声 e^* 小于 $q/4$ 时，模 2 后噪声会被消掉，密文可以被正确解密。

2.9.3　环 LWE 上的 NTRU 加密算法

NTRU 是非常著名的公钥加密算法，最初由 Hoffstein 在 1998 年提出[129]，后来 Stehl'e 等将 NTRU 加密的安全性建立在理想格上的标准困难问题上，提出了一个环 LWE 上的 NTRU 算法[130]，其思想来由是密文能否只用一个环元素来表达。其算法如下。

消息空间是$\{0,1\}$，环 $R=\mathbb{Z}[x]/\phi(x)$，其中 $\phi(x)$是一个 n 次分圆多项式，即 $\phi(x)=x^n+1$，n 是 2 的幂次方。χ 是环R 上的错误分布，λ 是安全参数，模 q 是素数。设置上述参数，使得在环 LWE 上能够获得 2^λ 安全。所有的计算都在环 R_q上进行。

E6.SecretKeygen(1^λ)：从错误分布中选取 $f' \leftarrow \chi$，计算 $f \leftarrow 2f'+1$，使得 $f \equiv 1 \pmod 2$。若 f 在 R_q上是不可逆的，则重新选取 f'，令私钥 sk$=f \in R$。

E6.PublicKeygen(sk)：从错误分布中选取 $g \leftarrow \chi$，计算 $h=2gf^{-1} \in R_q$，令公钥 pk$=h$，如图 2-30 所示。

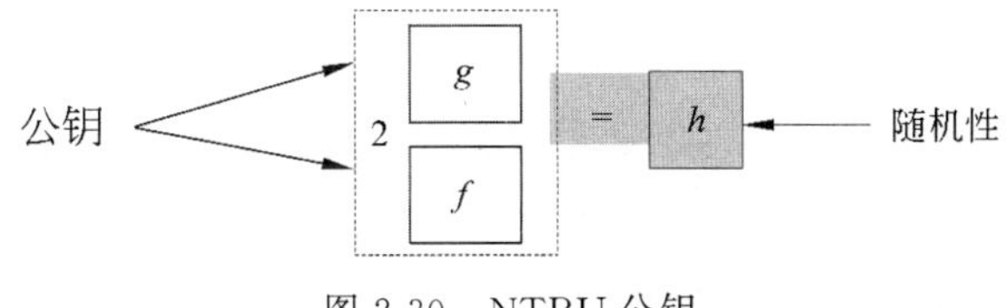

图 2-30　NTRU 公钥

E6.Enc(pk,m)：消息 $m \in \{0,1\}$，选取 $e_1, e_2 \leftarrow \chi$，输出密文 $c \leftarrow m+he_1+2e_2 \in R_q$，如图 2-31 所示。

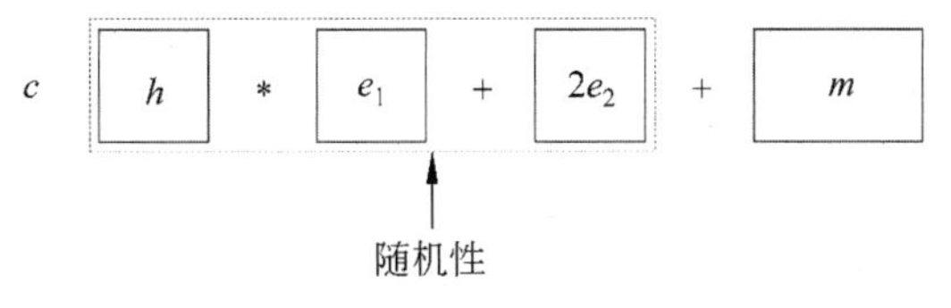

图 2-31　NTRU 密文图示

E6.Dec(sk,c)：输出 $m \leftarrow cf \bmod 2$。

解密正确性条件：该算法密文解密的正确性条件是：密文中的噪声小于 $q/4$ 时，密文可以被正确解密。

2.10 最坏情况下的困难问题

在格密码基础的最后，我们从复杂度的角度说说为什么格上最坏情况下的困难问题如此具有吸引力。这也是格密码初学者最困惑的问题。

平均情况的困难假设是说，一个具体的问题在一些明确的分布中的大多数实例上是很难的，而在最坏情况困难性假设下，只是说这个问题在一些实例上是很难的。因此，对于一个给定的问题，平均情况下是困难的意味着最坏情况下也是困难的，所以，对于同一个问题，平均情况困难性比最坏情况困难性假设更强。

但是请注意，在大多数密码学应用中，知道一个问题有一些困难实例(一个问题在最坏情况下是困难的)是没有用的，因为它没有给我们提供一种生成困难实例的方法。幸运的是，密码学中使用的许多平均情况假设(包括 RSA、离散对数和一些格问题)可以通过最坏情况到平均情况的归约，使之能够建立在最坏情况假设的基础上。那么，这有什么意义?

在密码学中，当困难性假设 A 意味着困难性假设 B 时，则困难性假设 A 要比困难性假设 B 更强。换句话说，假如困难性假设 A 是假的，则困难性假设 B 仍然可能是真的。并且基于困难性假设 B 的加密协议，仍然可能是可以安全使用的。因此，在设计加密协议时，人们希望能够使用最弱的假设来证明安全性。

20 世纪 90 年代末，Ajtai 发现在某些格上近似问题的最坏情况和平均情况困难性之间存在着联系。这个伟大发现极大地震惊了学术界，令人们重新关注格问题的计算复杂度。

这种联系的重要性依赖于格在密码系统安全设计中的极大潜力与吸引力。一个公认的事实是，密码学要求的问题在平均情况下是很难解决的，因此，当随机选择一个密码密钥时，相应的函数很难以高概率被破解。

Ajtai 的发现表明，这种平均情况下的困难问题可以从更弱的假设中得到，即格问题在最坏情况下是难以解决的。迄今为止，所有已知的密码函数几乎都依赖于平均情况下的困难性假设。例如，在基于大整数分解的密码函数构造中，其假设是从某个分布中选择整数，而很难进行因子分解。但是，我们应该如何选择这个分布呢? 显然，我们不应该使用那些具有小整数因子的数(如偶数)，也许还有其他数字我们应该避免。但是，在基于最坏情况困难性假设的密码函数构造中，这样的问题甚至不会出现。

格问题得益于所谓的最坏情况到平均情况的归约，这意味着在设置基于格的密码系统的任何参数时，所有密钥在最简单的情况下和最坏的情况下一样难以破解。而在像 RSA

这样的密码系统中，生成密钥需要选取两个非常大的随机数，这两个随机数应该是素数，应该产生一个整数分解问题的难题实例，但有一定的概率选错，导致安全级别很弱。在基于格的密码学中，所有可能的密钥选择都是强而难解的。

在这一点上，格问题的特殊之处在于它能够从最坏情况的困难性假设中提供可证明的安全加密函数。

第3章 全同态加密的噪声依赖分析与安全参数分析

本章提出一个分析环 LWE 上全同态加密算法具体安全参数的方法。该方法引入了敌手优势，能够更真实地反映应用场景的安全需求。通过该方法给出目前环 LWE 上的全同态加密算法的具体安全参数，这也是首次给出这些算法的具体安全参数[131]。

此外，本章还提出一个噪声依赖分析的环 LWE 上的全同态加密算法分类的方法。通过该方法对目前全同态加密算法的噪声增长进行详细分析，给出紧致的噪声界，为进一步优化算法提供指南。

随着全同态加密研究的进展，出现了一些不同类型的全同态加密算法，这些算法都是基于 LWE 或环 LWE 上的全同态加密算法，那么这些算法之间本质上有什么异同呢？另外，当前工业界非常关心全同态加密的安全性，即在什么样的参数环境下能够保证多少位的安全等级？本章全面而深入地回答了这两个问题。本章主要内容如下。

第一，噪声管理是实现全同态加密的关键，本章提出噪声依赖分析的观点分类环 LWE 上的全同态加密算法。经过对目前环 LWE 上全同态加密算法中噪声增长的分析，总结出 3 种噪声增长依赖关系，即①噪声依赖于密文中的错误；②噪声依赖于密钥；③噪声依赖于密文。

第二，根据噪声依赖分析，本章用统一的框架描述了 3 种类型的全同态加密典型代表算法：BGV 算法、Bra12 算法和 GSW13 算法。这 3 个算法都分为 LWE 上的算法和环 LWE 上的算法，因此共有 6 个算法。每个算法都给出了算法的参数尺寸，以及从噪声增长角度进行了详细分析，给出了噪声增长的紧致的界。

第三，本章提出在不同敌手优势的环境下，根据不同安全等级分析环 LWE 上全同态加密算法具体安全参数的方法。通过该方法获得在不同敌手优势环境下，不同安全等级下，最小维数 n 与模 q 之间的关系。再根据全同态加密算法的噪声增长与电路深度 L 以及模 q 之间的关系，在保证正确性的条件下，计算出在不同电路深度 L 下，模 q 与维数 n 的具体尺寸，以及公钥、私钥和密文的具体尺寸，并对上述数据进行了详细分析与比较。这些数据对当前研究全同态加密算法具有重要的参考意义，也给了工业界一个非常详细的回答：在什么样的参数环境下使用全同态加密算法是安全的。

3.1　全同态加密

3.1.1　全同态加密定义

一个同态加密算法包含 4 个概率多项式算法：密钥和公钥生成算法；加密算法；解密算法；密文计算算法[4,31]。这里的概率性多项式时间算法是指一种在多项式时间内能够运行的算法，它可以使用随机性产生非确定性的结果。例如，在加密时，对相同的消息，每一次加密的结果都是不同的，从而产生密文的随机性。

公钥和密钥生成算法 KeyGen(1^λ)：输出公钥 pk、用于密文计算的公钥 evk 以及密钥 sk。

加密算法 Enc(pk, m)：使用公钥 pk 加密一位消息 $m\in\{0,1\}$，输出密文 c。

解密算法 Dec(sk, c)：使用密钥 sk 解密密文 c，恢复消息 m。

同态计算算法 Eval(evk, f, c_1, …, c_l)：使用计算公钥 evk，将 $c_1, c_2, \cdots, c_l$ 输入函数 f，其中 f：$\{0,1\}^l\to\{0,1\}$，输出密文 c_f。

通常，函数 f 可表示成有限域 GF(2)上的算术电路形式。全同态加密算法是安全的，指的是其满足语义安全性。

全同态加密的落脚点是同态计算，即对密文进行计算，计算结果解密后相当于对明文做同样计算的结果。

3.1.2　全同态加密分类

根据计算电路的深度，全同态加密算法可分为两种形式：一是“纯”的全同态加密算法，即可以执行任意深度的电路计算密文，但是目前“纯”的全同态加密算法只能依靠同态解密技术(Bootstrapple)和循环安全假设来实现；二是层次型全同态加密算法，即算法只能执行深度为 L 的计算电路，算法的参数依赖于 L，具体定义如下。

L-同态　对于一个同态加密算法 HE，存在 $L=L(\lambda)$，如果对于深度为 L 的任何有限域 GF(2)上的算术电路 f，以及任意输入 $m_1, m_2, \cdots, m_l$，满足如下条件：

$$\Pr[\text{HE.Dec}_{sk}(\text{HE.Eval}_{evk}(f, c_1, c_2, \cdots, c_l))\neq f(m_1, m_2, \cdots, m_l)]=\text{negl}(\lambda)$$

其中 Dec 是 HE 的解密算法；Eval 是密文计算算法；sk 是密钥；evk 是密文计算公钥。通常称同态加密算法 HE 是 L-同态。

部分同态加密(somewhat homomorphic encryption，SWHE)算法只能执行有限电路深度的密文计算，部分同态加密算法是 L-同态的。

紧凑性　如果一个同态加密算法的解密电路是独立于计算函数的，即密文的长度与计算电路的深度无关，则称该同态加密算法是紧凑的。

全同态　如果一个紧凑的同态加密算法是 L-同态的，且 L 可以是任意多项式，则称该紧凑的同态加密算法是全同态的。

层次型全同态　如果在全同态加密算法的公钥/密钥生成算法中，1^L 作为输入参数，即算法是依赖于电路计算深度 L 的，则称该算法是层次型全同态加密算法。

注意：一个全同态加密算法必须是紧凑的，而且对于任意多项式 L，该算法是 L-同态的。层次型全同态加密算法的计算电路深度仅为 L，是对全同态加密定义的放宽。

3.2 全同态加密关键技术

格上加密算法产生的密文是一种噪声密文，即在明文里添加噪声，因此密文计算时会导致密文中的噪声增长，当噪声超过某个界限时，就不能正确解密。因此，实现全同态加密的关键是对密文计算过程中的噪声增长进行管理。目前有 3 种噪声管理技术：

- 同态解密技术(bootstrapping)；
- 模交换技术(modulus switching)；
- 位展开技术(bit decomposition)。

除了噪声管理，密文在计算时有可能导致密文长度的增长(例如密文向量维数的扩张)，因此为了约减密文增长的长度，提出一项关键技术密钥交换(key switching)，该技术直接导致了 LWE 上全同态加密的诞生。下面介绍这四种技术。

3.2.1 同态解密技术

同态解密技术是 Gentry 实现全同态加密的奠基石。Gentry 在实现全同态加密算法时，注意到如果同态执行自己的解密算法，即输入的密文是对原来密文中的每一位加密的结果，输入的密钥是对原密文密钥每一位加密的结果，那么经过同态执行解密算法就会得到一个新的密文，这个新的密文噪声是固定的。因此，可以通过同态解密技术约减(管理)密文的噪声。

令 $\mathrm{Encrypt}(\mathrm{pk}_1, m) \to c_1$，$\mathrm{Encrypt}(\mathrm{pk}_2, \mathrm{sk}_{1j}) \to \boldsymbol{sk}_1$，其中 $\boldsymbol{sk}_1$ 是向量，它的每个元素是用 pk_2 对 sk_1 中的每个二进制位加密的密文。同态解密算法 Recypt 为

$\mathrm{Recypt}(\mathrm{pk}_2, \boldsymbol{D}, \boldsymbol{sk}_1, c_1)$：

$$\bar{c}_1 \leftarrow \mathrm{Encrypt}(\mathrm{pk}_2, c_{1j})$$

$$c_2 \leftarrow \mathrm{Evaluate}(\mathrm{pk}_2, \boldsymbol{D}, \boldsymbol{sk}_1, \bar{c}_1)$$

解密电路加上一个乘法门电路(或加法门电路)就成为增强电路。由于每层电路都需要$(\mathrm{pk}_{i+1}, \boldsymbol{sk}_i)$，所以层次型全同态加密算法的公钥由$(\mathrm{pk}_1, \mathrm{pk}_2, \cdots, \mathrm{pk}_{L+1})$和$(\boldsymbol{sk}_1, \boldsymbol{sk}_2, \cdots, \boldsymbol{sk}_L)$构成。如果是循环安全的，每层电路就可以使用相同的密钥，从而减少了密钥的数量。尽管同态解密是实现全同态加密的基石，但是同态解密的效率很低，其复杂度为 $\widetilde{\Omega}(\lambda^4)$[33]。同态解密是一种通用的管理噪声的技术，可以应用于所有算法，只要解密电路的深度小于算法本身的同态计算电路的深度。

3.2.2 模交换技术

模交换技术的功能是约减密文中的噪声。该技术最初由 Brakerski 等提出[31]，随后 Brakerski 等在 BGV 算法中对其进行形式化，应用于管理密文中的噪声增长[32]。例如，模 q 为 x^k，有两个噪声值为 x 的密文，相乘后噪声近似为 x^2，则经过 $\log k$ 层乘法，噪声就

达到了上限。但是,如果每次运算完都对噪声乘以 $1/x$,那么第一次密文乘积后,噪声 x^2 乘以 $1/x$ 就被缩减为原来的大小 x,此时模缩减为 q/x,依次下去,每次噪声都被"拉"回到原来的大小 x,而模依次递减形成一个由高到低的"阶梯"。在到达噪声上限前可以进行 k 层乘法,相比于原来的 $\log k$ 层乘法,是指数级提高!这一指数级提高足以获得无须同态解密的层次型全同态加密算法。模交换技术如下。

Scale$(\boldsymbol{c},q,p,r)$:输入整数向量 $\boldsymbol{c}$ 和整数 q、$p(q>p>m)$,输出结果是一个靠近 $(p/q)\cdot\boldsymbol{c}$ 的向量 $\boldsymbol{c}'$,且满足 $\boldsymbol{c}'=\boldsymbol{c} \bmod r$。

若 $\boldsymbol{c}$ 是 m 在密钥 $\boldsymbol{s}$ 下的加密,如果 p 充分小于 q,且向量 $\boldsymbol{s}$ 是短的(范数 $l_1(\boldsymbol{s})$ 是小的),那么模交换技术就可以有效地约减密文的噪声。与此同时,将模 q 下的密文 $\boldsymbol{c}$ 转换为模 p 下的密文 $\boldsymbol{c}'$。

模交换技术不仅能够用于全同态加密中密文噪声的约减,而且能够用于其他需要将模变小的地方。例如,Brakerski 等利用模交换技术,获得了多项式模情况下 LWE 问题的经典归约[128]。还有其他例子[132-134]。

3.2.3 位展开技术

当噪声主要依赖于某一个向量 $\boldsymbol{x}\in\mathbb{Z}_q^n$ 时,为了约减噪声的大小,可以将该向量位展开,即将向量中的每个元素展开成二进制形式,从而向量 $\boldsymbol{x}$ 的范数 $l_1(\boldsymbol{x})$ 的最大值从 nq 变成 $n\log q$,非常有效地约减了噪声。这里需要说明:使用其他进制展开也是可以的。该技术最初在 Bra12 算法中用于噪声管理,从而获得了无须模交换的全同态加密算法[33]。下面说明该技术。

BitDecomp$(\boldsymbol{x})$:$\boldsymbol{x}\in\mathbb{Z}^n$,令 $\boldsymbol{w}_i\in\{0,1\}^n$,满足 $\boldsymbol{x}=\sum_{i=0}^{\lceil\log q\rceil-1}2^i\cdot\boldsymbol{w}_i \pmod q$,输出

$$(\boldsymbol{w}_0,\boldsymbol{w}_1,\cdots,\boldsymbol{w}_{\lceil\log q\rceil-1})\in\{0,1\}^{n\cdot\lceil\log q\rceil}$$

BitDecomp$(\boldsymbol{x})$还有逆运算,记为 BitDecomp$^{-1}(\boldsymbol{y})$。例如,令 $\boldsymbol{y}=(\boldsymbol{w}_0,\boldsymbol{w}_1,\cdots,\boldsymbol{w}_{\lceil\log q\rceil-1})$,BitDecomp$^{-1}(\boldsymbol{y})=\sum_{i=0}^{\lceil\log q\rceil-1}2^i\cdot\boldsymbol{w}_i \pmod q$,即使向量 $\boldsymbol{y}$ 中的元素不是 0 和 1,该定义一样成立。

令 Flatten$(\boldsymbol{y})$=BitDecomp(BitDecomp$^{-1}(\boldsymbol{y})$),则 Flatten$(\boldsymbol{y})$是一个元素为 0 和 1 构成的向量。因此,Flatten 能够将一个元素不是 0 和 1 的向量转化成一个元素为 0 和 1 的向量,而且维数不变。Gentry 等在 2013 年美密会上提出的算法,使用 Flatten 技术作为密文的噪声管理。

一个向量位展开后,为了使得向量的内积保持不变,需要另外一个向量变成如下形式:

Powersof2$(\boldsymbol{y})$:$\boldsymbol{y}\in\mathbb{Z}^n$,输出

$$(\boldsymbol{y},2\boldsymbol{y},\cdots,2^{\lceil\log q\rceil-1}\boldsymbol{y}) \bmod q \in\mathbb{Z}_q^{n\cdot\lceil\log q\rceil}$$

对于所有 $q\in\mathbb{Z}$,$\boldsymbol{x}$ 和 $\boldsymbol{y}\in\mathbb{Z}^n$,有如下性质:

$$\langle\boldsymbol{x},\boldsymbol{y}\rangle=\langle\text{BitDecomp}(\boldsymbol{x}),\ \text{Powersof2}(\boldsymbol{y})\rangle \bmod q$$

对于任何一个 $n\cdot\lceil\log q\rceil$维向量 $\boldsymbol{a}$,有:

$\langle \boldsymbol{a}, \mathrm{Powersof2}(\boldsymbol{y}) \rangle = \langle \mathrm{BitDecomp}^{-1}(\boldsymbol{a}), \boldsymbol{y} \rangle = \langle \mathrm{Flatten}(\boldsymbol{a}), \mathrm{Powersof2}(\boldsymbol{y}) \rangle$

需要注意的是，BitDecomp、$\mathrm{BitDecomp}^{-1}$ 和 Flatten 都可应用于矩阵。应用于矩阵时，是对矩阵中的每一行应用这些方法。

3.2.4 密钥交换

由于环 LWE 上的全同态加密的密文乘积会导致密文长度增长，因此，为了约减密文的长度，产生了密钥交换技术。该技术最初命名为再线性化技术，由 Brakerski 等提出[31]，直接导致 LWE 上全同态加密的诞生，其是构建环 LWE 上全同态加密的关键技术。后来全同态加密在 BGV 算法中被进一步形式化，并命名为密钥交换[32]。

密钥交换技术的来由是这样的：以环 LWE 上的加密为例（LWE 上的加密也是一样的），其工作空间是 $R_q = \mathbb{Z}_q[x]/(f(x))$，其中 $f(x) = x^n + 1$。令 $c_1 = (c_{11}, c_{12})$ 和 $c_2 = (c_{11}, c_{12})$ 是用密钥 $\boldsymbol{s}$ 加密消息 m_1 和 m_2 的两个密文，根据 2.9 节我们知道，其解密过程 $\mathrm{Dec}(c_i, \boldsymbol{s}) = c_{i1} + c_{i2}\boldsymbol{s} = m_i + e_i$，其中 $i = 1, 2$。这里，$c_{i1} + c_{12}\boldsymbol{s}$ 可以看成次数为 1 的一个关于 $\boldsymbol{s}$ 的多项式，解密就是输入 $\boldsymbol{s}$ 的值，在密文 $c_1 = (c_{11}, c_{12})$ 或 $c_2 = (c_{11}, c_{12})$ 上计算多项式 $c_{i1} + c_{i2}\boldsymbol{s}$。

对于同态加法，很好理解，就是两个密文之和，记为 $\mathrm{Add}(c_1, c_2) = c_1 + c_2 = (c_{11} + c_{21}, c_{12} + c_{22}) = c_{\mathrm{add}}$。解密过程 $\mathrm{Dec}(c_{\mathrm{add}}, \boldsymbol{s}) = \mathrm{Dec}(c_1, \boldsymbol{s}) + \mathrm{Dec}(c_2, \boldsymbol{s}) = (c_{11} + \boldsymbol{s}c_{12}) + (c_{21} + \boldsymbol{s}c_{22}) = (c_{11} + c_{21}) + \boldsymbol{s}(c_{12} + c_{22}) = d_0 + d_1\boldsymbol{s} \approx m_1 + m_2$，其中 $d_0 = c_{11} + c_{21}$，$d_1 = c_{12} + c_{22}$。这里，$d_0 + d_1\boldsymbol{s}$ 可以看成次数为 1 的一个关于 $\boldsymbol{s}$ 的多项式，解密就是输入 $\boldsymbol{s}$ 的值，在 (d_0, d_1) 上计算多项式 $d_0 + d_1\boldsymbol{s}$。两个密文同态加法的结果是 $\mathrm{Add}(c_1, c_2) = (d_0, d_1)$。

同态乘法比同态加法复杂得多。首先看为了获得乘法同态性，如何定义密文乘法。密文乘法记为 $\mathrm{Mul}(c_1, c_2) = c^*$，为了获得乘法同态性，解密过程可以定义为 $\mathrm{Dec}(c^*, \boldsymbol{s}) = \mathrm{Dec}(c_1, \boldsymbol{s}) * \mathrm{Dec}(c_2, \boldsymbol{s}) = (c_{11} + \boldsymbol{s}c_{12}) * (c_{21} + \boldsymbol{s}c_{22}) = d_0 + d_1\boldsymbol{s} + d_2\boldsymbol{s}^2 \approx m_1 * m_2$，其中 $d_0 = c_{11}c_{21}$，$d_1 = c_{11}c_{22} + c_{12}c_{21}$，$d_2 = c_{12}c_{22}$。这里，$d_0 + d_1\boldsymbol{s} + d_2\boldsymbol{s}^2$ 可以看成次数为 2 的一个关于 $\boldsymbol{s}$ 的多项式，解密就是输入 $\boldsymbol{s}$ 的值，在 (d_0, d_1, d_2) 上计算多项式 $d_0 + d_1\boldsymbol{s} + d_2\boldsymbol{s}^2$。两个密文同态乘法的结果是 $\mathrm{Mul}(c_1, c_2) = (d_0, d_1, d_2)$。

由此可见，上述同态乘法会导致密文长度增长。一次同态乘法的结果需要 3 个多项式，如果继续乘下去，以此类推，密文计算结果将需要 5 个多项式。继续乘下去，密文计算结果将需要 9 个多项式，密文长度呈指数级增长，因此需要一种方法能够控制密文长度的增长，这个方法就是再线性化技术（relinearization）。

由于 $\mathrm{Dec}(\mathrm{Mul}(c_1, c_2), \boldsymbol{s}) = d_0 + d_1\boldsymbol{s} + d_2\boldsymbol{s}^2$，因此如果 $d_2\boldsymbol{s}^2$ 是对某个密文的解密，即可以表示成关于 $\boldsymbol{s}$ 的一次多项式的解密形式，则实现了消除 $d_2\boldsymbol{s}^2$ 平方项的目标，使得同态乘法的结果是正常密文的长度，即 2 个多项式，而不是 3 个多项式。所以，问题的关键是如何找到这样的密文，使得其解密后恰好是 $d_2\boldsymbol{s}^2$。可能你会想到，对 $\boldsymbol{s}^2$ 加密不就可以了。

不妨假设 $\mathrm{Rel}(\mathrm{Mul}(c_1, c_2))=(d_0', d_1')$ 是对同态乘法后结果的再线性化函数，使得 $\mathrm{Dec}((d_0', d_1'), \boldsymbol{s})=d_0'+d_1'\boldsymbol{s}=d_0+d_1\boldsymbol{s}+d_2\boldsymbol{s}^2$。仔细观察后面两个等式，要找到这样的再线性化函数，其本质思想是 $\mathrm{Rel}(\mathrm{Mul}(c_1, c_2))=(d_0', d_1')=(d_0, d_1)+P$，其中对 P 解密我们希望是 $\mathrm{Dec}(P, s)=d_2\boldsymbol{s}^2$。因此，可以考虑对 $\boldsymbol{s}^2$ 加密，可以构造如下加密：$\mathrm{evk}=(a\boldsymbol{s}+e+\boldsymbol{s}^2, a)$，该加密可以看作一种用于计算的公钥，称为计算公钥，则有 $\mathrm{Dec}(\mathrm{evk}, \boldsymbol{s})=e+\boldsymbol{s}^2\approx\boldsymbol{s}^2$。该 evk 能够公开并且为再线性化函数提供计算服务。由于我们需要的是 $\mathrm{Dec}(P, \boldsymbol{s})=d_2\boldsymbol{s}^2$，而 $\mathrm{Dec}(\mathrm{evk}, \boldsymbol{s})\approx\boldsymbol{s}^2$，因此自然想到 $P=d_2 * \mathrm{evk}=(d_2(a\boldsymbol{s}+e+\boldsymbol{s}^2), d_2a)$，则 $\mathrm{Dec}(P, \boldsymbol{s})=d_2\boldsymbol{s}^2+d_2e$。那么，剩下的问题就是：能否忽略 d_2e 项？这是不能忽略的，这涉及噪声依赖主要项的问题。由于 $d_2=c_{12}c_{22}$，是两个密文的乘积，因此 d_2e 项的噪声依赖于密文的长度，其噪声是“大”的，不能忽略。

那么，如何解决上述问题呢？有两种思路可解决该问题：一种是约减噪声主要依赖项 d_2 的长度，例如将其表示成二进制位的形式；另一种是扩大模的空间，相对来说噪声就变小了。例如，将模由 q 变成 pq，然后再除以 p 将其约减回来。因此，$\mathrm{Rel}(\mathrm{Mul}(c_1, c_2))=(d_0, d_1)+\lfloor p^{-1}d_2\,\mathrm{evk}\rceil$。

每次同态乘法后，使用再线性化技术约减密文的长度，可以进行下一次乘法。再线性化技术在 BGV 算法中经过提炼形成密钥交换技术。

密钥交换技术的本质是：给出维数为 n_1 的密文 $\boldsymbol{c}_1$ 及其密钥 $\boldsymbol{s}_1$，以及目标密钥 $(1, \boldsymbol{s}_2)$，其维数是 n_2+1，输出结果是密文 $\boldsymbol{c}_2$，对应密钥是 $(1, \boldsymbol{s}_2)$。密文 $\boldsymbol{c}_1$ 与 $\boldsymbol{c}_2$ 对应的是同一个明文 m 的加密。如果 $(1, \boldsymbol{s}_2)$ 的维数小于 $\boldsymbol{s}_1$ 的维数，就能够约减密文的维数，这样每次密文乘积后，就可以通过密钥交换技术将维数膨胀的密文转换成正常维数的密文。

密钥交换技术由两个步骤构成：第一个步骤 **SwitchKeyGen**$(\boldsymbol{s}_1, \boldsymbol{s}_2, n_1, n_2, q)$，输入两个密钥向量及其维数和模，输出辅助信息 $\boldsymbol{\tau}$，$\boldsymbol{\tau}$ 是一个矩阵；第二个步骤 **SwitchKey**$(\boldsymbol{\tau}, \boldsymbol{c}_1, n_1, n_2, q)$，输入辅助信息 $\boldsymbol{\tau}$，以及维数是 n_1 的密文 $\boldsymbol{c}_1$ 和模 q，输出维数是 n_2+1 的新密文 $\boldsymbol{c}_2$。

这里需要注意：原密文 $\boldsymbol{c}_1$ 的密钥是 $\boldsymbol{s}_1$，维数是 n_1。而目标密文 $\boldsymbol{c}_2$ 的密钥是 $(1, \boldsymbol{s}_2)$，维数是 n_2+1。

SwitchKeyGen$(\boldsymbol{s}_1\in\mathbb{Z}_q^{n_1}, \boldsymbol{s}_2\in\mathbb{Z}_q^{n_2})$：

(1) 生成 $\mathbf{A}\leftarrow\mathbf{E.PublicKeygen}((1, \boldsymbol{s}_2), N)\in\mathbb{Z}_q^{N\times(n_2+1)}$，即 $\mathbf{A}=[\boldsymbol{b}\mid -A']$，其中 $N=n_1\lceil\log q\rceil$。

(2) 令 $\mathbf{B}\leftarrow[(\mathrm{Powerof2}(\boldsymbol{s}_1)+\boldsymbol{b})\mid -A']$，其中 $\mathrm{Powerof2}(\boldsymbol{s}_1)\in\mathbb{Z}_q^N$，输出 $\boldsymbol{\tau}_{s_1\to s_2}=\mathbf{B}\in\mathbb{Z}_q^{N\times(n_2+1)}$。

SwitchKey$(\boldsymbol{\tau}_{s_1\to s_2}, \boldsymbol{c}_1)$：输出 $\boldsymbol{c}_2=\mathrm{BitDecomp}(\boldsymbol{c}_1)^{\mathrm{T}}\cdot\mathbf{B}\in\mathbb{Z}_q^{n_2+1}$。

密钥交换计算上是一个高维向量与高维矩阵的乘积。密钥交换后产生的新密文的噪声比原密文的噪声要高一些。

3.3 基于噪声依赖分析的全同态加密算法研究

3.3.1 噪声依赖分析方法

设计全同态加密算法的关键是管理密文中的噪声增长问题，而噪声的增长与噪声的表现形式有很大的关系。为了有效地管理噪声，必须有效地抓住噪声增长的根本因素，也就是噪声表现形式中的主要依赖项。如果分析出噪声依赖的主要项，则对噪声中的主要依赖项进行约减就可以达到约减噪声的目的。因此，我们提出通过噪声依赖分析方法，找出噪声依赖的主要项，然后通过合适的方法对噪声进行管理以及优化。

本节考虑对现有全同态加密算法的噪声依赖进行分析，并且通过噪声依赖的主要项对现有的全同态加密算法进行分类。至于如何对现有全同态加密算法的噪声管理进行优化，将在后续章节进行阐述。

首先给出我们观察的结果与结论，然后再给出获得观察结果的分析过程。根据对环LWE上的所有全同态加密算法的分析，在密文计算过程中的噪声增长可以概括为以下3种形式：

第一种，密文中的噪声呈二次增长形式，即 $E \to E^2$，其中 E 为密文中的噪声值，噪声增长主要依赖于密文中的噪声，使用的噪声管理技术是模交换技术，如BGV算法和LTV12算法[32,34]。BGV有两个版本：LWE版本和环LWE版本。LWE版本使用的基本加密算法是2.7节中的Regev公钥加密算法变形，即E2算法。环LWE版本使用的基本加密算法是2.7节中的环LWE公钥加密算法，即E4算法。LTV12算法使用的是环LWE上的NTRU加密算法，即E6算法。

第二种，密文中的噪声呈线性增长形式，即 $E \to O(\|\boldsymbol{s}\|_1) \cdot E$，噪声增长主要依赖于密钥的范数值 $\|\boldsymbol{s}\|_1$，使用的噪声管理技术是位展开技术，如Bra12算法[31]。Bra12算法使用的基本加密算法是2.7节中的Regev公钥加密算法，即E1算法。

第三种，密文中的噪声也呈线性增长形式，即 $E \to O(\|\boldsymbol{c}\|_1) \cdot E$，噪声增长主要依赖于密文的范数值 $\|\boldsymbol{c}\|_1$，使用的噪声管理技术是Flatten技术（也属于位展开技术），如GSW13算法。GSW13使用的基本加密算法类似于2.7节中的Regev公钥加密算法变形，即E2算法。表3-1给出了上述分类。

表3-1　噪声依赖分析与管理噪声的方法

噪声增长形式	约减噪声的方法	噪声依赖主要项	基本算法	全同态加密算法
$E \to E^2$	模交换技术	密文中的噪声 E	E2/E5，E6	BGV、LTV12
$E \to O(\|\boldsymbol{s}\|_1) \cdot E$	位展开技术	密钥	E1	Bra12
$E \to O(\|\boldsymbol{c}\|_1) \cdot E$	Flatten技术	密文	E2	GSW13

下面根据上述分类对目前环LWE上的所有全同态加密算法进行噪声依赖分析。需

要说明的是,我们只考虑不使用同态解密技术管理噪声的层次型全同态加密算法。一方面,因为无须同态解密技术的层次型加密算法是目前最有效的全同态加密算法(使用同态解密技术管理噪声效率不高);另一方面,这些层次型全同态加密算法很容易转化为使用同态解密技术管理噪声。

3.3.2 噪声增长依赖于密文中噪声的全同态加密算法: BGV 算法

BGV 全同态加密算法是由 Brakerski 等提出的[32],在此之前的全同态加密算法都需要同态解密技术来管理噪声,从而获得全同态加密。而 BGV 算法通过模交换技术来管理噪声,获得了层次型全同态加密算法。该算法有两个版本:LWE 上的 BGV 算法和环 LWE 上的 BGV 算法。但是,在文献[32]中,作者是将两个算法合在一起描述的,有些地方描述得不是很细致。这里分开描述两个版本,并且对噪声进行分析。

1. LWE 上的 BGV 算法

在该层次型全同态加密算法中,电路的每一层都有不同的密钥。假设循环安全(circular security),则电路的每一层可以使用相同的密钥,这样效率会更高一些。注意,本书中的所有算法都不假设循环安全。

电路的起始层命名为 L 层,最后一层命名为 0 层。同态操作从 L 层到 1 层逐层进行,最后一层即 0 层,只是进行密文的密钥交换和模交换。每次密文同态计算后,都要将结果通过密钥交换转换到电路下一层。每次密文同态计算之前,要求密文必须对应同样的密钥,即密文处在相同的电路层,否则要将高层密文转换到低层密文的层数。算法中的算法 FHE.RefreshNextLevel 就是将一个密文转换到电路的下一层,即需要做密钥交换和模交换。LWE 上的 BGV 全同态加密算法使用的基本加密算法是 2.7 节中的 Regev 公钥加密算法变形,即 E2 算法。其加密、解密及解密正确性条件都和 E2 算法一样。

BGV.Setup(λ, L):输入安全参数 λ 和电路深度 L,输出噪声分布 χ 和维数 n,以及用于模交换的 $L+1$ 个模 q_i,其中分布 χ 是 $\mathbb{Z}$ 上的噪声高斯分布。参数与基本加密算法 E2 中的相同,而且每层电路使用相同的分布 χ 和维数 n。

BGV.KeyGen(n, L):对于 $i=L\cdots 0$,做如下操作。

(1) $\boldsymbol{s}_i=(1, \boldsymbol{s}_i')\leftarrow$E2.SecretKeygen$(1^n)$;

(2) 当 $i=L$ 时,$\boldsymbol{A}_L\leftarrow$E2.PublicKeygen$(\boldsymbol{s}_i)$;

(3) 当 $i=0$ 时忽略此步,令 $\boldsymbol{s}_i''\leftarrow\boldsymbol{s}_i\otimes\boldsymbol{s}_i\in\mathbb{Z}_q^{(n+1)^2}$;

(4) 当 $i=0$ 时忽略此步,令 $\tau_{\boldsymbol{s}_i''\to\boldsymbol{s}_{i-1}}\leftarrow$ SwitchKeyGen$(\boldsymbol{s}_i'', \boldsymbol{s}_{i-1}')\in\mathbb{Z}_q^{(n+i)^2\lceil\log q\rceil\times(n+1)}$。

输出密钥集合 sk$=\{\boldsymbol{s}_i\}$,公钥集合 pk$=\{\boldsymbol{A}_L, \tau_{\boldsymbol{s}_i''\to\boldsymbol{s}_{i-1}}\}$。

BGV.Enc(pk,m):选取明文消息 $m\in\{0,1\}$,执行$(\boldsymbol{c}, L)\leftarrow$E.Enc$(\boldsymbol{A}_L, m)$,其中 L 指示密文 $\boldsymbol{c}$ 所处的电路层次,即第 L 层。

BGV.Dec(sk, $(\boldsymbol{c}, i)$):执行 E.Dec$(\boldsymbol{s}_i, \boldsymbol{c})$。

BGV.Add$((\boldsymbol{c}_1, i), (\boldsymbol{c}_2, j))$:做如下操作。

(1) 如果 $i=j$,则计算 $\boldsymbol{c}_3\leftarrow\boldsymbol{c}_1+\boldsymbol{c}_2$;

(2) 如果 $i\neq j$,令 $\max(i, j)$为 i 和 j 中的最大值。调用 FHE.RefreshNextLevel

$((\boldsymbol{c}_{\max(i,j)},\ \max(i,\ j)),\ \tau_{s''_{\max(i,j)} \to s_{\max(i,j)-1}})$,直到两个密文所处的电路层次相同,之后返回到第(1)步。

BGV.Mult$((\boldsymbol{c}_1,\ i),\ (\boldsymbol{c}_2,\ j))$:做如下操作。

(1) 如果 $i=j$,则计算 $\boldsymbol{c}_3 \leftarrow \boldsymbol{c}_1 \otimes \boldsymbol{c}_2$;

(2) 如果 $i \neq j$,令 $\max(i,\ j)$ 为 i 和 j 中的最大值。调用 FHE.RefreshNextLevel $((\boldsymbol{c}_{\max(i,j)},\ \max(i,\ j)),\ \tau_{s''_{\max(i,j)} \to s_{\max(i,j)-1}})$,直到两个密文所处的电路层次相同,之后返回到第(1)步;

(3) 计算 $\boldsymbol{c}_4 \leftarrow \mathrm{SwitchKey}(\tau_{s''_i \to s_{i-1}}, \boldsymbol{c}_3)$;

(4) 输出 $\boldsymbol{c}_5 \leftarrow \mathrm{Scale}(\boldsymbol{c}_4,\ q_j,\ q_{j-1},\ 2)$。

BGV.RefreshNextLevel$((\boldsymbol{c},\ i),\ \tau_{s''_i \to s_{i-1}})$:做如下操作。

(1) 计算 $\boldsymbol{c}'=\boldsymbol{c} \otimes (1,0,\cdots,0)$;

(2) 计算 $\boldsymbol{c}_1 \leftarrow \mathrm{SwitchKey}(\tau_{s''_i \to s_{i-1}},\ \boldsymbol{c}')$;

(3) 输出 $\boldsymbol{c}_2 \leftarrow \mathrm{Scale}(\boldsymbol{c}_1,\ q_i,\ q_{i-1},\ 2)$。

算法参数尺寸 当同态计算电路深度为 L 时,该算法的公钥是一个 $2n\log q \times (n+1)$ 的矩阵,私钥是 $L+1$ 个 $n+1$ 维的向量,密文是 $n+1$ 维的向量,用于密钥交换的计算公钥是 L 个 $(n+1)^2\lceil \log q \rceil \times (n+1)$ 的矩阵。表 3-2 列出了 LWE 上 BGV 算法的参数尺寸,以位为单位。

表 3-2 LWE 上 BGV 算法的参数尺寸 (单位:位)

	公 钥	私 钥	密 文	计算公钥
参数尺寸	$2n(n+1)\log^2 q$	$(L+1)(n+1)\log B$	$(n+1)\lceil \log q \rceil$	$L(n+1)^3\lceil \log q \rceil^2$

噪声增长分析 噪声分布 χ 是有界的,其界为 B,即根据分布 χ 取出的向量其长度最大为 B。上述 BGV 算法的初始密文 $\boldsymbol{c} \leftarrow \boldsymbol{m}+\boldsymbol{A}_L^{\mathrm{T}} \cdot \boldsymbol{r} \in \mathbb{Z}_q^{n+1}$,其噪声为 $|\langle \boldsymbol{c},\ \boldsymbol{s}_L \rangle \bmod q_L| = |\ m+2\langle \boldsymbol{r},\ \boldsymbol{e} \rangle \bmod q_L\ | \leqslant 2NB = 4nB\log q_L$。由于全同态加密中乘法噪声的增长远远大于加法噪声的增长,所以只考虑乘法情况下的噪声增长。两个初始密文 $\boldsymbol{c}_1$ 和 $\boldsymbol{c}_2$ 相乘后,其噪声为 $|\langle \boldsymbol{c}_1,\ \boldsymbol{s}_L \rangle \cdot \langle \boldsymbol{c}_2,\ \boldsymbol{s}_L \rangle \bmod q_L| \leqslant (2NB)^2 = (4nB\log q_L)^2$。因此,经过深度为 L 的电路,密文噪声增长为 $(4nB\log q_L)^{2L}$,呈指数级增长,所以其同态计算的电路深度只能是对数级深度的电路。显然,BGV 算法的密文噪声增长依赖于密文中的噪声,而且其增长形式为 $E \rightarrow E^2$,其中 E 是密文中的噪声。

为了约减密文的噪声,需要做模交换。做模交换之前先要进行密钥交换。两个初始密文 $\boldsymbol{c}_1$ 和 $\boldsymbol{c}_2$ 相乘后,经过密钥交换后得到的密文 $\boldsymbol{c}_3$ 的噪声为 $|\ \langle \boldsymbol{c}_3,\ \boldsymbol{s}_{L-1} \rangle \bmod q\ | \leqslant (4nB\log q_L)^2+2(n+1)^2 B\log q_L$。经过模交换后得到密文 $\boldsymbol{c}_4$,密文 $\boldsymbol{c}_4$ 的噪声为 $|\langle \boldsymbol{c}_4,\ \boldsymbol{s}_{L-1} \rangle \bmod q| \leqslant (q_{L-1}/q_L) \cdot ((4nB\log q_L)^2+2(n+1)^2 B\log q_L)+(n+1)B$。为了解密正确性,需要满足 $(q_{L-1}/q_L) \cdot ((4nB\log q_L)^2+2(n+1)^2 B\log q_L)+(n+1)B < q_{L-1}/2$。另外,我们期望经过模交换后密文中的噪声能够拉回到原来的噪声水平,即 $(q_{L-1}/q_L) \cdot ((4nB\log q_L)^2+2(n+1)^2 B\log q_L)+(n+1)B \approx 2nB\log q_L$。因此,如果取 $q_{L-1}/q_L = 1/4nB\log q_L$,则 $(q_{L-1}/q_L) \cdot ((4nB\log q_L)^2+2(n+1)^2 B\log q_L)+(n+1)B \approx 2nB\log q_L+n$。

上述分析给出了一个思路，从初始密文的噪声为 $4nB\log q_L$，到密文乘积计算后噪声为$(4nB\log q_L)^2$，再经过密钥交换和模交换，最后密文的噪声我们希望是 $4nB\log q_L$，同时要求能够正确解密，即 $4nB\log q_L < q_{L-1}/2$。因此，可以寻找一个统一的噪声界 E，即所有电路层的密文噪声最多为 E，而且 E 能够满足正确性解密条件，即小于所有的 $q_{i-1}/2$，则在第 i 层电路两个噪声为 E 的密文经过乘法计算后，乘积密文的噪声为 E^2，经过密钥交换后噪声为 $E^2+2(n+1)^2B\log q_i$，再经过模交换噪声为$(q_{i-1}/q_i)\cdot(E^2+2(n+1)^2 B\log q_i)+(n+1)B$。为了保证解密的正确性，有：

$$(q_{i-1}/q_i)\cdot(E^2+2(n+1)^2B\log q_i)+(n+1)B \leqslant E$$

于是，只要满足下列条件，上式即可满足：

$$(q_{i-1}/q_i)\cdot E^2 \leqslant E/2$$

$$(q_{i-1}/q_i)\cdot(2(n+1)^2B\log q_i)+(n+1)B \leqslant E/2$$

因此，根据上述条件选择的模参数，可以保证每次密文计算后，噪声又被约减回 E。

2. 环 LWE 上的 BGV 算法

该算法所使用的基本加密算法是 2.9 节中的环 LWE 上公钥加密算法变形，即 E5 算法。其加密、解密及解密正确性条件都和 E5 算法的一样。

R-BGV.Setup(λ, L)：输入安全参数 λ 和电路深度 L，输出用于模交换的 $L+1$ 个模 q_i，多项式次数 $n\geqslant 1$，环 $R=\mathbb{Z}[x]/(f(x))$，$R_q=\mathbb{Z}_q[x]/(f(x))$，噪声分布 χ。其中 n 是 2 的幂次方，$f(x)=x^n+1$，以及 χ 是 R 上的一个错误概率分布。

R-BGV.KeyGen(λ, L)：对于 $i=L\cdots 0$，做如下操作。

(1) $\boldsymbol{s}_i=(1, -s_i')\in R_q\times R_q \leftarrow$ E5.SecretKeygen(1^λ)；

(2) 当 $i=L$ 时，$\boldsymbol{A}_L\in R_q\times R_q \leftarrow$ E5.PublicKeygen($\boldsymbol{s}_i$)；

(3) 当 $i=0$ 时忽略此步，令 $\boldsymbol{s}_i''\leftarrow \boldsymbol{s}_i\otimes\boldsymbol{s}_i\in R_q^3$；

(4) 当 $i=0$ 时忽略此步，令 $\tau_{s_i''\to s_{i-1}}\leftarrow$ SwitchKeyGen($\boldsymbol{s}_i''$, s_{i-1}') $\in R_q^{3\lceil\log q\rceil\times 2}$。

输出密钥集合 sk$=\{\boldsymbol{s}_i\}$，公钥集合 pk$=\{\boldsymbol{A}_L, \tau_{s_i''\to s_{i-1}}\}$。

R-BGV.Enc(pk, $\boldsymbol{m}$)：加密 n 位消息 $\boldsymbol{m}\in\{0, 1\}^n$，将其视为多项式 $m\in R$ 的系数。执行($\boldsymbol{c}$, L)$\leftarrow$E.Enc($\boldsymbol{A}_L$, $\boldsymbol{m}$)，其中 L 指示密文 $\boldsymbol{c}$ 所处的电路层次，即第 L 层。

R-BGV.Dec(sk, ($\boldsymbol{c}$, i))：执行 E.Dec($\boldsymbol{s}_i$, $\boldsymbol{c}$)。

R-BGV.Add(($\boldsymbol{c}_1$, i), ($\boldsymbol{c}_2$, j))：做如下操作。

(1) 如果 $i=j$，则计算 $\boldsymbol{c}_3\leftarrow\boldsymbol{c}_1+\boldsymbol{c}_2$。

(2) 如果 $i\neq j$，令 max(i, j)为 i 和 j 中的最大值。调用 FHE.RefreshNextLevel(($\boldsymbol{c}_{\max(i,j)}$, max($i$, j)), $\tau_{s''_{\max(i,j)}\to s_{\max(i,j)-1}}$)，直到两个密文所处的电路层次相同，之后返回到第(1)步。

R-BGV.Mult(($\boldsymbol{c}_1$, i), ($\boldsymbol{c}_2$, j))：做如下操作。

(1) 如果 $i=j$，则计算 $\boldsymbol{c}_3\leftarrow\boldsymbol{c}_1\otimes\boldsymbol{c}_2$；

(2) 如果 $i\neq j$，令 max(i, j)为 i 和 j 中的最大值。调用 FHE.RefreshNextLevel(($\boldsymbol{c}_{\max(i,j)}$, max($i$, j)), $\tau_{s''_{\max(i,j)}\to s_{\max(i,j)-1}}$)，直到两个密文所处的电路层次相同，之后返回

到第(1)步；

(3) 计算 $\boldsymbol{c}_4 \leftarrow \text{SwitchKey}(\tau_{s_i''\to s_{i-1}}, \boldsymbol{c}_3)$；

(4) 输出 $\boldsymbol{c}_5 \leftarrow \text{Scale}(\boldsymbol{c}_4, q_j, q_{j-1}, 2)$。

R-BGV.RefreshNextLevel$((\boldsymbol{c}, i), \tau_{s_i''\to s_{i-1}})$：做如下操作。

(1) 计算 $\boldsymbol{c}' = \boldsymbol{c} \otimes (1,0)$；

(2) 计算 $\boldsymbol{c}_1 \leftarrow \text{SwitchKey}(\tau_{s_i''\to s_{i-1}}, \boldsymbol{c}')$；

(3) 输出 $\boldsymbol{c}_2 \leftarrow \text{Scale}(\boldsymbol{c}_1, q_i, q_{i-1}, 2)$。

算法参数尺寸 当同态计算电路深度为 L 时，该算法的公钥是一个二维向量，即两个 R_q 上的多项式，私钥是 $L+1$ 个二维向量，密文是一个二维向量，用于密钥交换的计算公钥是 L 个 $3\lceil \log q \rceil \times 2$ 的矩阵，以上向量和矩阵中的元素都是 $\mathbb{Z}_q$ 上的多项式。表 3-3 列出了环 LWE 上 BGV 算法的参数尺寸，以位为单位。

表 3-3 环 LWE 上 BGV 算法的参数尺寸 （单位：位）

	公 钥	私 钥	密 文	计 算 公 钥
参数尺寸	$2n\lceil \log q \rceil$	$(L+1)(n+1)\log B$	$2n\lceil \log q \rceil$	$6Ln\lceil \log q \rceil^2$

噪声增长分析 噪声增长分析与 LWE 上的 BGV 算法类似。设 E 为所有电路层的噪声公共上界，则在第 i 层电路两个噪声为 E 的密文经过乘法计算后，乘积密文的噪声为 E^2，经过密钥交换后噪声为 $E^2+6n^{3/2}B\log q_i$，再经过模交换噪声为 $(q_{i-1}/q_i)\cdot(E^2+6n^{3/2}B\log q_i)+n^{3/2}(n+1)B$。为了保证解密的正确性，有：

$$(q_{i-1}/q_i)\cdot(E^2+6n^{3/2}B\log q_i)+n^{3/2}(n+1)B \leqslant E$$

于是，只要满足下列条件，上式即可满足：

$$(q_{i-1}/q_i)\cdot E^2 \leqslant E/2$$

$$(q_{i-1}/q_i)\cdot((6n^{3/2}B\log q_i)+n^{3/2}(n+1)B) \leqslant E/2$$

3.3.3 噪声增长依赖于密钥的全同态加密算法: Bra12 算法

Bra12 算法是由 Brakerski 在 2012 年的美密会上提出的[33]。该全同态加密算法使用的基础加密算法是 Regev 的 LWE 公钥加密算法。环上 Bra12 算法由 Fan 将其推广到环上[135]。在这两个参考文献中，作者都使用位展开技术管理噪声，通过同态解密技术获得全同态加密算法。其实该算法不使用同态解密技术可以获得一个层次型全同态加密算法。这里构建一个无须同态解密技术的层次型全同态加密算法，而且也分为 LWE 上的 Bra12 算法和环 LWE 上的 Bra12 算法。

1. LWE 上的 Bra12 算法

该算法所使用的基本加密算法是 2.7 节中的 LWE 上公钥加密算法，即 E1 算法。其加密、解密及解密正确性条件都和 E1 算法的一样。

Bra12.Setup(λ, L)：输入安全参数 λ 和电路深度 L，输出模 q、噪声分布 χ 和维数 n。其中分布 χ 是 $\mathbb{Z}$ 上的噪声高斯分布。

Bra12.KeyGen(n, L)：对于 $i=L\cdots 0$，做如下操作。

(1) $\boldsymbol{s}_i=(1,\boldsymbol{s}_i')\leftarrow$E2.SecretKeygen$(1^n)$；

(2) 当 $i=L$ 时，$\boldsymbol{A}_L\leftarrow$E2.PublicKeygen$(\boldsymbol{s}_i)$；

(3) 当 $i=0$ 时忽略此步，令 $\boldsymbol{s}_i''\leftarrow\text{BitDecomp}(\boldsymbol{s}_i)\otimes\text{BitDecomp}(\boldsymbol{s}_i)\in\mathbb{Z}_q^{((n+1)\lceil\log q\rceil)^2}$；

(4) 当 $i=0$ 时忽略此步，令 $\tau_{s_i''\to s_{i-1}}\leftarrow\text{SwitchKeyGen}(\boldsymbol{s}_i'',\boldsymbol{s}_{i-1}')\in\mathbb{Z}_q^{(n+1)^2\lceil\log q\rceil^3\times(n+1)}$。

输出密钥集合 $\text{sk}=\{\boldsymbol{s}_i\}$，公钥集合 $\text{pk}=\{\boldsymbol{A}_L,\tau_{s_i''\to s_{i-1}}\}$。

Bra12.Enc(pk,m)：选取明文消息 $m\in\{0,1\}$，执行$(\boldsymbol{c},L)\leftarrow\text{E.Enc}(\boldsymbol{A}_L,m)$，其中 L 指示密文 $\boldsymbol{c}$ 所处的电路层次，即第 L 层。

Bra12.Dec(sk,$(\boldsymbol{c},i)$)：执行 $\text{E.Dec}(\boldsymbol{s}_i,\boldsymbol{c})$。

Bra12.Add$((\boldsymbol{c}_1,i),(\boldsymbol{c}_2,j))$：做如下操作。

(1) 如果 $i=j$，则计算 $\boldsymbol{c}_3\leftarrow\boldsymbol{c}_1+\boldsymbol{c}_2$；

(2) 如果 $i\neq j$，令 $\max(i,j)$为 i 和 j 中的最大值。调用 FHE.RefreshNextLevel $((\boldsymbol{c}_{\max(i,j)},\max(i,j)),\tau_{s''_{\max(i,j)}\to s_{\max(i,j)-1}})$，直到两个密文所处的电路层次相同，之后返回到第(1)步。

Bra12.Mult$((\boldsymbol{c}_1,i),(\boldsymbol{c}_2,j))$：做如下操作。

(1) 如果 $i=j$，则计算 $\boldsymbol{c}_3\leftarrow\left\lfloor\frac{2}{q}\cdot(\text{Powerof2}(\boldsymbol{c}_1)\otimes\text{Powerof2}(\boldsymbol{c}_2))\right\rceil$；

(2) 如果 $i\neq j$，令 $\max(i,j)$为 i 和 j 中的最大值。调用 FHE.RefreshNextLevel $((\boldsymbol{c}_{\max(i,j)},\max(i,j)),\tau_{s''_{\max(i,j)}\to s_{\max(i,j)-1}})$，直到两个密文所处的电路层次相同，之后返回到第(1)步；

(3) 输出 $\boldsymbol{c}_4\leftarrow\text{SwitchKey}(\tau_{s_i''\to s_{i-1}},\boldsymbol{c}_3)$。

Bra12.RefreshNextLevel$((\boldsymbol{c},i),\tau_{s_i''\to s_{i-1}})$：做如下操作。

(1) 计算 $\boldsymbol{c}'=\text{Powerof2}(\boldsymbol{c})\otimes\text{Powerof2}(1,0,\cdots,0)$；

(2) 输出 $\boldsymbol{c}_1\leftarrow\text{SwitchKey}(\tau_{s_i''\to s_{i-1}},\boldsymbol{c}')$。

算法参数尺寸 当同态计算电路深度为 L 时，该算法的公钥是一个 $2n\log q\times(n+1)$ 的矩阵，私钥是 $L+1$ 个 $n+1$ 维的向量，密文是 $n+1$ 维的向量，用于密钥交换的计算公钥是 L 个$(n+1)^2\lceil\log q\rceil^3\times(n+1)$的矩阵，以上向量和矩阵的元素都是 $\mathbb{Z}_q$ 上的元素。表3-4列出了LWE上Bra12算法的参数尺寸，以位为单位。

表3-4 LWE上Bra12算法的参数尺寸 （单位：位）

	公 钥	私 钥	密 文	计算公钥
参数尺寸	$2n(n+1)\log^2 q$	$(L+1)(n+1)\lceil\log q\rceil$	$2(n+1)\lceil\log q\rceil$	$L(n+1)^3\lceil\log q\rceil^4$

噪声增长分析 令 $\boldsymbol{c}_1$ 和 $\boldsymbol{c}_2$ 是两个初始密文，对应的密钥都为 $\boldsymbol{s}_L$。$\boldsymbol{c}_i$ 的噪声为 e_i 且 $|e_i|\leqslant E=2nB\log q$，因此有$\langle\boldsymbol{c}_i,\boldsymbol{s}_L\rangle=\left\lfloor\frac{q}{2}\right\rfloor\cdot m_i+e_i\pmod q$。由于密文乘法的噪声远远大于加法的噪声，因此只考虑密文乘法的噪声增长。

$\boldsymbol{c}_1$ 和 $\boldsymbol{c}_2$ 经过乘积后得到密文 $\boldsymbol{c}_3\leftarrow\left\lfloor\frac{2}{q}\cdot(\text{Powerof2}(\boldsymbol{c}_1)\otimes\text{Powerof2}(\boldsymbol{c}_2))\right\rceil$，对应的密

钥为 $\text{BitDecomp}(\boldsymbol{s}_L)\otimes\text{BitDecomp}(\boldsymbol{s}_L)$。由于$\left\lfloor\frac{2}{q}\cdot(\text{Powerof2}(\boldsymbol{c}_1)\otimes\text{Powerof2}(\boldsymbol{c}_2))\right\rceil=\frac{2}{q}\cdot(\text{Powerof2}(\boldsymbol{c}_1)\otimes\text{Powerof2}(\boldsymbol{c}_2)+\boldsymbol{r}$，其中 $\boldsymbol{r}=\left\lfloor\frac{2}{q}\cdot(\text{Powerof2}(\boldsymbol{c}_1)\otimes\text{Powerof2}(\boldsymbol{c}_2)\right\rceil-\frac{2}{q}\cdot(\text{Powerof2}(\boldsymbol{c}_1)\otimes\text{Powerof2}(\boldsymbol{c}_2)$，所以密文 $\boldsymbol{c}_3$ 的噪声为

$$
\begin{aligned}
&<\boldsymbol{c}_3,\ \text{BitDecomp}(\boldsymbol{s}_L)\otimes\text{BitDecomp}(\boldsymbol{s}_L)>\\
&=<\frac{2}{q}\cdot(\text{Powerof2}(\boldsymbol{c}_1)\otimes\text{Powerof2}(\boldsymbol{c}_2),\ \text{BitDecomp}(\boldsymbol{s}_L)\otimes\text{BitDecomp}(\boldsymbol{s}_L)>+\\
&<\boldsymbol{r},\ \text{BitDecomp}(\boldsymbol{s}_L)\otimes\text{BitDecomp}(\boldsymbol{s}_L)>\ \text{mod}\ q
\end{aligned}
\tag{3-1}
$$

然后，密文 $\boldsymbol{c}_3$ 再经过密钥交换得到密文 $\boldsymbol{c}_{\text{mult}}$，其对应的密钥为 $\boldsymbol{s}_{L-1}$。密钥交换会引入噪声，$\boldsymbol{c}_{\text{mult}}$ 的噪声为 $<\boldsymbol{c}_{\text{mult}},\ \boldsymbol{s}_{L-1}>=<\left\lfloor\frac{2}{q}\cdot(\text{Powerof2}(\boldsymbol{c}_1)\otimes\text{Powerof2}(\boldsymbol{c}_2)\right\rceil,\ \text{BitDecomp}(\boldsymbol{s}_L)\otimes\text{BitDecomp}(\boldsymbol{s}_L)>+<\text{BitDecomp}\left(\left\lfloor\frac{2}{q}\cdot(\text{Powerof2}(\boldsymbol{c}_1)\otimes\text{Powerof2}(\boldsymbol{c}_2)\right\rceil\right),\ \boldsymbol{e}>\ \text{mod}\ q$。把式(3-1)代入得：

$<\boldsymbol{c}_{\text{mult}},\ \boldsymbol{s}_{L-1}>=<\frac{2}{q}\cdot(\text{Powerof2}(\boldsymbol{c}_1)\otimes\text{Powerof2}(\boldsymbol{c}_2),\ \text{BitDecomp}(\boldsymbol{s}_L)\otimes\text{BitDecomp}(\boldsymbol{s}_L)>+<\boldsymbol{r},\ \text{BitDecomp}(\boldsymbol{s}_L)\otimes\text{BitDecomp}(\boldsymbol{s}_L)>+<\text{BitDecomp}\left(\left\lfloor\frac{2}{q}\cdot(\text{Powerof2}(\boldsymbol{c}_1)\otimes\text{Powerof2}(\boldsymbol{c}_2))\right\rceil\right),\ \boldsymbol{e}>\ \text{mod}\ q$。

由于 $<\frac{2}{q}\cdot(\text{Powerof2}(\boldsymbol{c}_1)\otimes\text{Powerof2}(\boldsymbol{c}_2),\ \text{BitDecomp}(\boldsymbol{s}_L)\otimes\text{BitDecomp}(\boldsymbol{s}_L)>$

$$
\begin{aligned}
&=\frac{2}{q}\cdot<\text{Powerof2}(\boldsymbol{c}_1),\ \text{BitDecomp}(\boldsymbol{s}_L)>\cdot<\text{Powerof2}(\boldsymbol{c}_2),\ \text{BitDecomp}(\boldsymbol{s}_L)>\\
&=\left\lfloor\frac{q}{2}\right\rfloor(m_1m_2)+m_1e_2+m_2e_1+2(e_1k_2+k_1e_2)+q\cdot(m_1k_2+k_1m_2+2k_1k_2)-\\
&\quad[q]_2\cdot(m_1k_2+k_1m_2)+\frac{[q]_2}{q}\left(m_1e_2-m_2e_1-\left\lfloor\frac{q}{2}\right\rfloor\cdot(m_1m_2)\right)+\frac{2}{q}\cdot e_1e_2
\end{aligned}
$$

令

$$
\begin{aligned}
E_1=&m_1e_2+m_2e_1+2(e_1k_2+k_1e_2)+q\cdot(m_1k_2+k_1m_2+2k_1k_2)-[q]_2\cdot(m_1k_2+\\
&k_1m_2)+\frac{[q]_2}{q}\left(m_1e_2-m_2e_1-\left\lfloor\frac{q}{2}\right\rfloor\cdot(m_1m_2)\right)+\frac{2}{q}\cdot e_1e_2
\end{aligned}
$$

$$E_2=<\boldsymbol{r},\ \text{BitDecomp}(\boldsymbol{s}_L)\otimes\text{BitDecomp}(\boldsymbol{s}_L)>$$

$$E_3=<\text{BitDecomp}\left(\left\lfloor\frac{2}{q}\cdot(\text{Powerof2}(\boldsymbol{c}_1)\otimes\text{Powerof2}(\boldsymbol{c}_2))\right\rceil\right),\ \boldsymbol{e}>$$

所以 $<\boldsymbol{c}_{\text{mult}},\ \boldsymbol{s}_{L-1}>=\left\lfloor\frac{q}{2}\right\rfloor\cdot(m_1m_2)+E_1+E_2+E_3\ \text{mod}\ q$，其中 $E_1+E_2+E_3$ 就是

密文 $\boldsymbol{c}_{\mathrm{mult}}$ 的噪声。下面分别分析这 3 部分噪声。

E_1 主要依赖于 $2(e_1k_2+k_1e_2)$。下面分析 k_1 的值，同理也适用于分析 k_2 的值。

$$
\begin{aligned}
|k_1| &= \frac{\left|\langle \mathrm{Powerof2}(\boldsymbol{c}_1), \mathrm{BitDecomp}(\boldsymbol{s}_L)\rangle - \left\lfloor \frac{q}{2} \right\rfloor \cdot m_1 - e_1\right|}{q} \\
&\leqslant \frac{|\langle \mathrm{Powerof2}(\boldsymbol{c}_1), \mathrm{BitDecomp}(\boldsymbol{s}_L)\rangle|}{q} + 1 \\
&\leqslant \frac{\|\mathrm{Powerof2}(\boldsymbol{c}_1)\|_\infty}{q} \cdot \|\mathrm{BitDecomp}(\boldsymbol{s}_L)\|_1 + 1 \\
&\leqslant \frac{1}{2}\|\mathrm{BitDecomp}(\boldsymbol{s}_L)\|_1 + 1 \\
&\leqslant \frac{1}{2}(n+1)\lceil \log q \rceil + 1
\end{aligned}
$$

注意：这里由于 $\boldsymbol{s}_L$ 展开成了位的形式 $\mathrm{BitDecomp}(\boldsymbol{s}_L)$，所以 $|k_1|$ 的上界从 $\frac{1}{2}(n+1)q+1$ 变成了 $\frac{1}{2}(n+1)\lceil \log q \rceil+1$，使得噪声大大降低了。这种把 q 变为 $\log q$ 的技巧，在全同态加密降低噪声中经常用到。

同理，$|k_2| \leqslant \frac{1}{2}(n+1)\lceil \log q \rceil + 1$。

因此，$|E_1| \leqslant 2E + 4E\left(\frac{1}{2}(n+1)\lceil \log q \rceil+1\right) + 2\left(\frac{1}{2}(n+1)\lceil \log q \rceil+1\right) + 1 + \left(\frac{2}{q}\cdot\frac{q}{4}\right)E \leqslant 4E\left(\frac{1}{2}(n+1)\lceil \log q \rceil+1\right) + 3E + 2\left(\frac{1}{2}(n+1)\lceil \log q \rceil+1\right) + 1 \leqslant \left(4\left(\frac{1}{2}(n+1)\lceil \log q \rceil+1\right)+3\right)E + 2\left(\frac{1}{2}(n+1)\lceil \log q \rceil+1\right)+1 \leqslant (2(n+1)\lceil \log q \rceil+7)E + (n+1)\lceil \log q \rceil + 3 \leqslant 4(n+1)\lceil \log q \rceil E$。

另外，$|E_2| \leqslant \frac{1}{2}((n+1)\lceil \log q \rceil)^2$，$|E_3| \leqslant (n+1)^2\lceil \log q \rceil^3$。

两个初始密文乘积后，最终的噪声为

$$
\begin{aligned}
|E_1+E_2+E_3| &\leqslant 4(n+1)\lceil \log q \rceil E + \frac{1}{2}((n+1)\lceil \log q \rceil)^2 + (n+1)^2\lceil \log q \rceil^3 B \\
&\leqslant 4(n+1)\lceil \log q \rceil E + 2(n+1)^2\lceil \log q \rceil^3 B \leqslant t_1E + t_2
\end{aligned}
$$

其中 $t_1 = 4(n+1)\lceil \log q \rceil$，$t_2 = 2(n+1)^2\lceil \log q \rceil^3 B$。

经过深度为 L 的电路计算后，结果密文的噪声至多为 $t_1{}^L \cdot E + L \cdot t_1{}^{L-1} \cdot t_2$。若算法参数满足解密正确性条件：

$$
|t_1{}^L \cdot E + L \cdot t_1{}^{L-1} \cdot t_2| < \left\lfloor \frac{q}{2} \right\rfloor / 2 \tag{3-2}
$$

则获得了电路深度为 L 的全同态加密算法。式(3-2)反映了噪声、电路深度以及模的关系。

2. 环 LWE 上的 Bra12 算法

该算法所使用的基本加密算法是 2.9 节中的环 LWE 上公钥加密算法，即 E4 算法。其加密、解密及解密正确性条件都和 E4 算法的一样。

R-Bra12.Setup(λ, L)：输入安全参数 λ 和电路深度 L，输出模 $q \geq 2$，多项式次数 $n \geq 1$，环 $R=\mathbb{Z}[x]/(f(x))$，$R_q=\mathbb{Z}_q[x]/(f(x))$，噪声分布 χ。其中 n 是 2 的幂次方，$f(x)=x^n+1$，以及 χ 是 R 上的一个错误概率分布。

R-Bra12.KeyGen(λ, L)：对于 $i=L\cdots 0$，做如下操作。

(1) $\boldsymbol{s}_i=(1, -s_i') \in R_q \times R_q \leftarrow$ E4.SecretKeygen(1^λ)；

(2) 当 $i=L$ 时，$\boldsymbol{A}_L \in R_q \times R_q \leftarrow$ E4.PublicKeygen($\boldsymbol{s}_i$)；

(3) 当 $i=0$ 时忽略此步，令 $\boldsymbol{s}_i'' \leftarrow \boldsymbol{s}_i \otimes \boldsymbol{s}_i \in R_q^3$；

(4) 当 $i=0$ 时忽略此步，令 $\tau_{s_i'' \to s_{i-1}} \leftarrow$ SwitchKeyGen($\boldsymbol{s}_i''$, s_{i-1}') $\in R_q^{3\lceil \log q \rceil \times 2}$。

输出密钥集合 sk $=\{\boldsymbol{s}_i\}$，公钥集合 pk $=\{\boldsymbol{A}_L, \tau_{s_i'' \to s_{i-1}}\}$。

R-Bra12.Enc(pk, m)：加密 n 位消息 $\boldsymbol{m} \in \{0, 1\}^n$，将其视为多项式 $m \in R$ 的系数。执行($\boldsymbol{c}$, L)$\leftarrow$E.Enc($\boldsymbol{A}_L$, $\boldsymbol{m}$)，其中 L 指示密文 $\boldsymbol{c}$ 所处的电路层次，即第 L 层。

R-Bra12.Dec(sk, ($\boldsymbol{c}$, i))：执行 E.Dec($\boldsymbol{s}_i$, $\boldsymbol{c}$)。

R-Bra12.Add(($\boldsymbol{c}_1$, i), ($\boldsymbol{c}_2$, j))：做如下操作。

(1) 如果 $i=j$，则计算 $\boldsymbol{c}_3 \leftarrow \boldsymbol{c}_1+\boldsymbol{c}_2$。

(2) 如果 $i \neq j$，令 max(i, j)为 i 和 j 中的最大值。调用 FHE.RefreshNextLevel(($\boldsymbol{c}_{\max(i,j)}$, max($i$, j)), $\tau_{s''_{\max(i,j)} \to s_{\max(i,j)-1}}$)，直到两个密文所处的电路层次相同，之后返回到第(1)步。

R-Bra12.Mult(($\boldsymbol{c}_1$, i), ($\boldsymbol{c}_2$, j))：做如下操作。

(1) 如果 $i=j$，则计算 $\boldsymbol{c}_3 \leftarrow \left\lfloor \frac{2}{q} \cdot (\boldsymbol{c}_1 \otimes \boldsymbol{c}_2) \right\rceil$。

(2) 如果 $i \neq j$，令 max(i, j)为 i 和 j 中的最大值。调用 FHE.RefreshNextLevel(($\boldsymbol{c}_{\max(i,j)}$, max($i$, j)), $\tau_{s''_{\max(i,j)} \to s_{\max(i,j)-1}}$)，直到两个密文所处的电路层次相同，之后返回到第(1)步。

(3) 计算 $\boldsymbol{c}_4 \leftarrow$ SwitchKey($\tau_{s_i'' \to s_{i-1}}$, $\boldsymbol{c}_3$)。

R-Bra12.RefreshNextLevel(($\boldsymbol{c}$, i), $\tau_{s_i'' \to s_{i-1}}$)：做如下操作。

(1) 计算 $\boldsymbol{c}'=\boldsymbol{c} \otimes (1,0)$。

(2) 计算 $\boldsymbol{c}_1 \leftarrow$ SwitchKey($\tau_{s_i'' \to s_{i-1}}$, $\boldsymbol{c}'$)。

算法参数尺寸 当同态计算电路深度为 L 时，该算法的公钥是一个二维向量，私钥是 $L+1$ 个二维向量，密文是一个二维向量，用于密钥交换的计算公钥是 L 个 $3\lceil \log q \rceil \times 2$ 的矩阵，以上向量和矩阵中的元素都是 $\mathbb{Z}_q$ 上的多项式。表 3-5 列出了环 LWE 上 Bra12 算法的参数尺寸，以位为单位。

表 3-5 环 LWE 上 Bra12 算法的参数尺寸 （单位：位）

	公钥	私钥	密文	计算公钥
参数尺寸	$2n\lceil \log q \rceil$	$(L+1)(n+1)\log B$	$2n\lceil \log q \rceil$	$6Ln\lceil \log q \rceil^2$

噪声增长分析　环 LWE 上 Bra12 算法的噪声增长分析与 LWE 上的 Bra12 算法的噪声增长分析类似。需要注意的是，对于 $a,b\in R$，有 $\|a\cdot b\|_\infty\leqslant\delta\cdot\|a\|_\infty\cdot\|b\|_\infty$，其中 δ 是扩张因子。当 $R=\mathbb{Z}[x]/(f(x))$，其中 $f(x)=x^n+1$ 且 n 是 2 的幂次方，有 $\delta=n$。

根据上述环 LWE 上的 Bra12 全同态加密算法，密文经过深度为 L 的电路计算后（只考虑乘法），结果密文的噪声至多为 $t_1{}^L\cdot E+L\cdot t_1{}^{L-1}\cdot t_2$，其中 $t_1=2(1+4/(nB))\cdot n^2B=2n^2B+8n$，$t_2=n^2B(4+B)+2nB\log q$，$E=2n^2B+B$。若算法参数满足解密正确性条件：

$$|t_1{}^L\cdot E+L\cdot t_1{}^{L-1}\cdot t_2|<\left\lfloor\frac{q}{2}\right\rfloor/2 \tag{3-3}$$

则获得了电路深度为 L 的全同态加密算法。式(3-3)反映了噪声、电路深度以及模之间的关系。

注意：在实践中，环 LWE 上的全同态加密算法通常将密钥的系数取自 0 或者 1。这样密钥的最大范数就是 1，而不是 B，可以进一步约减噪声。

3.3.4　噪声增长依赖于密文的全同态加密算法：GSW13 算法

2013 年的美密会上，Gentry 等提出用近似特征向量的方法设计全同态加密算法[35]，该算法的密文是矩阵（方阵），密文的加法和乘法是矩阵的加法和乘法，由于密文的乘积不会导致密文的维数扩张，所以不需要使用密钥交换进行维数约减。该算法是目前为止最简单的全同态加密算法。Gentry 等在参考文献[35]中给出的是 LWE 上的算法。下面分别给出 LWE 上的算法和环 LWE 上的算法，并且对密文同态计算的噪声进行分析。

1. LWE 上的 GSW13 算法

该算法所使用的加密形式类似于 2.7.2 节的 LWE 上 Regev 公钥加密变形（即 E2 算法），解密形式类似于 LWE 上 Regev 公钥加密算法（即 E1 算法）。

GSW13.Setup(λ, L)：输入安全参数 λ 和电路深度 L，输出模 q、噪声分布 χ、维数 n 以及 m。其中分布 χ 是 $\mathbb{Z}$ 上的噪声高斯分布，$m=2n\log q$。令 $l=\lceil\log q\rceil$，$N=(n+1)l$。

GSW13.SecretKeygen(1^n)：随机均匀选取向量 $\boldsymbol{s}'\leftarrow\mathbb{Z}_q^n$，输出 $\mathrm{sk}=\boldsymbol{s}\leftarrow(1,\boldsymbol{s}')\in\mathbb{Z}_q^{n+1}$。令 $\boldsymbol{v}=\mathrm{Powerof2}(\boldsymbol{s})=(1,2,\cdots,2^{l-1},s_1',2s_1',\cdots,2^{l-1}s_n')\bmod q$。

GSW13.PublicKeygen$(\boldsymbol{s})$：随机均匀选取矩阵 $\boldsymbol{A}'\leftarrow\mathbb{Z}_q^{m\times n}$ 和向量 $\boldsymbol{e}\leftarrow\chi^m$，计算 $\boldsymbol{b}\leftarrow\boldsymbol{A}'\boldsymbol{s}'+\boldsymbol{e}$。令 $\boldsymbol{A}$ 是 $n+1$ 列矩阵，由向量 $\boldsymbol{b}$ 和矩阵 $-\boldsymbol{A}'$ 构成，即 $\boldsymbol{A}=[\boldsymbol{b}|-\boldsymbol{A}']\in\mathbb{Z}_q^{m\times(n+1)}$，其中 $\boldsymbol{A}\cdot\boldsymbol{s}=\boldsymbol{e}$。输出 $\mathrm{pk}=\boldsymbol{A}$。

GSW13.Enc(pk,m)：为了加密消息 $m\in\{0,1\}$，均匀选取矩阵 $\boldsymbol{R}\in\{0,1\}^{N\times m}$，输出密文 $\boldsymbol{C}\leftarrow\mathrm{Flatten}(m\cdot I_N+\mathrm{BitDecomp}(\boldsymbol{R}\cdot\boldsymbol{A}))\in\mathbb{Z}_q^{N\times N}$，其中 I_N 是 $N\times N$ 的单位矩阵。

GSW13.Dec$(\mathrm{sk},\boldsymbol{C})$：令 $v_{l-1}=2^{l-2}$，且 $\boldsymbol{c}_{l-1}$ 是密文 $\boldsymbol{C}$ 的第 $l-1$ 行，则输出 $m\leftarrow\lfloor\langle\boldsymbol{c}_{l-1},\boldsymbol{v}\rangle/v_{l-1}\rceil$。

GSW13.Add$(\boldsymbol{C}_1,\boldsymbol{C}_2)$：计算 $\boldsymbol{C}_1+\boldsymbol{C}_2\in\mathbb{Z}_q^{N\times N}$，输出 $\mathrm{Flatten}(\boldsymbol{C}_1+\boldsymbol{C}_2)$。

GSW13.Mult$(\boldsymbol{C}_1,\boldsymbol{C}_2)$：计算 $\boldsymbol{C}_1\cdot\boldsymbol{C}_2\in\mathbb{Z}_q^{N\times N}$，输出 $\mathrm{Flatten}(\boldsymbol{C}_1\cdot\boldsymbol{C}_2)$。

算法参数尺寸　当同态计算电路深度为 L 时，该算法的公钥是一个 $(n+1)\lceil\log q\rceil\times$

$(n+1)$的矩阵,私钥是一个$(n+1)\lceil \log q \rceil$维的向量,密文是$(n+1)\lceil \log q \rceil \times (n+1)\lceil \log q \rceil$维的矩阵,以上向量和矩阵的元素都是$\mathbb{Z}_q$上的元素。表3-6列出了LWE上GSW13算法的参数尺寸,以位为单位。

表3-6 LWE上GSW13算法的参数尺寸 (单位:位)

	公　钥	私　钥	密　文	计算公钥
参数尺寸	$2n(n+1)\log^2 q$	$(n+1)\lceil \log q \rceil^2$	$(n+1)^2\lceil \log q \rceil^3$	0

噪声增长分析　令$\boldsymbol{C}_1$和$\boldsymbol{C}_2$是两个初始密文,对应的密钥是$\boldsymbol{v}=\text{Powerof2}(\boldsymbol{s})$。$\boldsymbol{C}_i$的噪声为$\boldsymbol{C}_i \cdot \boldsymbol{v}=m_i\boldsymbol{v}+\boldsymbol{R}_i \cdot \boldsymbol{A} \cdot \boldsymbol{s}=m_i\boldsymbol{v}+\boldsymbol{R}_i \cdot \boldsymbol{e}=m_i\boldsymbol{v}+\boldsymbol{e}_i$。其中$\|\boldsymbol{e}_i\|_\infty \leqslant E=mB=2nB\log q$。由于密文乘法的噪声远远大于加法的噪声,因此只考虑密文乘法的噪声增长。

$\boldsymbol{C}_1$和$\boldsymbol{C}_2$经过乘积后得到密文$\boldsymbol{C}_3 \leftarrow \boldsymbol{C}_1 \cdot \boldsymbol{C}_2$,对应的密钥是$\boldsymbol{v}=\text{Powerof2}(\boldsymbol{s})$。$\boldsymbol{C}_3$的噪声为$\boldsymbol{C}_3 \cdot \boldsymbol{v}=\boldsymbol{C}_1 \cdot \boldsymbol{C}_2 \cdot \boldsymbol{v}=\boldsymbol{C}_1 \cdot (m_2\boldsymbol{v}+\boldsymbol{e}_2)=m_2(m_1\boldsymbol{v}+\boldsymbol{e}_1)+\boldsymbol{C}_1\boldsymbol{e}_2=m_1m_2\boldsymbol{v}+m_2\boldsymbol{e}_1+\boldsymbol{C}_1\boldsymbol{e}_2=m_1m_2\boldsymbol{v}+\boldsymbol{E}_1$。$\|\boldsymbol{E}_1\|_\infty \leqslant (N+1)E=((n+1)l+1) \cdot 2nB\log q \approx 2n^2B\log^2 q$。

经过深度为L的电路计算后,结果密文的噪声至多为$(N+1)^L E$。若算法参数满足解密正确性条件:

$$(N+1)^L E=((n+1)\log q+1)^L(2nB\log q)<q/8 \tag{3-4}$$

则获得了电路深度为L的全同态加密算法。式(3-4)反映了噪声、电路深度以及模之间的关系。

2. 环LWE上的GSW13算法

GSW13.Setup(λ, L):输入安全参数λ和电路深度L,输出模$q \geqslant 2$,多项式次数$n \geqslant 1$,环$R=\mathbb{Z}[x]/(f(x))$,$R_q=\mathbb{Z}_q[x]/(f(x))$,噪声分布$\chi$。其中$n$是2的幂次方,$f(x)=x^n+1$,以及$\chi$是$R$上的一个错误概率分布。令$l=\lceil \log q \rceil$,$N=2l$。

GSW13.SecretKeygen(1^λ):随机均匀选取$s' \leftarrow \chi$,输出密钥$\text{sk}=\boldsymbol{s} \leftarrow (1, -s') \in R_q \times R_q$。令$\boldsymbol{v}=\text{Powerof2}(\boldsymbol{s})=(1,2,\cdots,2^{l-1},-s',-2s',\cdots,-2^{l-1}s') \bmod q$。

GSW13.PublicKeygen$(\boldsymbol{s})$:随机均匀选取$a \in R_q$,并选取$e_1 \leftarrow \chi$,计算$b=as'+e_1$。令$\boldsymbol{A}=(b,a) \in R_q^{1\times 2}$,且$\boldsymbol{A}\boldsymbol{s}=e_1$,输出公钥$\text{pk}=\boldsymbol{A} \in R_q^{1\times 2}$。

GSW13.Enc(pk, m):加密n位消息$\boldsymbol{m} \in \{0, 1\}^n$,将其视为多项式$m \in R$的系数。选取$\boldsymbol{r} \leftarrow \chi^N$,并选取矩阵$\boldsymbol{E}=(e_{ij}) \leftarrow \chi^{N\times 2}$ $(i=1,2,\cdots,N; j=1,2)$。输出密文$\boldsymbol{C} \leftarrow \text{Flatten}(m \cdot I_N+\text{BitDecomp}(\boldsymbol{r} \cdot \boldsymbol{A}+\boldsymbol{E})) \in \mathbb{Z}_q^{N\times N}$,其中$I_N$是$N\times N$的单位矩阵。

GSW13.Dec$(\text{sk}, \boldsymbol{C})$:令$v_{l-1}=2^{l-2}$,且$\boldsymbol{c}_{l-1}$是密文$\boldsymbol{C}$的第$l-1$行,则输出$m \leftarrow \lfloor \langle \boldsymbol{c}_{l-1}, \boldsymbol{v} \rangle / v_{l-1} \rceil$。

GSW13.Add$(\boldsymbol{C}_1, \boldsymbol{C}_2)$:计算$\boldsymbol{C}_1+\boldsymbol{C}_2 \in \mathbb{Z}_q^{N\times N}$,输出$\text{Flatten}(\boldsymbol{C}_1+\boldsymbol{C}_2)$。

GSW13.Mult$(\boldsymbol{C}_1, \boldsymbol{C}_2)$:计算$\boldsymbol{C}_1 \cdot \boldsymbol{C}_2 \in \mathbb{Z}_q^{N\times N}$,输出$\text{Flatten}(\boldsymbol{C}_1 \cdot \boldsymbol{C}_2)$。

算法参数尺寸　当同态计算电路深度为L时,该算法的公钥是一个1×2的矩阵(或者说是一个二维向量),私钥是一个$2\lceil \log q \rceil$维的向量,密文是一个$2\lceil \log q \rceil \times 2\lceil \log q \rceil$维的矩阵,以上向量和矩阵的元素都是$R_q$上的多项式。表3-7列出了环LWE上GSW13算法的参数尺寸,以位为单位。

表 3-7　环 LWE 上 GSW13 算法的参数尺寸　　单位：位

	公　钥	私　钥	密　文	计算公钥
参数尺寸	$2n\lceil \log q\rceil$	$(n+1)\lceil \log q\rceil^2$	$4n\lceil \log q\rceil^3$	0

噪声增长分析　令 C_1 和 C_2 是两个初始密文，对应的密钥是 $\boldsymbol{v}=\text{Powerof2}(\boldsymbol{s})$。$\boldsymbol{C}_i$ 的噪声为 $\boldsymbol{C}_i\cdot\boldsymbol{v}=m_i\boldsymbol{v}+\boldsymbol{r}_i\cdot\boldsymbol{A}\cdot\boldsymbol{s}+\boldsymbol{E}\cdot\boldsymbol{s}=m_i\boldsymbol{v}+\boldsymbol{r}_i\cdot e_1+\boldsymbol{E}\cdot\boldsymbol{s}=m_i\boldsymbol{v}+\boldsymbol{e}_i$，其中 $\|\boldsymbol{e}_i\|_\infty\leqslant E=nB^2+B+nB^2=2nB^2+B$，即初始密文的噪声最大为 $2nB^2+B$。由于密文乘法的噪声远远大于加法的噪声，因此只考虑密文乘法的噪声增长。

$\boldsymbol{C}_1$ 和 $\boldsymbol{C}_2$ 经过乘积后得到密文 $\boldsymbol{C}_3\leftarrow\boldsymbol{C}_1\cdot\boldsymbol{C}_2$，对应的密钥是 $\boldsymbol{v}=\text{Powerof2}(\boldsymbol{s})$。$\boldsymbol{C}_3$ 的噪声为 $\boldsymbol{C}_3\cdot\boldsymbol{v}=\boldsymbol{C}_1\cdot\boldsymbol{C}_2\cdot\boldsymbol{v}=\boldsymbol{C}_1\cdot(m_2\boldsymbol{v}+\boldsymbol{e}_2)=m_2(m_1\boldsymbol{v}+\boldsymbol{e}_1)+\boldsymbol{C}_1\boldsymbol{e}_2=m_1m_2\boldsymbol{v}+m_2\boldsymbol{e}_1+\boldsymbol{C}_1\boldsymbol{e}_2=m_1m_2\boldsymbol{v}+\boldsymbol{E}_1$。$\|E_1\|_\infty\leqslant(Nn+1)E\approx 2nl(2nB^2+B)\approx 4n^2B^2\log q+2nB\log q$。

经过深度为 L 的电路计算后，结果密文的噪声至多为 $(Nn+1)^LE$。若算法参数满足解密正确性条件：

$$(Nn+1)^LE=(2n\lceil \log q\rceil+1)^L\cdot(2nB^2+B)<q/8 \tag{3-5}$$

则获得了电路深度为 L 的全同态加密算法。式(3-5)反映了噪声、电路深度以及模之间的关系。

3.3.5　算法参数尺寸与噪声增长分析比较

表 3-8 列出了上述全同态加密算法的参数尺寸。数据显示在公钥尺寸上，环 LWE 上的算法比 LWE 上的算法有明显的优势，环 LWE 上算法的公钥小于 LWE 上算法的 $1/n\log q$，在计算公钥上大约小 $1/n^2$。但是，在私钥和密文的大小上，环 LWE 算法和 LWE 算法差不多。

表 3-8　BGV 算法、Bra12 算法和 GSW13 算法的参数尺寸

	公　钥	私　钥	密　文	计算公钥
LWE 上的算法				
BGV 算法	$2n(n+1)\log^2 q$	$(L+1)(n+1)\log B$	$(n+1)\lceil \log q\rceil$	$L(n+1)^3\lceil \log q\rceil^2$
Bra12 算法	$2n(n+1)\log^2 q$	$(L+1)(n+1)\lceil \log q\rceil$	$(n+1)\lceil \log q\rceil$	$L(n+1)^3\lceil \log q\rceil^4$
GSW13 算法	$2n(n+1)\log^2 q$	$(n+1)\lceil \log q\rceil^2$	$(n+1)^2\lceil \log q\rceil^3$	0
环 LWE 上的算法				
BGV 算法	$2n\lceil \log q\rceil$	$(L+1)(n+1)\log B$	$2n\lceil \log q\rceil$	$6Ln\lceil \log q\rceil^2$
Bra12 算法	$2n\lceil \log q\rceil$	$(L+1)(n+1)\log B$	$2n\lceil \log q\rceil$	$6Ln\lceil \log q\rceil^2$
GSW13 算法	$2n\lceil \log q\rceil$	$(n+1)\lceil \log q\rceil^2$	$4n\lceil \log q\rceil^3$	0

GSW13 算法的最大特点是没有计算公钥，但是其密文大小要比其他算法大 $n\log^2 q$ 倍(LWE 算法)和 $\log^2 q$ 倍(环 LWE 算法)。公钥、私钥和其他算法的大小相差不大。

BGV 算法和 Bra12 算法的参数尺寸非常类似，但是 BGV 算法需要存储用于模交换

的一组模，而 Bra12 算法无须模交换。

表 3-9 列出了 BGV 算法、Bra12 算法和 GSW13 算法的噪声增长公式。数据显示，BGV 算法的噪声增长与其他算法明显不同。其原因是，在 BGV 算法中，噪声增长通过模交换每次都被近似"拉回"初始密文的噪声大小，这是以约减模的大小作为代价的，所以需要一组递减的模。而其他算法的模在约减噪声的过程中并没有改变。Bra12 算法与 GSW13 算法的噪声类型大致相同，都是随着电路层数的增长噪声不断增加，但是 GSW13 算法的噪声增长比 Bra12 算法的噪声增长慢，GSW13 的噪声增长近似为$((n+1)\log q)^L \cdot (nB\log q)$和$(2n\log q+1)^L \cdot nB^2$，而 Bra12 算法的噪声增长近似为$(n\log q)^L + L(n\log q)^{L-1}$和$(n^2B)^L+L(n^2B)^{L-1}$，前者数据是 LWE 算法的，后者数据是环 LWE 算法的。另外，LWE 上算法的噪声增长普遍慢于环 LWE 上算法的噪声增长，例如 LWE 上的 GSW13 算法噪声增长略慢于环 LWE 上 GSW13 算法的噪声增长，但是 LWE 上的 Bra12 算法噪声增长明显慢于环 LWE 上 Bra12 算法的噪声增长。

表 3-9 BGV 算法、Bra12 算法和 GSW13 算法的噪声增长公式

	噪声增长公式
LWE 上的算法	
BGV 算法	$(q_{i-1}/q_i)\cdot(E^2+2(n+1)^2B\log q_i)+(n+1)B \leqslant E < q_{i-1}/2$，其中 E 是电路所有层的噪声公共上界
Bra12 算法	$\vert t_1^L \cdot E + L \cdot t_1^{L-1} \cdot t_2 \vert < \left\lfloor \frac{q}{2} \right\rfloor / 2$，其中 $t_1=4(n+1)\lceil \log q \rceil$，$t_2=2(n+1)^2 \lceil \log q \rceil^3 B$，$E=2nB\log q$
GSW13 算法	$(N+1)^L E=((n+1)\log q+1)^L \cdot (2nB\log q) < q/8$，其中 $E=2nB\log q$
环 LWE 上的算法	
BGV 算法	$(q_{i-1}/q_i)\cdot(E^2+6n^{3/2}B\log q_i)+n^{3/2}(n+1)B \leqslant E$，其中 E 是电路所有层的噪声公共上界
Bra12 算法	$\vert t_1^L \cdot E + L \cdot t_1^{L-1} \cdot t_2 \vert < \left\lfloor \frac{q}{2} \right\rfloor / 2$，其中 $t_1=2n^2B+8n$，$t_2=n^2B(4+B)+2nB\log q$，$E=2n^2B+B$
GSW13 算法	$(Nn+1)^L E=(2n\lceil \log q \rceil+1)^L \cdot (2nB^2+B) < q/8$，其中 $E=2nB^2+B$

需要说明的是，上述分析只是从公式出发进行的比较分析，具体分析还需要代入具体的参数进行比较，因为在相同安全等级下，并在相同的电路深度下进行具体参数的分析与比较才是最准确的。3.4 节将分析全同态加密的具体安全参数。

3.4 全同态加密具体安全参数分析

本节提出一种分析全同态加密算法具体安全参数的方法，该方法改进了 Gentry 等的安全参数的估计方法[38]，引入了敌手优势，根据不同的安全等级以及敌手优势，确定最小维数 n 与模 q 之间的关系。再根据全同态加密算法的噪声增长与电路深度 L 以及模 q

之间的关系，在保证正确性的条件下，计算出在不同电路深度 L 下，模 q 与维数 n 的具体尺寸，以及公钥、私钥和密文的具体尺寸，并对上述数据进行详细分析与比较。

3.4.1 具体的安全参数分析方法

目前格上的全同态加密都是基于环 LWE 问题的，分析其具体安全参数需要从环 LWE 问题的攻击方法入手。由于目前还没有利用环 LWE 的结构解决环 LWE 问题的文献，所以对环 LWE 问题的攻击方法，依然是对 LWE 问题攻击的方法。对于环 LWE 问题，可以将环 LWE 实例嵌入 LWE 问题中，例如，将 LWE 问题中的随机均匀矩阵的每一行看作由多项式的系数构成。下面分析 LWE 问题的攻击方法。

目前，LWE 问题面临的主要攻击方法是区分攻击。下面首先根据 LWE 问题的区分攻击分析参数之间的关系，从而确定算法的具体参数，这些参数能够保障算法在给定安全等级下的安全性。

LWE 问题的区分攻击是敌手以某种优势区分 LWE 实例($\boldsymbol{A}^{\mathrm{T}}$, $\boldsymbol{b}=\boldsymbol{A}^{\mathrm{T}}\boldsymbol{s}+\boldsymbol{e}$)与随机均匀实例[64]，其中 $\boldsymbol{A}\in\mathbb{Z}_q^{n\times m}$ 是随机均匀选取的，$\boldsymbol{e}$ 取自高斯参数为 r 的高斯分布。这意味着，敌手能够以同样的优势打破 LWE 上加密算法的语义安全性。由于 LWE 问题可以看成 q 元格 $\Lambda(\boldsymbol{A}^{\mathrm{T}})$上的距离解码问题(BDD 问题)，区分攻击就是敌手发现格 $\Lambda^{\perp}(\boldsymbol{A})=q\cdot\Lambda(\boldsymbol{A})^*$ 上的一个短向量 $\boldsymbol{v}$，即存在短向量 $\boldsymbol{y}\in\Lambda(\boldsymbol{A})^*$ 使得 $\boldsymbol{v}=q\boldsymbol{y}$。然后，敌手测试是否 $<\boldsymbol{v},\boldsymbol{b}> \bmod q$ 靠近 0。当 $\boldsymbol{b}$ 随机均匀时，其接受的概率是 1/2。当 $\boldsymbol{b}=\boldsymbol{A}^{\mathrm{T}}\boldsymbol{s}+\boldsymbol{e}$ 时，由于 $<\boldsymbol{v},\boldsymbol{b}=\boldsymbol{A}^{\mathrm{T}}\boldsymbol{s}+\boldsymbol{e}> \bmod q=<\boldsymbol{v},\boldsymbol{A}^{\mathrm{T}}\boldsymbol{s}>+<\boldsymbol{v},\boldsymbol{e}> \bmod q=q<\boldsymbol{y},\boldsymbol{A}^{\mathrm{T}}\boldsymbol{s}>+<\boldsymbol{v},\boldsymbol{e}> \bmod q=<\boldsymbol{v},\boldsymbol{e}> \bmod q$，所以 $<\boldsymbol{v},\boldsymbol{e}> \bmod q$ 本质上是服从于参数为 $\|\boldsymbol{v}\|\cdot r$ 的高斯分布。若参数 $\|\boldsymbol{v}\|\cdot r$ 不是远大于 q，根据参考文献[87]，优势 adv 与短向量 $\boldsymbol{v}$ 之间的关系为 $adv\approx\exp(-\pi\cdot(\|\boldsymbol{v}\|\cdot r/q)^2)$，其中 r 为高斯参数。因此，在优势确定的情况下，可以求得短向量 $\boldsymbol{v}$ 的界 $\beta=(q/r)\sqrt{\ln(1/adv)/\pi}$。要想获得长度为 β 的短向量，需要用格基约减算法。根据文章[64]，使用目前最好的格基约减算法，要想获得 $\Lambda^{\perp}(\boldsymbol{A})$上的短向量，其长度至少为 $\min\{q,\ 2^{2\sqrt{n\log q\log\delta}}\}$，其中 δ 是 root-Hermite 因子。于是，令 $\beta=2^{2\sqrt{n\log q\log\delta}}$，得到

$$\delta=2^{(\log^2\beta)/(4n\log q)}=2^{(\log^2((q/r)\sqrt{\ln(1/adv)/\pi}))/(4n\log q)} \tag{3-6}$$

所以，确定 LWE 上加密算法的安全参数的标准方法如下：首先给出算法涉及参数的具体值，即维数 n、模 q、高斯参数 r、敌手区分优势 adv，然后根据式(3-6)计算出获得长度为 β 的短向量所需的 root-Hermite 因子 δ，最后根据参考文献[87]中的公式

$$\log(\text{time})=1.8/\log(\delta)-110 \tag{3-7}$$

计算出所需要的时间，由此判断上述具体参数是否安全。

LWE 问题本质上有 3 个参数：维数 n、模 q、高斯参数 r。对于固定的 n、q/r 与 LWE 问题的困难性成反比。而在 LWE 上的全同态加密算法中，高斯参数是事先固定的，所以 q 取得越大，算法的安全性越低。但是，为了获得更深电路的计算，希望 q 取得尽可能大。为了保证算法的安全性，在 q 变大时，可以增大 n 的值。所以，q 与 n 在全同态加密算法中需要一种平衡，以此保证算法的安全性和算法的同态计算能力。

假设敌手的优势是 $adv=2^{-80}$，则敌手能够获得的短向量长度约为 $\beta=(q/r)$

$\sqrt{\ln(1/adv)/\pi}$，根据目前最好的格基约减算法获得的最短向量长度得到$(q/r)\sqrt{\ln(1/adv)/\pi}=2^{2\sqrt{n\log q\log\delta}}$，则$n=\log^2((q/r)\cdot\sqrt{\ln(1/adv)/\pi})\cdot(\log(\text{time})+110)/7.2\log q$，根据式(3-6)和式(3-7)，为了保证时间与优势之比至少为2^λ，其中λ为安全等级，则有：

$$n\geqslant\log^2((q/r)\cdot\sqrt{\ln(1/adv)/\pi})\cdot(\log(2^\lambda\cdot adv)+110)/7.2\log q \tag{3-8}$$

因此，对于给定的安全等级、敌手优势以及不同的模q，根据式(3-8)可以得到维数n可能的最小取值，见表3-10。

表3-10 安全等级80位，高斯参数$r=8$，敌手优势$adv=2^{-1},2^{-32},2^{-80}$，在模$q$的取值下，$n$的最小值

$\log q$	13	22	42	80	158	313
n的最小值，$adv=2^{-1}$	160.31	382.75	898.24	1890.78	3935.57	8002.94
n的最小值，$adv=2^{-32}$	171.64	363.27	798.12	1629.90	3340.41	6741.22
n的最小值，$adv=2^{-80}$	123.34	257.19	560.23	1139.48	2330.43	4698.12
n的最小值，GHS方法	263.89	501.39	1029.17	2031.94	4090.28	8180.56

表3-10的最后一行，GHS方法是用文献[38]中的方法计算出相应的数据。该方法来源于文献[87]，GHS方法将n、q和λ联系起来形成公式：$n\geqslant\log(q/r)(\lambda+110)$。GHS方法对应的敌手优势近似为$2^{-1}$。从表3-10中的数据可见，不同的敌手优势，其参数是不同的。在相同安全等级下，采用我们的方法计算出的参数要远小于GHS方法计算出的参数，因此使用我们的方法计算参数，在保障同等安全性的前提下，其效率可以提升。

有了上述n、q和λ之间的关系式，再根据层次型全同态加密算法中电路深度L与模q之间的正确性关系，就可以获得算法的具体安全参数。

3.4.2 Bra12算法和GSW13算法的具体安全参数

在层次型全同态加密算法中，对于固定的电路深度L，模q的取值必须保证能够执行深度为L的电路，同时还要保证密文计算的正确性条件，这些条件都在表3-9中列出来了。下面给出Bra12算法和GSW13算法的具体安全参数，每个算法分为LWE上的算法和环LWE上的算法。

从表3-11中的具体安全参数可以看到，环GSW13算法的维数与模明显比环Bra12算法的维数与模小，所以，在相同安全等级、维数与模下，环GSW13算法比环Bra12算法可以做更多的同态计算。另外，LWE上算法的具体安全参数要小于环LWE上的具体安全参数。其原因是环LWE上算法的噪声增长要大于LWE上算法的噪声增长。

有了上述具体安全参数，就可以计算出算法的公钥、私钥和密文的具体尺寸。表3-11所示是在安全等级80位时，敌手优势为$adv=2^{-1}$，环GSW13算法和环Bra12算法的公钥、私钥和密文的具体尺寸，以及三者的总和，单位是KB。

表 3-11　安全等级 80 位,高斯参数 $r=8$,敌手优势 $adv=2^{-1}$,不同电路深度下维数和模的尺寸

L	0	1	5	10	15	20
LWE 上 GSW13 算法						
n	408.13	846.26	2965.16	5955.91	9131.52	12464.95
$\log q$	23	40	121	235	356	483
环 LWE 上 GSW13 算法						
n	433.58	898.24	3070.05	6165.85	9498.97	12963.66
$\log q$	24	42	125	243	370	502
LWE 上 Bra12 算法						
n	382.75	1002.33	3463.42	6795.68	10312.63	13961.10
$\log q$	22	46	140	267	401	540
环 LWE 上 Bra12 算法						
n	510.30	1289.24	4748.86	9393.99	14223.59	19184.63
$\log q$	27	57	189	366	550	739

当电路深度为 0 时,相当于原始加密算法,即该算法没有全同态计算能力。当电路深度大于 0 时,考虑电路深度为 5 和 10 时算法的具体参数尺寸。对于任何一个电路深度,都可以通过以上给出的方法计算出相应的具体参数尺寸。

从表 3-12 可以看出,环 LWE 上的全同态加密算法的具体参数尺寸明显小于 LWE 上的全同态加密算法的具体参数尺寸。例如,当电路深度 $L=5$ 的时候,环 LWE 上 GSW13 算法的公钥尺寸是 93.69KB,而 LWE 上 GSW13 算法的公钥尺寸约为 15GB,可见公钥尺寸的悬殊是非常大的。所以,在面向实践的全同态加密算法选择时,环 LWE 上的全同态加密算法是首选。

另外,环 LWE 上的 GSW13 算法的公钥尺寸小于环 LWE 上的 Bra12 算法的公钥尺寸。例如,当电路深度 $L=5$ 的时候,环 LWE 上 GSW13 算法的公钥尺寸是 93.69KB,而环 LWE 上 Bra12 算法的公钥尺寸约为 607MB(包括了计算公钥)。理论上,根据表 3-8 计算两个算法的公钥尺寸的公式是相同的,但是由于环 LWE 上的 GSW13 算法没有计算公钥,而环 LWE 上的 Bra12 算法有计算公钥,导致两者的具体公钥尺寸不同。此外,由于环 LWE 上的 GSW13 算法的噪声增长慢于环 LWE 上 Bra12 算法的噪声增长,所以在相同电路层次下(即相同同态计算能力下),维数 n 与模 q 的取值不同,根据表 3-11,当电路深度 $L=5$ 时,在环 LWE 上 GSW13 算法下,维数 $n=3070.05$,模的位数 $\log q=125$,而在环 LWE 上 Bra12 算法下,维数 $n=4748.86$,模的位数 $\log q=189$,可见环 LWE 上 GSW13 算法的维数与模的取值要比环 LWE 上 Bra12 算法的小,所以进一步导致环 LWE 上 GSW13 算法的具体公钥尺寸小于环 LWE 上 Bra12 算法的具体公钥尺寸。

表 3-12 安全等级 80 位，敌手优势 $adv=2^{-1}$，3 个算法的公钥、私钥和密文的具体尺寸

单位：KB

	电路深度	公 钥	计算公钥	私 钥	密文	总 和
LWE GSW13 算法	$L=0$	21564.98	0	26.42	248604.97	270196.37
	$L=5$	31438023.58	0	5301.23	1902641874.69	1934085199.49
	$L=10$	478348381.93	0	40157.49	56215371885.49	56693760424.90
环 LWE GSW13 算法	$L=0$	2.54	0	30.56	2926.68	2959.77
	$L=5$	93.69	0	5857.56	2927827.66	2933778.91
	$L=10$	365.80	0	44451.41	43199767.74	43244584.95
LWE Bra12 算法	$L=0$	17355.49	0	1.03	1.03	17357.55
	$L=5$	57415968.06	9749562338541540	355.24	59.21	9749562395957922
	$L=10$	803882437.34	1947806921077425400	2436.75	221.52	1947806921881310500
环 LWE Bra12 算法	$L=0$	2.99	0	0.35	3.36	6.70
	$L=5$	137.97	621218.42	19.53	219.13	621595.04
	$L=10$	529.79	9216657.09	70.83	839.40	9218097.11

在密文尺寸方面，Bra12 算法明显小于 GSW13 算法。例如，当电路深度 $L=5$ 时，LWE 上 Bra12 算法的密文尺寸是 59KB，而环 LWE 上 GSW13 算法的密文尺寸是 1814GB。其原因是 Bra12 算法的密文是一个向量，而 GSW13 算法的密文是一个矩阵。另外，环 LWE 上 GSW13 算法的密文尺寸要小于 LWE 上 GSW13 算法的密文尺寸。例如，当电路深度 $L=5$ 时，环 LWE 上 GSW13 算法的密文尺寸是 2.79GB，而 LWE 上 GSW13 算法的密文尺寸是 1814GB。但是，LWE 上的 Bra12 算法的密文尺寸却小于环 LWE 上的 Bra12 算法。例如，电路深度 $L=5$ 时，LWE 上的 Bra12 算法的密文尺寸是 59KB，而环 LWE 上的 Bra12 算法的密文尺寸是 219KB。

从公钥、私钥和密文尺寸的总和考虑，环 LWE 上的算法要比 LWE 上的算法小。其中环 Bra12 算法的总和尺寸是最小的，是 607MB。而环 LWE 上 GSW13 算法的具体参数总和达到 2865MB。

第4章 使用提升维数法设计NTRU型无须密钥交换的全同态加密

本章提出一种新的方法：提升维数法。使用该方法可以去除环 LWE 问题上全同态加密设计过程中的密钥交换过程，从而去除计算公钥，大大降低公钥的尺寸，提高全同态加密的效率。

提升维数法是通过添加一些特殊的密文辅助项，将密文从向量提升到矩阵，得到一个扩展加密方案。该扩展加密方案能够保证使用位扩展技术约减密文中的噪声，通过对密文乘积形式的定义，使得密文能够正确计算，从而获得一个无须密钥交换的全同态加密。

以往设计无须密钥交换的全同态加密需要使用特征值和特征向量的方法（Gentry 等在 2013 年美密会上提出），而使用提升维数法，无须使用特征值和特征向量的方法，就可以设计环 LWE 上更加有效的无须密钥交换的全同态加密，具有重要的理论意义。

此外，本章使用提升维数法设计了一个 NTRU 型无须密钥交换的全同态加密方案，对该方案的噪声增长进行了详细分析，并且给出了该方案的具体安全参数。数据显示该方案是目前环 LWE 上全同态加密方案中参数尺寸最小的全同态加密算法。

4.1 问题的提出

目前，环 LWE 上的全同态加密所基于的基本公钥加密方案，其本身具有加法同态属性，但是不具有乘法同态属性。为了密文能够进行乘法计算，定义密文乘积形式为张量密文 $\boldsymbol{c}_1 \otimes \boldsymbol{c}_2$，对应的密钥是 $\boldsymbol{s} \otimes \boldsymbol{s}$。尽管这样定义使得密文能够进行乘法计算，但是这导致密文和密钥的维数膨胀，如果不对维数约减，将进行不了几次乘法，为此引入了密钥交换技术。

通过密钥交换可以将维数膨胀的密文转换成一个正常维数的新密文，对应的密钥是一个正常维数的新密钥。可以说，密钥交换技术导致 LWE（环 LWE）上全同态加密的诞生。密钥交换是设计环 LWE 上全同态加密的关键技术，但是密钥交换也是需要付出代价的。

一方面，每次密文乘法计算后，都要将乘积密文与密钥交换矩阵相乘，从而进行密钥交换得到一个正常维数的密文，极大地影响了计算效率；另一方面，密钥交换矩阵是公钥，对于一个深度为 L 的全同态加密方案，在公钥中需要包含 L 个密钥交换矩阵。在环 LWE 的全同态加密方案下，每个密钥交换矩阵是 $3\lceil \log q \rceil \times 2$ 的矩阵，密钥交换矩阵的尺寸是 $6\lceil \log q \rceil \cdot n \cdot \log q \approx 6n \log^2 q$，而在 LWE 的全同态加密方案下，每个密钥交换矩阵是 $(n+1)^2 \lceil \log q \rceil \times (n+1)$ 的高维矩阵，密钥交换矩阵的尺寸是 $(n+1)^3 \log^2 q$。可见，密钥交换矩阵占了大量空间。因此，如何去除密钥交换过程是全同态加密研究中一个非常重要的问题。

由于密文是向量，按照张量密文形式定义的乘积导致维数膨胀，那么如果密文是方阵，则密文矩阵的乘法结果依旧还是矩阵，从而避免了密文乘积及密钥的维数膨胀问题。2010 年，Gentry 等提出一个密文是矩阵的同态加密方案，但是该方案只能进行一次密文乘法计算[16]。文章特别指出，由于矩阵不具有交换性质，所以只能进行一次乘法计算。随后的 2013 年，Gentry 等提出 GSW13 方案，该方案巧妙地利用了矩阵特征向量的方法，构造密文是方阵的全同态加密方案，去除了密钥交换过程。其密文的同态加法与同态乘法就是数学意义上的矩阵加法与乘法。该方案目前是所有全同态加密算法中最简洁的全同态加密算法。这里不禁让我们提出一个问题：是否只有利用矩阵特征向量的方法才能去除密钥交换过程呢？

本章提出一种新的方法：提升维数法。通过提升维数法设计一个 NTRU 型无须密钥交换的全同态加密方案。

4.2 解决问题的主要思想

NTRU 方案最初由 Hoffstein 等在 1998 年提出[129]，Stehlé 等在 2011 年的欧密会上提出环 LWE 上的 NTRU 方案[130]。本文的出发点是设计无须密钥交换的全同态加密算法，基于的基本加密方案是 Stehlé 等提出的环 LWE 上的 NTRU 基本加密方案，该方案的安全性是归约到理想格上的。不熟悉环 LWE 上 NTRU 加密的读者，请参考 2.9.3 节。

由于该 NTRU 基本加密方案本身就具有加法同态属性，因此我们主要关注其乘法同态性。根据前面的理论我们知道，构造全同态加密的关键是管理噪声，下面首先分析该加密方案的密文乘积的噪声依赖，从而良好地管理噪声。

令 $c_i \in R_q (i=1,2)$ 是用 NTRU 基本加密方案对明文 $m_i \in \{0,1\}$ 加密的两个密文多项式，对应密钥是多项式 $f \in R_q$，且有 $c_i f = m_i f + 2v_i \in R_q$，其中 v_i 是一个小的错误多项式，即该多项式的系数是小的。由于 $f \equiv 1 (\mathrm{mod}\ 2)$，所以解密为 $m_i \leftarrow c_i f \bmod 2$。在解密过程中，这种结构 $c_i f = m_i f + 2v_i$ 非常重要，称为不变结构，如果密文在计算过程中保持这种结构，就能获得计算上的同态性。

令乘积为 $c_3 \leftarrow c_1 \cdot c_2$，对应密钥也是 f，且有 $c_3 f = c_1 \cdot (c_2 f) = m_2 \cdot (c_1 f) + 2c_1 v_2 = m_1 m_2 + 2(m_1 v_2 + c_1 v_2)$，其中 $m_1 v_2 + c_1 v_2$ 称为密文 c_3 的噪声。由于 v_2 和 v_1 的系数都是小的，所以噪声主要依赖于 c_1，由于 $c_1 \in R_q$，其系数的界为 $q/2$，所以 c_1 的系数是大的，这

导致密文乘积噪声过大而无法正确解密，所以一次乘法都执行不了。

为了降低密文乘积的噪声，可将 c_1 表示为 $\mathrm{BitDecomp}(c_1)$，这是在全同态加密中降低噪声的惯用手段，即 $c_3 \leftarrow \mathrm{BitDecomp}(c_1) \cdot c_2$，从而有

$$c_3 f = \mathrm{BitDecomp}(c_1) \cdot (c_2 f) = m_2 \cdot (\mathrm{BitDecomp}(c_1) \cdot f) + 2\,\mathrm{BitDecomp}(c_1) \cdot v_2$$

但是，由于 $\mathrm{BitDecomp}(c_1)$ 的密钥是 $\mathrm{Powerof2}(f)$，所以 $\mathrm{BitDecomp}(c_1) \cdot f$ 无法表示成我们所希望的结构，从而 $c_3 f$ 也就不能保持不变结构，因此 $\mathrm{BitDecomp}(c_1) \cdot c_2$ 不具有乘法同态性。

为此我们使用提升维数法将 c_2 提升为向量形式 $\boldsymbol{c}_2$，即 $c_3 \leftarrow \mathrm{BitDecomp}(c_1) \cdot \boldsymbol{c}_2$，其中向量 $\boldsymbol{c}_2$ 的长度为 $l = \lceil \log q \rceil$，该向量的每个元素是对明文 $m_2 \cdot 2^i (i=0,1,\cdots,l-1)$ 的加密，其目的是使得 $\boldsymbol{c}_2$ 的不变结构中出现 $m_2 \cdot \mathrm{Powerof2}(f)$ 项，从而 $\mathrm{BitDecomp}(c_1)$ 可用密钥 $\mathrm{Powerof2}(f)$ 解密，使得 $c_3 f$ 保持不变结构。注意：这里的密文向量 $\boldsymbol{c}_2$ 的密钥依旧是 f。这样，$\mathrm{BitDecomp}(c_1) \cdot \boldsymbol{c}_2$ 可以进行一次乘法计算，但是只能进行一次乘法，因为我们只提供了新鲜密文的向量形式，并没有提供非新鲜密文的向量形式，所以进一步将 c_1 也提升为向量形式 $\boldsymbol{c}_1$。

由于提升维数法是将一个密文多项式提升成一个密文向量，所以要求加密方案是一个能够生成密文为向量的方案，为此我们将在 4.4.3 节设计一个扩展 NTRU 基本加密方案，其密文为向量形式，密钥依旧为 f。该扩展加密方案是提升维数法的核心。

于是定义两个密文向量 $\boldsymbol{c}_1$ 与 $\boldsymbol{c}_2$ 的乘积形式为

$$\boldsymbol{c}^{\times} = \mathrm{BitDecomp}(\boldsymbol{c}_1) \cdot \boldsymbol{c}_2 \in R_q^l,$$

其中，$\mathrm{BitDecomp}(\boldsymbol{c}_1)$ 是一个 $l \times l$ 的方阵，方阵中的每个元素都是一个多项式，其系数为 0 或 1，所以 $\mathrm{BitDecomp}(\boldsymbol{c}_1)$ 是小的。由于密文乘积 $\boldsymbol{c}^{\times}$ 的噪声主要依赖于 $\mathrm{BitDecomp}(\boldsymbol{c}_1)$，所以密文乘积 $\boldsymbol{c}^{\times}$ 的噪声也是小的。另外，$\boldsymbol{c}_2$ 是一个列向量，所以乘积的结果 $\boldsymbol{c}^{\times}$ 依旧是一个长度为 l 的向量。由于在解密过程中 $\boldsymbol{c}^{\times} f$ 保持不变结构，而且噪声是小的，所以可以正确解密，从而获得乘法同态性。

综上所述，一方面，为了降低密文乘积中的噪声，我们将密文噪声的主要依赖项表示成位的形式；另一方面，为了在密文计算中保持不变结构，我们将密文由多项式提升到向量。注意：密文的乘积是非对称的，第一个密文是矩阵，第二个密文是向量，最终密文的乘积形式定义为一个矩阵乘以一个向量，其结果依旧是一个向量。所以，密文的乘积并没有导致密文向量的膨胀，因此无须密钥交换就获得了全同态加密方案。

此外，本节使用第 3 章提出的分析全同态加密具体安全参数的方法，分析了本章方案、环上 GSW13 方案和环上 Bra12 方案的具体安全参数，并对上述数据进行了详细分析，数据显示本章提出的方案在参数大小以及噪声增长方面具有显著的优势。

4.3 提升维数法

需要密钥交换的原因是密文乘积的定义不是一种自然形式的乘积，而是一种张量乘积的形式，从而导致密文乘积的维数膨胀，所以需要密钥交换约减维数膨胀。那么，去除

密钥交换的关键是密文之间的乘积必须定义为一种自然形式的乘积，例如多项式与多项式之间的乘积、矩阵与向量之间的乘积、矩阵与矩阵之间的乘积。

由于 NTRU 型基本加密方案的密文是一个多项式，所以其乘积定义为两个密文多项式的乘积 $c_1 \cdot c_2$ 是最自然的，但是这样的乘积结果其噪声依赖于第一个密文 c_1，导致其噪声很大，所以，为了降低噪声，将第一个密文表示成 BitDecomp(c_1)，密文乘积就定义为 BitDecomp(c_1) $\cdot c_2$。但是，由于 BitDecomp(c_1)的解密需要密钥为 Powerof2(f)的形式，而 c_2 的解密结构中不包含这种形式的密钥，所以，为了在 c_2 的解密结构中包含 Powerof2(f)形式的密钥，需要将 c_2 提升为一个新的密文，其形式为向量。这个新密文向量中的元素是分别对明文 $m, m \cdot 2, m \cdot 2^2, \cdots, m \cdot 2^{l-1}$ 的加密，从而在密文向量 $\boldsymbol{c}_2$ 的解密结构中包含 Powerof2(f)形式的密钥。因此，使用提升维数法需要一个基于原加密方案的扩展加密方案，该扩展加密方案是用原加密方案分别对明文 $m, m \cdot 2, m \cdot 2^2, \cdots, m \cdot 2^{l-1}$ 加密，生成一个新的密文向量。通常称这种将密文扩展成新密文的方法为提升维数法，称生成新密文的加密方案是扩展加密方案。

提升维数法描述。令 $E1$ 是一个环 LWE 上的加密方案，$\boldsymbol{s}$ 是其密钥且维数是 k。令 $l = \lceil \log q \rceil$，其中 q 是加密方案 $E1$ 的模，则 Powerof2($\boldsymbol{s}$)的维数是 kl。加密方案 $E2$ 的定义如下。

密钥公钥生成算法：与 $E1$ 密钥公钥生成算法相同。

加密算法：令 m 是明文，$E2$ 的加密算法是用 $E1$ 的加密算法分别对如下的 kl 个 k 维明文向量进行加密：

$\boldsymbol{c}_{11} \leftarrow E1.\mathrm{Enc}(\mathrm{sk}, (m, 0, \cdots, 0))$,

$\boldsymbol{c}_{12} \leftarrow E1.\mathrm{Enc}(\mathrm{sk}, (m \cdot 2, 0, \cdots, 0))$,

…

$\boldsymbol{c}_{1l} \leftarrow E1.\mathrm{Enc}(\mathrm{sk}, (m \cdot 2^{l-1}, 0, \cdots, 0))$,

$\boldsymbol{c}_{21} \leftarrow E1.\mathrm{Enc}(\mathrm{sk}, (0, m, \cdots, 0))$,

$\boldsymbol{c}_{22} \leftarrow E1.\mathrm{Enc}(\mathrm{sk}, (0, m \cdot 2, \cdots, 0))$,

…

$\boldsymbol{c}_{kl} \leftarrow E1.\mathrm{Enc}(\mathrm{sk}, (0, \cdots, 0, m \cdot 2^{l-1}))$。

这些密文以行向量组合成一个 $kl \times k$ 的密文矩阵。

解密算法：$E2$ 的解密是用 $E1$ 的解密算法对密文矩阵中的某个密文的解密。

通常称 $E2$ 是 $E1$ 的扩展加密方案。$E2$ 的密文矩阵可以看成 $E1$ 密文的扩展形式，这种密文扩展的方法称为提升维数法，其中 $\boldsymbol{c}_{ij}$ $(i, j \neq 1)$称为密文辅助项。

注意，如果上述描述中的 $E1$ 方案的密文是多项式，例如环 LWE 上的 NTRU 加密方案，则 $k=1$，$E2$ 的密文就是一个长度为 l 的向量(相当于 $l \times 1$ 的矩阵)，该向量的每个元素都是多项式。如果 $E1$ 方案的密文是向量，例如 LWE 上的加密方案，则 $k=n+1$，$E2$ 的密文就是一个$(n+1)l \times (n+1)$的矩阵。

4.4 环 LWE 上 NTRU 基本加密方案与扩展加密方案

4.4.1 判定小多项式比问题

本章方案的安全性基于判定环 LWE 问题和判定小多项式比问题。环 LWE 问题见 2.8 节的定义，下面介绍判定小多项式比问题。

判定小多项式比问题是区分两个分布：一个分布是 $h=g/f\in R_q$，其中 $g\leftarrow\chi$，$f\leftarrow\chi$；另一个分布是 R_q 上的均匀分布。该判定问题是困难的，即使对于无边界的敌手[34]。

4.4.2 NTRU 基本加密方案

下面是一个 NTRU 基本加密方案，该方案由论文[130]提出。消息空间是 $\{0,1\}$，环 $R=\mathbb{Z}[x]/\phi(x)$，其中 $\phi(x)$ 是一个 n 次分圆多项式，即 $\phi(x)=x^n+1$，n 是 2 的幂次方。所有的密文计算都在环 R_q 上进行。错误分布 χ 是一个离散高斯分布 $D_{\mathbb{Z}^n,r}$，其中 r 是标准偏离。从环 R 上的错误分布 χ 中取样，例如 $e\leftarrow\chi$，则 $e\in R$ 且是一个界为 $r\sqrt{n}$ 的多项式。λ 是安全参数，模 q 是素数。设置上述参数，使得在环 LWE 上能够获得 2^λ 安全。

E.SecretKeygen(1^λ)：选取 $f'\leftarrow\chi$，计算 $f\leftarrow 2f'+1$，使得 $f\equiv 1 \pmod 2$。若 f 在 R_q 上是不可逆的，则重新选取 f'。令私钥 $\mathrm{sk}=f\in R$。

E.PublicKeygen(sk)：选取 $g\leftarrow\chi$，计算 $h=2gf^{-1}\in R_q$，令公钥 $\mathrm{pk}=h$。

E.Enc(pk,m)：消息 $m\in\{0,1\}$，选取 $s,e\leftarrow\chi$，输出密文 $c\leftarrow m+hs+2e\in R_q$。

E.Dec(sk,c)：输出 $m\leftarrow cf \bmod 2$。

由于上述方案在加密过程中引入了噪声，所以解密要去掉噪声，但是，只有当噪声小的时候，才能正确解密。下面从加密噪声和解密噪声的角度说明方案的正确性，便于后面对同态操作的噪声进行分析。

引理 4-1　（加密噪声）q、n、R_q、χ 是上述加密方案的参数，令 χ 的上界是 B。任意 $f'\leftarrow\chi$，计算 $f\leftarrow 2f'+1$ 使得 $f\equiv 1 \pmod 2$。若 f 在 R_q 上是不可逆的，则重新选取 f'。任意 $m\in\{0,1\}$。令 $h\leftarrow$ **E.PublicKeygen**(f)，$c\leftarrow$ **E.Enc**(h,m)，则存在 v 且 $\|v\|_\infty\leqslant 3nB^2+nB$，使得如下等式成立：

$$cf=mf+2v\in R_q$$

其中 v 称为密文的噪声。

证明：根据基本加密方案，有

$$cf=mf+hsf+2ef=mf+2gs+2ef=mf+2v\in R_q$$

由于 χ 的上界是 B，所以 g、s、e 的系数上界是 B，f 的系数上界是 $2B+1$。又根据 2.8 节的性质 2-1 可知，gs 的系数上界是 nB^2，ef 的系数上界是 $nB\cdot(2B+1)$，所以 v 的系数上界是 $3nB^2+nB$，即 $\|v\|_\infty\leqslant 3nB^2+nB$。

上述定理给出了初始密文（新鲜密文）的噪声上界。由于密文计算过程中噪声会增长，而解密的正确性与密文中噪声大小是相关的，下面的引理 4-2 给出了密文能够正确解密的噪声界，只要密文中的噪声小于该界，就可以正确解密。

引理 4-2 （解密噪声）任意 $f, c \in R_q$，且有 $f \equiv 1 \pmod 2$。若满足：

$$cf = mf + 2v \in R_q$$

其中 $m \in \{0,1\}$，$\| v \|_\infty < q/4$，则有

$$\mathbf{E.Dec}(f, c) = m$$

证明：如果 $\| v \|_\infty < q/4$，则有

$$\mathbf{E.Dec}(f, c) = cf \pmod 2 = mf + 2v \pmod 2 = mf \pmod 2 = m$$

上述引理也说明了在解密过程中，只要保持形如“$mf+2v$”的结构，且 $\| v \|_\infty < q/4$，就能够正确解密。这种不变结构的思想在后面设计同态加密属性的过程中非常有用。

引理 4-3 （安全性）参数环 R、模 q、分布 χ 满足环 LWE 判断性困难问题与判定小多项式比问题，对于任意 $m \in \{0,1\}$，如果 $f \leftarrow$ **E.SecretKeygen**(1^λ)，$h \leftarrow$ **E.PublicKeygen**(sk)，$c \leftarrow$ **E.Enc**(pk,m)，则分布 (h, c) 与 R_q^2 上的均匀分布是不可区分的。

具体证明见文献[11]。

4.4.3 NTRU 扩展加密方案

为了使用提升维数法设计无须密钥交换的全同态加密方案，需要设计一个扩展加密方案，该方案是对上述 NTRU 基本加密方案的扩展。在扩展加密方案中，密文是一个长度为 l 的向量。参数的选择和上述基本加密方案相同，扩展加密方案如下。

V.SecretKeygen(1^λ)：调用 sk$\leftarrow$**E.SecretKeygen**(1^λ)。

V.PublicKeygen(sk)：调用 pk$\leftarrow$**E.PublicKeygen**(sk)。

V.Enc(pk,m)：消息 $m \in \{0,1\}$，选取 $s_i, e_i \leftarrow \chi\ (i=1,2,\cdots,l)$，输出密文向量 $\boldsymbol{c} = (c_i)\ (i=1,2,\cdots,l)$，其中 $c_i \leftarrow m \cdot 2^{i-1} + hs_i + 2e_i \in R_q$。

V.Dec(sk, $\boldsymbol{c}$)：输出 $m \leftarrow c_1 f \bmod 2$。

上述方案的正确性和安全性和 4.4.2 节中的基本加密方案是一样的。在解密过程中，依然保持不变结构，如下所示。

$$\begin{aligned}\boldsymbol{c}f &= (c_1 f, c_2 f, \cdots, c_l f)^{\mathrm{T}} \\ &= (mf + fhs_1 + 2fe_1, m \cdot 2f + fhs_2 + 2fe_2, \cdots, m \cdot 2^l f + fhs_l + 2fe_l)^{\mathrm{T}} \\ &= (m, m \cdot 2, \cdots, m \cdot 2^l)^{\mathrm{T}} \cdot f + 2\boldsymbol{v} \\ &= m \cdot \mathrm{Powerof2}(f)^{\mathrm{T}} + 2\boldsymbol{v}\end{aligned}$$

其中 $\boldsymbol{v} = (v_i) = (gs_i + e_i f)\ (i=1,2,\cdots,l)$ 是一个长度为 l 的列向量，Powerof2(f) 是一个长度为 l 的行向量，$()^{\mathrm{T}}$ 表示转置。解密结构与基本方案中的相似，唯一的不同是在扩展方案的解密结构中是 m 与 Powerof2$(f)^{\mathrm{T}}$ 的乘积，而在基本加密方案中是 m 与 f 的乘积，这恰好是我们后面为了获得乘法同态性而需要的。

密文的噪声根据引理 4-1 可知 $\| v_i \|_\infty \leqslant 3nB^2 + nB$，所以 $\| \boldsymbol{v} \|_\infty \leqslant 3nB^2 + nB$。根据解密算法，只要噪声 $\boldsymbol{v}$ 中的第一个元素 v_1 的系数不超过 $q/4$，则密文就能够正确解密。

另外，这里用于加密的明文分别是 $m, m \cdot 2, \cdots, m \cdot 2^l$，主要是为了和后面 f 结合形成 Powerof2(f)，从而为后面获得乘法同态性做准备。

4.5 同态属性

上述扩展加密方案的加法同态性是显然的，但是却不具有乘法同态性。本节通过对密文乘法形式的构造，使得扩展加密方案具有乘法同态属性。为了更清楚地说明我们的思想，首先分析 4.4.2 节的 NTRU 基本加密方案的同态性。

4.5.1 NTRU 基本加密方案的同态性

基本加密方案的加法同态性是显然的，下面分析其乘法同态性。

令 $c_i \in R_q(i=1,2)$ 是用基本加密方案对明文 $m_i \in \{0,1\}$ 的加密，其对应密钥是 f，有 $c_i f = m_i f + 2v_i \in R_q$，且满足 $\| v_i \|_\infty < q/4$。令 $c^\times = c_1 \cdot c_2$，则

$$c^\times f = c_1 \cdot (m_2 f + 2v_2) = m_2(m_1 f + 2v_1) + 2c_1 v_2 = m_1 m_2 f + 2m_2 v_1 + 2c_1 v_2$$

其中 v_2 和 v_1 的系数都是小的，但是由于 c_1 是 R_q 上的密文，所以其系数的界为 $q/2$，因此密文乘积的噪声主要依赖于密文 c_1，由于 $\| c_1 v_2 \|_\infty \leqslant n \cdot \frac{q}{2} \| v_2 \|_\infty$，显然噪声值远大于 $q/4$，因此密文乘积无法正确解密。所以，在乘法同态计算中，由于噪声依赖于密文导致噪声值过大，从而一次乘法也进行不了。所以，基本加密方案不具有乘法同态性。

由于密文乘积的噪声是依赖于密文的，要想正确执行密文乘积，必须约减密文的大小。一个约减密文大小的直观方法是将 c_1 表示成 $\mathrm{BitDecomp}(c_1)$，$\mathrm{BitDecomp}(c_1)$ 是一个长度为 l 的行向量，其中的每个元素都是系数为 0 或者 1 的多项式。但是，$\mathrm{BitDecomp}(c_1) \cdot c_2$ 并不具有乘法同态属性。为此我们将密文 c_2 进行“提升”，将其扩展成向量的形式，即 4.4.3 节的扩展加密方案的密文形式。

4.5.2 扩展加密方案的乘法同态性

令 $\boldsymbol{c}_2$ 是用扩展加密方案对明文 $m_2 \in \{0,1\}$ 的加密，所以 $\boldsymbol{c}_2$ 是一个长度为 l 的列向量，其对应密钥是 f。根据 4.4.3 节可知 $\boldsymbol{c}_2 f = m_2 \cdot \mathrm{Powerof2}(f)^\mathrm{T} + 2\boldsymbol{v}_2$，其中 $\boldsymbol{v}_2 = (gs_i + e_i f)\ (i=1,2,\cdots,l)$。令 $c^\times = \mathrm{BitDecomp}(c_1) \cdot \boldsymbol{c}_2$，其中 c_1 如 4.2 节所述，则有

$$\begin{aligned} c^\times f &= \mathrm{BitDecomp}(c_1) \cdot (m_2 \cdot \mathrm{Powerof2}(f)^\mathrm{T} + 2\boldsymbol{v}_2) \\ &= m_2 \cdot c_1 f + 2\mathrm{BitDecomp}(c_1) \cdot \boldsymbol{v}_2 \\ &= m_1 m_2 f + 2m_2 v_1 + 2\mathrm{BitDecomp}(c_1) \cdot \boldsymbol{v}_2 \in R_q \end{aligned}$$

由于 v_1、$\mathrm{BitDecomp}(c_1)$ 和 $\boldsymbol{v}_2$ 都是小的，所以密文乘法可以正确解密，从而密文可以进行一次乘法计算。因此，扩展 NTRU 基本加密方案可以进行一次乘法计算。

但是，如果 $c^\times$ 再和另外一个乘法密文 $c^{\times\prime}$ 进行乘法计算，由于没有 $c^\times$ 和 $c^{\times\prime}$ 的向量形式密文，所以按照上述乘法定义将无法计算，从而不能保持乘法同态性。因此，我们的解决方法是将密文向量再进一步“提升”，将其扩展成矩阵。

令 $\boldsymbol{c}_i \in R_q^l(i=1,2)$ 是用扩展加密方案对明文 $m_i \in \{0,1\}$ 的加密，其对应密钥是 f，且有 $\boldsymbol{c}_i f = m_i \cdot \mathrm{Powerof2}(f)^\mathrm{T} + 2\boldsymbol{v}_i$，其中 $\boldsymbol{v}_i$ 中的每个元素都是小的。令 $\boldsymbol{c}^\times$ 是 $\boldsymbol{c}_1$ 与 $\boldsymbol{c}_2$ 的乘

积，$\boldsymbol{c}^{\times}$的密钥是 f，定义 $\boldsymbol{c}_1$与 $\boldsymbol{c}_2$的乘积形式为

$$\boldsymbol{c}^{\times}=\text{BitDecomp}(\boldsymbol{c}_1)\cdot\boldsymbol{c}_2\in R_q^l$$

其中 BitDecomp($\boldsymbol{c}_1$)是一个 $l\times l$ 的方阵，方阵中的每个元素都是一个多项式，其系数为 0 或 1，而 $\boldsymbol{c}_2$是一个列向量，所以乘积的结果 $\boldsymbol{c}^{\times}$依旧是一个长度为 l 的向量。我们希望 $\boldsymbol{c}^{\times}$在上述密文乘法的定义下仍旧是一个扩展加密方案的正常密文。下面验证上述乘法定义的正确性。

$$\begin{aligned}\boldsymbol{c}^{\times}f&=\text{BitDecomp}(\boldsymbol{c}_1)\cdot(m_2\cdot\text{Powerof2}(f)^{\mathrm{T}}+2\boldsymbol{v}_2)\\&=m_2\cdot(\boldsymbol{c}_1 f)+2\text{BitDecomp}(\boldsymbol{c}_1)\cdot\boldsymbol{v}_2\\&=m_1m_2\cdot\text{Powerof2}(f)^{\mathrm{T}}+2m_2\boldsymbol{v}_1+2\text{BitDecomp}(\boldsymbol{c}_1)\cdot\boldsymbol{v}_2\in R_q^l\end{aligned}$$

由于 $\boldsymbol{v}_1$、BitDecomp(c_1)和 $\boldsymbol{v}_2$中的元素都是小的，所以根据扩展加密方案的解密算法，将向量 $\boldsymbol{c}^{\times}$中的第一个元素 $c_1^{\times}$取出来解密得到：$m_1m_2\leftarrow c_1^{\times}f \bmod 2$，由此获得了乘法同态性。

每次密文进行乘法计算时，都将第一个密文(被乘密文)表示成 BitDecomp($\boldsymbol{c}_1$)再进行乘积，只要在密文乘积结果中第一个元素的噪声不超过 $q/4$，就能够正确解密。因此，扩展加密方案具有乘法同态属性。

4.5.3 扩展加密方案的加法同态性

扩展加密方案的加法同态性是显然的。令 $\boldsymbol{c}^{+}$是 $\boldsymbol{c}_1$与 $\boldsymbol{c}_2$之和，即 $\boldsymbol{c}^{+}=\boldsymbol{c}_1+\boldsymbol{c}_2$，则有

$$\begin{aligned}\boldsymbol{c}^{+}f=\boldsymbol{c}_1f+\boldsymbol{c}_2f&=(m_1\cdot\text{Powerof2}(f)+2\boldsymbol{v}_1)+(m_2\cdot\text{Powerof2}(f)+2\boldsymbol{v}_2)\\&=(m_1+m_2)\cdot\text{Powerof2}(f)+2(\boldsymbol{v}_1+\boldsymbol{v}_2)\\&=(m_1+m_2)\cdot\text{Powerof2}(f)+2\boldsymbol{v}\end{aligned}$$

只要 $\boldsymbol{v}$ 中的第一个元素不超过 $q/4$，就能够正确解密得到 m_1+m_2。所以，扩展加密方案具有加法同态性。

4.6 密文同态计算的噪声分析

本节对扩展加密方案的加法和乘法的噪声进行分析，说明同态计算的电路深度，从而证明扩展加密方案可以进行多项式深度的同态密文电路计算。令 $\boldsymbol{c}_i\in R_q^l(i=1,2)$是扩展加密方案对明文 $m_i\in\{0,1\}$加密的初始密文，其对应密钥是 f，且有 $\boldsymbol{c}_i f=m_i\cdot$ Powerof2(f)$+2\boldsymbol{v}_i$，其中 $\boldsymbol{v}_i=(v_{ij})=(gs_j+e_jf)(i=1,2;j=1,2\cdots,l)$。令 $E=3nB^2+nB$，则初始密文 $\boldsymbol{c}_i$的噪声上界是 E，即 $\|\boldsymbol{v}_i\|_{\infty}\leqslant E$。下面分析密文加法与乘法的噪声。

4.6.1 加法噪声分析

根据 4.5.3 节加法的定义，令 $\boldsymbol{c}^{+}=\boldsymbol{c}_1+\boldsymbol{c}_2$，则有

$$\begin{aligned}\boldsymbol{c}^{+}f=\boldsymbol{c}_1 f+\boldsymbol{c}_2 f&=(m_1\cdot\text{Powerof2}(f)^{\mathrm{T}}+2\boldsymbol{v}_1)+(m_2\cdot\text{Powerof2}(f)^{\mathrm{T}}+2\boldsymbol{v}_2)\\&=(m_1+m_2)\cdot\text{Powerof2}(f)^{\mathrm{T}}+2(\boldsymbol{v}_1+\boldsymbol{v}_2)\end{aligned}$$

由于 $\|\boldsymbol{v}_i\|_{\infty}\leqslant E\ (i=1,2)$，所以 $\|\boldsymbol{v}_1+\boldsymbol{v}_2\|_{\infty}\leqslant 2E=6nB^2+2nB$。

4.6.2　乘法噪声分析

根据 4.5.2 节乘法的定义，令 $\boldsymbol{c}^{\times}=\text{BitDecomp}(\boldsymbol{c}_1)\cdot\boldsymbol{c}_2\in R_q^l$，则有 $\boldsymbol{c}^{\times}f=m_1m_2\cdot\text{Powerof2}(f)+2m_2\boldsymbol{v}_1+2\text{BitDecomp}(\boldsymbol{c}_1)\cdot\boldsymbol{v}_2\in R_q^l$。令 $\boldsymbol{c}_{1j}$ 是矩阵 $\text{BitDecomp}(\boldsymbol{c}_1)$ 中的第 j 行向量，则 $\boldsymbol{c}_{1j}$ 中有 l 个系数为 0 或 1 的多项式。另外，根据 $\|\boldsymbol{v}_2\|_\infty\leqslant 3nB^2+nB$，得到 $\|\boldsymbol{c}_{1j}\cdot\boldsymbol{v}_2\|_\infty\leqslant nl(3nB^2+nB)=nlE$。令 $N=nl\approx n\log q$，有 $\|\text{BitDecomp}(\boldsymbol{c}_1)\cdot\boldsymbol{v}_2\|_\infty\leqslant NE$。由 $\|\boldsymbol{v}_1\|_\infty\leqslant E$，可知 $\boldsymbol{c}^{\times}$ 的噪声为 $(N+1)E$。

下面分析深度为 L 的密文电路计算的噪声。这里只考虑乘法，因为乘法的噪声增长远大于加法的噪声增长。首先分析深度为 2 的乘法电路，令 $\boldsymbol{c}_1^{\times}$ 和 $\boldsymbol{c}_2^{\times}$ 是经过深度为 1 的乘法电路计算的结果，其噪声分别为 $\boldsymbol{v}_1'$ 和 $\boldsymbol{v}_2'$，由上可知：$\|\boldsymbol{v}_1'\|_\infty=\|\boldsymbol{v}_2'\|_\infty\leqslant(N+1)E$。经过第 2 层乘法电路计算后，其结果记为 $\boldsymbol{c}_3^{\times}$，则有 $\boldsymbol{c}_3^{\times}f=m_1m_2\cdot\text{Powerof2}(f)+2m_2\boldsymbol{v}_1'+2\text{BitDecomp}(\boldsymbol{c}_1)\cdot\boldsymbol{v}_2'\in R_q^l$。由于 $\|\boldsymbol{v}_2'\|_\infty\leqslant(N+1)E$，所以 $\|\text{BitDecomp}(\boldsymbol{c}_1)\cdot\boldsymbol{v}_2'\|_\infty\leqslant N(N+1)E$。另外，$\|\boldsymbol{v}_1'\|_\infty\leqslant(N+1)E$，所以 $\boldsymbol{c}_3^{\times}$ 的噪声为 $(N+1)^2E$。以此类推，经过深度为 L 的电路计算，其噪声至多为 $(N+1)^LE$。只要 $(N+1)^LE$ 不超过 $q/4$，密文就能够正确解密。经过深度为 L 的电路计算，该方案的噪声增长是

$$(N+1)^LE=(n\log q+1)^L(3nB^2+nB)<q/4$$

另外，已知最好的求解 LWE 问题的时间是 $2^{n/\log(q/B)}$，环 LWE 问题也类似，所以，对于 $\varepsilon<1$，选取 $q=2^{n^\varepsilon}$ 以及选取 B 为关于 n 的多项式，根据 $(N+1)^LE<q/4$，则有 $L\approx\log q\approx n^\varepsilon$。这意味着，基于上述加法与乘法的定义，扩展加密方案能够执行一个多项式深度的同态电路计算。

4.6.3　乘法计算优化

上述两个密文乘法计算中，噪声主要依赖于第一个密文(被乘数)的噪声，所以改变乘法顺序可以优化密文计算。该事实也可从文献[124]中观察到。例如，$\boldsymbol{c}_i\in R_q^l(i=1,2,\cdots,4)$ 是四个初始密文，每个密文中的噪声都为 E。上述电路乘法是两两相乘，即将乘积 $\boldsymbol{c}_1\boldsymbol{c}_2\boldsymbol{c}_3\boldsymbol{c}_4$ 分成 $\boldsymbol{c}_5\leftarrow\boldsymbol{c}_1\boldsymbol{c}_2$ 和 $\boldsymbol{c}_6\leftarrow\boldsymbol{c}_3\boldsymbol{c}_4$，然后再计算 $\boldsymbol{c}_5\boldsymbol{c}_6$。如果按顺序乘积，即首先计算 $\boldsymbol{c}_5\leftarrow\boldsymbol{c}_1\boldsymbol{c}_2$，然后计算 $\boldsymbol{c}_6\leftarrow\boldsymbol{c}_5\boldsymbol{c}_3$，最后计算 $\boldsymbol{c}_7\leftarrow\boldsymbol{c}_6\boldsymbol{c}_4$。根据 4.6 节的噪声分析，$\boldsymbol{c}_5$ 的噪声是 $(N+1)E$，$\boldsymbol{c}_6$ 的噪声是 $(N+1)E+NE=(2N+1)E$，$\boldsymbol{c}_7$ 的噪声是 $(2N+1)E+NE=(3N+1)E$。以此类推，经过深度为 L 的电路计算，其噪声至多为 $(LN+1)E$。这意味着，对于同样的 L，经过乘法优化，q 可以取为关于 n 的多项式，即 q 可以变得更小，使得计算效率提高。或者说，对于同样的 q，电路深度 L 可以更深。

4.7　层次型全同态加密

根据 4.4.3 节的扩展加密方案以及 4.5 节的加法与乘法的定义，可以设计一个层次型全同态加密方案，该方案能够执行电路深度为多项式 L 的同态乘法计算。在该层次型全同态加密中，电路的每一层都是相同的密钥，所以和以往的全同态加密方案不同(以往的

方案每层都有一个密钥),不需要密钥交换。方案如下。

NTRU.Setup(λ, L):输入安全参数 λ 和电路深度 L,输出多项式次数 n;分圆多项式 $\phi(x)=x^n+1$,其中 n 是 2 的幂次方;环 $R=\mathbb{Z}[x]/\phi(x)$ 上的噪声分布 χ,其界为 B;素数模 q。令 $l=\lceil \log q \rceil$。

NTRU.KeyGen(λ):选取 $f' \leftarrow \chi$,计算 $f \leftarrow 2f'+1$ 使得 $f \equiv 1 (\bmod 2)$。若 f 在 R_q 上是不可逆的,则重新选取 f'。令私钥 $\mathrm{sk}=f \in R$,选取 $g \leftarrow \chi$,计算 $h=2g f^{-1} \in R_q$,令公钥 $\mathrm{pk}=h$。

NTRU.Enc(pk, m):消息 $m \in \{0,1\}$,选取 $s_i, e_i \leftarrow \chi (i=1,2,\cdots,l)$,输出密文向量 $\boldsymbol{c}=(c_i)(i=1,2,\cdots,l)$,其中 $c_i \leftarrow m \cdot 2^{i-1}+hs_i+2e_i \in R_q$。

NTRU.Dec$(\mathrm{sk}, \boldsymbol{c})$:输出 $m \leftarrow c_1 f \bmod 2$。

NTRU.Add$(\mathrm{pk}, \boldsymbol{c}_1, \boldsymbol{c}_2)$:输出 $\boldsymbol{c}_1+\boldsymbol{c}_2 \in R_q^l$。

NTRU.Mult$(\mathrm{pk}, \boldsymbol{c}_1, \boldsymbol{c}_2)$:输出 $\mathrm{BitDecomp}(\boldsymbol{c}_1) \cdot \boldsymbol{c}_2 \in R_q^l$。

下面分析该方案的安全性。

定理 4-1 (安全性):选择参数(n, χ, q)使得小多项式比问题和环 LWE 问题的困难性假设成立。h 和 $hs_i+2e_i(i=1,2,\cdots,l)$如全同态加密方案所述,则分布$(h, hs_i+2e_i)$与 $R_q \times R_q$ 上均匀选取的元素是不可区分的。

证明:对于任意的 i,根据加密算法的定义,hs_i+2e_i 相当于对 0 的加密。根据文献[34]中的小多项式比问题假设,gf^{-1} 与 R_q 上均匀选取的元素不可区分,所以公钥 $h=2gf^{-1}$ 与 R_q 上均匀选取的元素也不可区分。又根据环 LWE 困难性的假设,hs_i+2e_i 与 R_q 上均匀选取的元素不可区分,所以密文 c_i 与 R_q 上均匀选取的元素不可区分。由此证明了分布(h, hs_i+2e_i)与 $R_q \times R_q$ 上均匀选取的元素是不可区分的,因此上述全同态加密方案是语义安全的。

根据 4.6 节的噪声分析,选择合适的参数,上述层次型全同态加密方案可以进行多项式深度的同态电路计算,所以上述层次型全同态加密方案是一个多项式深度的层次型全同态加密方案,由此得到如下定理。

定理 4-2 在小多项式比问题和环 LWE 问题的困难性假设下,若有 $q/B \leqslant 2^{n^{\varepsilon}}$,则对于每个多项式大小的 $L>0$,存在 $\varepsilon<1$,使得上述方案是一个层次型全同态加密方案。

4.8 选择具体安全参数

本节分析第 4.7 节提出的全同态加密方案的具体参数,使用 3.4 节提出的方法,根据指定的安全等级与敌手优势,确定方案的具体参数。这些参数包括多项式次数 n、电路深度 L 和模 q。通过这些参数可以获得公钥、私钥和密文的具体尺寸。由于本章方案是基于环 LWE 的,因此最后将本章提出的全同态加密方案与环 LWE 上的 GSW13 方案以及环 LWE 上的 Bra12 方案的参数进行比较。

4.8.1 方案的参数属性

方案参数的单位用位衡量。本章方案的公钥是 R_q 上的一个次数小于 n 的多项式,所

以有 n 个系数，公钥尺寸为 $n\log q$。本章方案的私钥是从 χ 中选取的一个多项式 f'，而 χ 是 R 上的界为 B 的一个高斯分布，然后计算私钥为 $f \leftarrow 2f'+1$，所以本章方案的私钥尺寸是 $n\log(2B)$。本章方案的密文是一个含有 l 个 R_q 上的多项式的向量，共有 nl 个系数，所以本章方案的密文尺寸是 $n\log^2 q$。表 4-1 列出了本章方案提出的 NTRU 型无须密钥交换的全同态加密（简称 NTRU 方案（提升法））、Bra12 方案和 GSW13 方案的参数尺寸。

表 4-1　NTRU 方案、Bra12 方案和 GSW13 方案的参数尺寸

方　案	公　钥	私　钥	密　文	计算公钥
环 LWE 上的方案				
NTRU 方案（提升法）	$n\log q$	$n\log(2B)$	$n\log^2 q$	0
Bra12 方案	$2n\lceil \log q \rceil$	$(L+1)(n+1)\log B$	$2n\lceil \log q \rceil$	$6Ln\lceil \log q \rceil^2$
GSW13 方案	$2n\lceil \log q \rceil$	$(n+1)\lceil \log q \rceil^2$	$4n\lceil \log q \rceil^3$	0

表 4-1 的数据显示，本章的 NTRU 方案（提升法）在公钥、私钥的大小上都比其他两个方案具有优势。NTRU 方案（提升法）的公钥比 GSW13 方案小一半，是 Bra12 方案的 $1/6L\log q$，因为 Bra12 方案包含了 L 个计算公钥。NTRU 方案（提升法）的私钥是 GSW13 方案的 $1/\log q$，是 Bra12 方案的 $\frac{1}{L+1}$。NTRU 方案（提升法）的密文是 GSW13 方案的 $\frac{1}{\log q}$，是 Bra12 方案的 $\frac{\log q}{2}$。

4.8.2　具体参数

在层次型全同态加密方案中，对于固定的电路深度 L，模 q 的取值必须保证能够执行深度为 L 的电路，同时还要保证密文计算的正确性。由 4.6 节的噪声增长分析可知，为了保证深度为 L 的全同态加密方案的正确性，方案的参数需要满足条件：$(N+1)^L E < q/4$，其中 $N = nl \approx n\log q$，$E = 3nB^2 + nB$。由此，对于不同的 L，结合式(3-8)与上述的正确性条件，得到如表 4-2 所示的参数，这些参数能够保证正确执行深度为 L 的全同态加密方案。

表 4-2　安全等级 80 位，高斯参数 $r=8$，敌手优势 $adv=2^{-1}$，不同电路深度下维数和模的尺寸

L	0	1	5	10	15	20
环 LWE 上 NTRU 方案（提升法）						
n	433.58	846.26	2912.73	5877.18	9026.54	12359.95
$\log q$	24	40	119	232	352	479
环 LWE 上 GSW13 方案						
n	433.58	898.24	3070.05	6165.85	9498.97	12963.66
$\log q$	24	42	125	243	370	502

续表

L	0	1	5	10	15	20
环 LWE 上 Bra12 方案						
n	510.30	1289.24	4748.86	9393.99	14223.59	19184.63
$\log q$	27	57	189	366	550	739

表 4-2 的数据显示，在相同电路深度下，本章 NTRU 方案（提升法）的维数 n 与模 q 的取值比环 LWE 上的 GSW13 方案与环 LWE 上的 Bra12 方案的取值小，这说明本章 NTRU 方案（提升法）的噪声增长要比其余两个方案小。所以，在相同维数 n 与模 q 的取值下，本章 NTRU 方案（提升法）比其余两个方案可以进行更深的同态电路计算。

根据表 4-3 显示的数据，在相同电路深度下，本章 NTRU 方案（提升法）的具体公钥和私钥的大小比其他两个方案都小，密文的大小比环 LWE 上 GSW13 方案的小，但是比环 LWE 上的 Bra12 方案的大。具体公钥、私钥和密文大小之和，本章 NTRU 方案（提升法）要比其他两个方案都小。例如，电路深度 $L=5$，本章 NTRU 方案（提升法）的具体公钥尺寸是 42KB，环 LWE 上 GSW13 方案的是 94KB，环 LWE 上 Bra12 方案的是 138+621218=621356(KB)。本章 NTRU 方案（提升法）的具体私钥尺寸是 1.6KB，环 LWE 上 GSW13 方案的是 5858KB，环 LWE 上 Bra12 方案的是 19.5KB。本章 NTRU 方案（提升法）的具体密文尺寸是 5035KB，环 LWE 上 GSW13 方案的是 2927827KB，环 LWE 上 Bra12 方案的是 219KB。可见，本章 NTRU 方案（提升法）在公钥和私钥的大小方面具有显著优势。

4.9 总结

密钥交换是设计环 LWE 上全同态加密的关键技术，但是使用密钥交换影响全同态加密的效率，而且需要占用大量的存储空间用以保存密钥交换的矩阵。因此，去除密钥交换是全同态加密研究的一个重要问题。

本章做了两项工作：第一，提出了一种设计环 LWE 上无须密钥交换的全同态加密方案的通用方法——提升维数法，并且对该方法进行了形式化；第二，使用提升维数法设计了一个 NTRU 型无须密钥交换的全同态加密方案，并且给出了该方案的具体安全参数。

提升维数法可以将一个密文从一个多项式提升扩展成一个向量（该向量可以看成一个列矩阵），或者从一个向量提升扩展成一个矩阵。提升维数法具有两个功能：第一，使得密文为矩阵且其解密结构具有形式 $m\boldsymbol{s}+\boldsymbol{e}$；第二，能够使用位扩展技术约减噪声。因此，提升维数法具有通用性，可用于 NTRU 方案（提升法）、环 LWE 方案和 LWE 方案的全同态加密的构造。

提升维数法的意义在于：说明了不需要使用特征值和特征向量的方法（Gentry 等在 2013 年美密会上提出）就可以设计更加有效的无须密钥交换的全同态加密方案，具有重要的理论意义。另外，使用提升维数法需要使用位扩展技术约减噪声，因此提出了一个新的问题：在使用提升维数法设计全同态加密方案过程中，能否使用其他的噪声管理技术约减噪声？这一问题有待下一步进行深入研究。

此外，如表 4-3 的数据显示本章提出的 NTRU 型无须密钥交换的全同态加密方案，是目前环 LWE 上全同态加密方案中参数尺寸最小的全同态加密方案。

表 4-3　安全等级 80 位，敌手优势 $adv=2^{-1}$，3 个方案的公钥、私钥和密文的具体尺寸

单位：KB

方案	电路深度	公钥	计算公钥	私钥	密文	总和
NTRU 方案（提升法）	$L=0$	1.27	0	0.243	30.486	31.99
	$L=5$	42.31	0	1.63	5035.05	5078.99
	$L=10$	166.44	0	3.29	38614.91	38784.64
（环 LWE）GSW13 方案	$L=0$	2.54	0	30.56	2926.68	2959.77
	$L=5$	93.69	0	5857.56	2927827.66	2933778.91
	$L=10$	365.80	0	44451.41	43199767.74	43244584.95
（环 LWE）Bra12 方案	$L=0$	2.99	0	0.35	3.36	6.70
	$L=5$	137.97	621218.42	19.53	219.13	621595.04
	$L=10$	529.79	9216657.09	70.83	839.40	9218097.11

第 5 章 使用提升维数法设计环 LWE 上的无须密钥交换的全同态加密

本章使用提升维数法设计两个全同态加密方案：一个是环 LWE 上的无须密钥交换的全同态加密方案；另一个是 LWE 上的无须密钥交换的全同态加密方案。首先对两个方案的噪声进行详细分析，最后计算、分析并给出两个方案的具体安全参数，并且与同类的 GSW13 方案的具体参数进行对比分析。数据显示本章提出的两个方案在参数尺寸上具有明显的优势。

5.1 问题的提出

在第 4 章我们通过提升维数法设计了一个 NTRU 型无须密钥交换的全同态加密方案，因此有人会问：能否通过提升维数法设计环 LWE 上的无须密钥交换的全同态加密方案？

首先从密文的角度分析在目前环 LWE 加密方案上设计无须密钥交换的全同态加密方案的可行性。最典型的环 LWE 加密方案就是 Regev 在 2005 年设计的 LWE 上的公钥加密算法，后来 Lyubaskevsky 等在 2010 年的欧密会上将其推广到环 LWE 上。无论 LWE 上还是环 LWE 上的公钥加密，其密文都是向量。按照现在设计全同态加密的方法，密文乘积的定义必然导致其维数膨胀，如何才能避免密文乘积的维数膨胀呢？如果密文不是向量，而是矩阵，有可能避免密文乘积的维数膨胀，因为矩阵的乘积还是矩阵。密文如何才能从向量变成矩阵呢？这需要使用提升维数法。

第 4 章提出的提升维数法，能够将密文从多项式提升到向量。同样提升维数法也可以将密文从向量提升到矩阵。下面阐述如何使用提升维数法设计环 LWE 上无须密钥交换的全同态加密。这也说明了提升维数法的通用性与重要性。

5.2 解决问题的主要思想

本节分析如何使用提升维数法将密文从向量提升到矩阵，从而设计环 LWE 上无须密钥交换的全同态加密。

第 4 章使用提升维数法设计 NTRU 型全同态加密方案是非常自然的，因为环 LWE 上的 NTRU 加密方案的解密过程中含有形如 $mf+2v$ 的不变结构，该解密过程的不变结构中出现了密钥 f，使得密文乘积的解密过程中也保持了这种不变结构 $m_1m_2f+2m_2v_1+2c_1v_2$，如果噪声小，很自然地就获得了乘法同态性。但是，由于噪声很大，所以需要通过 BitDecomp 技术约减噪声，再通过提升维数法获得乘法同态性。

现在环 LWE 上公钥加密方案的密文是向量，其解密过程中的不变结构是$\lfloor q/2 \rfloor \cdot m+e$，在该不变结构中不含有密钥 $\boldsymbol{s}$。如果想在环 LWE 上公钥加密方案上设计无密钥交换的全同态加密方案，密文应该是一个矩阵。这个矩阵是由一些密文向量组合构成的密文矩阵。例如，在环 LWE 公钥加密方案下，其加密可以看成 $\boldsymbol{c}\leftarrow(m,0)+\boldsymbol{e}$，其中 m 是一个明文多项式，$\boldsymbol{e}$ 是噪声。假设密钥是 $\boldsymbol{s}=(1,\boldsymbol{s}_1)$，解密过程中的不变结构为$\langle \boldsymbol{c},\boldsymbol{s}\rangle=m+e'$，其中 $e'=\langle \boldsymbol{e},\boldsymbol{s}\rangle$。令 $\boldsymbol{c}_1$、$\boldsymbol{c}_2$是对 m 加密的两个密文，令 $\boldsymbol{C}\leftarrow\begin{bmatrix}\boldsymbol{c}_1^{\mathrm{T}}\\ \boldsymbol{c}_2^{\mathrm{T}}\end{bmatrix}=[\boldsymbol{c}_1^{\mathrm{T}}\ \boldsymbol{c}_2^{\mathrm{T}}]^{\mathrm{T}}$，则 $\boldsymbol{C}$ 是由 $\boldsymbol{c}_1$和 $\boldsymbol{c}_2$构成的一个矩阵，其中 $\boldsymbol{c}_1$、$\boldsymbol{c}_2$是列向量，所以 $\boldsymbol{c}_1^{\mathrm{T}}$和 $\boldsymbol{c}_2^{\mathrm{T}}$表示行向量，$\boldsymbol{C}$ 可以看成由两个密文行向量堆叠而成的矩阵。可以验证这样的矩阵是否具有乘法同态性。令 $\boldsymbol{C}_1$和 $\boldsymbol{C}_2$是加密 m_1和 m_2的两个矩阵，对应密钥是 $\boldsymbol{s}$，于是有

$$\begin{aligned}\boldsymbol{C}_1\cdot\boldsymbol{C}_2\cdot\boldsymbol{s}&=\boldsymbol{C}_1\cdot(\boldsymbol{C}_2\cdot\boldsymbol{s})=\boldsymbol{C}_1\cdot\left(\begin{bmatrix}m_2\\ m_2\end{bmatrix}+\begin{bmatrix}e_1'\\ e_2'\end{bmatrix}\right)\\&=\boldsymbol{C}_1\begin{bmatrix}m_2\\ m_2\end{bmatrix}+C_1\begin{bmatrix}e_1'\\ e_2'\end{bmatrix}=\boldsymbol{C}_1\begin{bmatrix}m_2\\ m_2\end{bmatrix}+\boldsymbol{C}_1\boldsymbol{E}_2\end{aligned}$$

可见，在解密不变结构中不含有密钥 $\boldsymbol{s}$，使得 $\boldsymbol{C}_1$无法解密出来，导致无法获得乘法同态性。因此，必须在解密不变结构中含有密钥 $\boldsymbol{s}$。为了做到这一点，需要使用提升维数法。

为了表述清楚，可将提升维数法拆分成两步。先进行第一次提升。假设密钥的维数是 k 维，使用提升维数法对$(m,0,\cdots,0)$、$(0,m,0,\cdots,0)$、……、$(0,\cdots,0,m)$分别加密，形成的密文按照上述方法组合成一个密文矩阵。例如，在环 LWE 公钥加密方案下，密钥的维数是 2，所以对$(m,0)$、$(0,m)$分别加密形成两个 2×2 的密文矩阵 $\boldsymbol{C}_1$和 $\boldsymbol{C}_2$，对应密钥是 $\boldsymbol{s}=(1,\boldsymbol{s}_1)$，于是有

$$\begin{aligned}\boldsymbol{C}_1\cdot\boldsymbol{C}_2\cdot\boldsymbol{s}&=\boldsymbol{C}_1\cdot(\boldsymbol{C}_2\cdot\boldsymbol{s})=\boldsymbol{C}_1\cdot\left(\begin{bmatrix}m_2\\ m_2\boldsymbol{s}_1\end{bmatrix}+\begin{bmatrix}e_1'\\ e_2'\end{bmatrix}\right)\\&=\boldsymbol{C}_1\cdot\left(m_2\begin{bmatrix}1\\ \boldsymbol{s}_1\end{bmatrix}+\begin{bmatrix}e_1'\\ e_2'\end{bmatrix}\right)=m_2\boldsymbol{C}_1\boldsymbol{s}+C_1E_2\\&=m_1m_2\boldsymbol{s}+m_2\boldsymbol{E}_1+\boldsymbol{C}_1\boldsymbol{E}_2\end{aligned}$$

上述解密结构中出现了密钥 $\boldsymbol{s}$，和第 4 章 NTRU 型加密方案的不变结构形式上是一样的。如果噪声 $m_2\boldsymbol{E}_1+\boldsymbol{C}_1\boldsymbol{E}_2$ 是小的，则可能具有乘法同态性。但是噪声 $m_2\boldsymbol{E}_1+\boldsymbol{C}_1\boldsymbol{E}_2$ 是依赖于密文 $\boldsymbol{C}_1$ 的，这和第 4 章 NTRU 型加密方案是一样的。所以，约减噪声可以采用 BitDecomp 技术，令 $l=\lceil \log q \rceil$，将密文乘积定义为 $\text{BitDecomp}(\boldsymbol{C}_1)\cdot\boldsymbol{C}_2$，但是，由于 $\text{BitDecomp}(\boldsymbol{C}_1)$ 是 $2\times 2l$ 的矩阵，而 $\boldsymbol{C}_2$ 是 2×2 的矩阵，所以两者还不能相乘，即使能够相乘，由于 $\text{BitDecomp}(\boldsymbol{C}_1)\cdot\boldsymbol{C}_2\cdot\boldsymbol{s}=m_2\text{BitDecomp}(\boldsymbol{C}_1)\boldsymbol{s}+C_1\boldsymbol{E}_2$，解密结构中没有 $\text{Powerof2}(\boldsymbol{s})$，所以无法将 $\boldsymbol{C}_1$ 解密，因此不具有乘法同态性。为了在解密结构中出现 $\text{Powerof2}(\boldsymbol{s})$，需要再次使用提升维数法。

第二次使用提升维数法是对每一维加密如下明文：m、$m\cdot 2$、$m\cdot 2^2$、…、$m\cdot 2^{l-1}$。例如，在上例中，密钥 $\boldsymbol{s}$ 的维数是 2，所以需要加密的明文向量是 $(m,0)$，$(m\cdot 2,0)$，…，$(m\cdot 2^{l-1},0)$，$(0,m)$，$(0,m\cdot 2)$，…，$(0,m\cdot 2^{l-1})$，一共有 $2l$ 个明文向量，经过加密后形成 $2l$ 个密文，这 $2l$ 个密文按照行向量的形式可以组合成一个 $2l\times 2$ 的矩阵，即该矩阵中的每一行就是一个密文向量，这个矩阵就是所需要的密文矩阵。下面验证其乘法同态性。

令 $\boldsymbol{C}_1$ 和 $\boldsymbol{C}_2$ 是按照上述方法加密 $(m_i,0)$，$(m_i\cdot 2,0)$，…，$(m_i\cdot 2^{l-1},0)$，$(0,m_i)$，$(0,m_i\cdot 2)$，…，$(0,m_i\cdot 2^{l-1})$ 的两个矩阵，其中 $i=1,2$。密文对应的密钥是 $\boldsymbol{s}$，$\text{BitDecomp}(\boldsymbol{C}_1)$ 是一个 $2l\times 2$ 的矩阵，$\boldsymbol{C}_2$ 是一个 $2l\times 2$ 的矩阵，定义密文乘积是

$$\text{BitDecomp}(\boldsymbol{C}_1)\cdot\boldsymbol{C}_2$$

有

$$\begin{aligned}
\text{BitDecomp}(\boldsymbol{C}_1)\cdot\boldsymbol{C}_2\cdot\boldsymbol{s} &= \text{BitDecomp}(\boldsymbol{C}_1)\cdot(\boldsymbol{C}_2\cdot\boldsymbol{s})\\
&= \text{BitDecomp}(\boldsymbol{C}_1)\cdot\left(\begin{bmatrix} m_2\\ 2m_2\\ \vdots\\ 2^{l-1}m_2\,\boldsymbol{s}_1\end{bmatrix}+E_2\right)\\
&= m_2\text{BitDecomp}(\boldsymbol{C}_1)\cdot\text{Powerof}(\boldsymbol{s})+\text{BitDecomp}(\boldsymbol{C}_1)\cdot\boldsymbol{E}_2\\
&= (m_1m_2)\cdot\text{Powerof}(\boldsymbol{s})+m_2\boldsymbol{E}_1+\text{BitDecomp}(\boldsymbol{C}_1)\cdot\boldsymbol{E}_2
\end{aligned}$$

上述密文乘积解密过程中保持了不变结构，而且噪声 $m_2\boldsymbol{E}_1+\text{BitDecomp}(\boldsymbol{C}_1)\cdot\boldsymbol{E}_2$ 依赖于 $\text{BitDecomp}(\boldsymbol{C}_1)$，由于 $\text{BitDecomp}(\boldsymbol{C}_1)$ 是小的，所以噪声是小的，因此获得了乘法同态性。

由上述分析可知，对于环 LWE 上的公钥加密方案，使用提升维数法可以将密文从向量提升到矩阵，从而获得无须密钥交换的全同态加密方案。对于 LWE 上的公钥加密，用同样的方法也可获得无须密钥交换的全同态加密。

5.3 提升维数法

提升维数法的描述见第 4.3 节。注意，如果 $E1$ 方案是环 LWE 上的加密方案，则 $k=2$，$E2$ 的密文就是一个 $2l\times 2$ 的矩阵。如果 $E1$ 方案是 LWE 上的加密方案，则 $k=n+1$，$E2$ 的密文就是一个 $(n+1)l\times(n+1)$ 的矩阵。

5.4 密文是矩阵的环 LWE 上的加密方案

将提升维数法拆分成两步,本节使用第一步提升形成一个密文是矩阵的环 LWE 加密方案。该方案的解密过程中含有不变结构 $m\boldsymbol{s}+\boldsymbol{E}$,其中 m 是明文,$\boldsymbol{s}$ 是密钥,$\boldsymbol{C}$ 是密文矩阵,$\boldsymbol{E}$ 是噪声。可见,是可能获得乘法同态性的,只是由于密文噪声依赖于密文,导致噪声过大,无法正确解密,从而丧失乘法同态性。

R1.Setup(λ, L):输入安全参数 λ 和电路深度 L,输出模 $q \geqslant 2$,多项式次数 $n \geqslant 1$,环 $R=\mathbb{Z}[x]/(f(x))$,$R_q=\mathbb{Z}_q[x]/(f(x))$,噪声分布 χ。其中 n 是 2 的幂次方,$f(x)=x^n+1$,以及 χ 是 R 上的一个错误概率分布。

R1.SecretKeygen(1^λ):随机均匀选取 $s' \leftarrow \chi$,输出密钥 $\mathrm{sk}=\boldsymbol{s} \leftarrow (1, -s') \in R_q \times R_q$。

R1.PublicKeygen(sk):随机均匀选取 $a \in R_q$,并选取 $e_1 \leftarrow \chi$,计算 $b=as'+2e_1$。输出公钥 $\mathrm{pk}=\boldsymbol{A}=(b, a) \in R_q \times R_q$。其中 $\boldsymbol{A}\boldsymbol{s}=2e_1$。注意:pk 可看成一个 1×2 的矩阵 $\boldsymbol{A}$。

R1.Enc$(\mathrm{pk}, \boldsymbol{m})$:加密 n 位消息 $\boldsymbol{m} \in \{0, 1\}^n$,将其视为多项式 $m \in R_2$ 的系数。随机选择矩阵 $\boldsymbol{E}_1 \leftarrow \chi^{2\times 1}$,$\boldsymbol{E}_2 \leftarrow \chi^{2\times 2}$,$\boldsymbol{E}_1$ 是 2×1 的矩阵,$\boldsymbol{E}_2$ 是 2×2 的矩阵,矩阵中的每个元素都是随机从 χ 中选取的。输出密文

$$\boldsymbol{C} \leftarrow \begin{bmatrix} m & 0 \\ 0 & m \end{bmatrix} + \boldsymbol{E}_1\boldsymbol{A} + 2\boldsymbol{E}_2 \in R_q^{2\times 2}$$

R1.Dec$(\mathrm{sk}, \boldsymbol{C})$:令 $\boldsymbol{c}_1$ 是密文 $\boldsymbol{C}$ 的第一行,计算输出 $\langle \boldsymbol{c}_1, \boldsymbol{s} \rangle \bmod q \bmod 2$。

下面分析上述方案的解密结构,从而分析其同态特性。

解密结构 $\boldsymbol{C} \cdot \boldsymbol{s} = \begin{bmatrix} m & 0 \\ 0 & m \end{bmatrix} \cdot \boldsymbol{s} + \boldsymbol{E}_1\boldsymbol{A}\,\boldsymbol{s} + 2\boldsymbol{E}_2\,\boldsymbol{s} = m\,\boldsymbol{s} + 2\boldsymbol{E}_1 e_1 + 2\boldsymbol{E}_2\,\boldsymbol{s} = m\,\boldsymbol{s} + 2\boldsymbol{e}'$。其中 $\boldsymbol{e}'$ 是噪声。令 $\boldsymbol{e}'=(e_1', e_2')$,$\langle \boldsymbol{c}_1, \boldsymbol{s} \rangle \bmod q = m + 2e_1' \bmod q$,只要 $\| e_1' \|_\infty < q/4$,$\langle \boldsymbol{c}_1, \boldsymbol{s} \rangle \bmod q \bmod 2$ 就可以解密出 m。该解密结构和第 4 章 NTRU 型加密方案的解密结构形式是一样的。加法同态性是满足的,下面分析其乘法同态性。

乘法同态性 令 $\boldsymbol{C}_1$ 和 $\boldsymbol{C}_2$ 是上述加密方案生成的密文,密钥是 $\boldsymbol{s}$,根据解密结构有

$$\boldsymbol{C}_1 \cdot \boldsymbol{s} = m_1\,\boldsymbol{s} + 2\,\boldsymbol{e}_1'$$

$$\boldsymbol{C}_2 \cdot \boldsymbol{s} = m_2\,\boldsymbol{s} + 2\,\boldsymbol{e}_2'$$

密文乘积的解密结构是 $\boldsymbol{C}_1 \cdot \boldsymbol{C}_2 \cdot \boldsymbol{s} = m_2\,\boldsymbol{C}_1\boldsymbol{s} + 2\boldsymbol{C}_1\boldsymbol{e}_2' = m_1 m_2\,\boldsymbol{s} + 2(m_2\boldsymbol{e}_1' + \boldsymbol{C}_1\boldsymbol{e}_2')$,所以密文乘积的噪声依赖于密文,因此噪声过大会导致密文解密失败,从而丧失乘法同态性。为了降低噪声,将乘积定义为 $\mathrm{BitDecomp}(\boldsymbol{C}_1) \cdot \boldsymbol{C}_2$,但是 $\mathrm{BitDecomp}(\boldsymbol{C}_1)$ 是 $2\times 2l$ 的矩阵,而 $\boldsymbol{C}_2$ 是 2×2 的矩阵,两者还不能相乘,所以再次使用提升维数法将密文从 2×2 的矩阵扩展为 $2l\times 2$ 的矩阵,从而可以将乘积定义为 $\mathrm{BitDecomp}(\boldsymbol{C}_1) \cdot \boldsymbol{C}_2$,达到约减噪声的目的,以获得乘法同态性。

5.5 环 LWE 上的扩展加密方案

第 5.4 节加密方案的密文是 2×2 的矩阵，下面使用提升维数法为矩阵中的每一行添加 $l-1$ 个辅助项，从而扩展为 $2l\times 2$ 的矩阵。

R2.Setup(λ)：输入安全参数 λ，输出模 $q\geqslant 2$，多项式次数 $n\geqslant 1$，环 $R=\mathbb{Z}[x]/(f(x))$，$R_q=\mathbb{Z}_q[x]/(f(x))$，噪声分布 χ。其中 n 是 2 的幂次方，$f(x)=x^n+1$，以及 χ 是 R 上的一个错误概率分布，$l=\lceil \log q \rceil$。

R2.SecretKeygen(1^λ)：随机均匀选取 $s'\leftarrow\chi$，输出密钥 $\text{sk}=\boldsymbol{s}\leftarrow(1,\ -s')\in R_q\times R_q$。

R2.PublicKeygen(sk)：随机均匀选取 $a\in R_q$，并选取 $e_1\leftarrow\chi$，计算 $b=as'+e_1$。输出公钥 $\text{pk}=\boldsymbol{A}=(b,\ a)\in R_q\times R_q$。注意：pk 可看成一个 1×2 的矩阵 $\boldsymbol{A}$。

R2.Enc(pk, $\boldsymbol{m}$)：加密 n 位消息 $\boldsymbol{m}\in\{0,\ 1\}^n$，将其视为多项式 $m\in R_2$ 的系数。随机选择矩阵 $\boldsymbol{E}_1\leftarrow\chi^{2l\times 1}$，$\boldsymbol{E}_2\leftarrow\chi^{2l\times 2}$，$\boldsymbol{E}_1$ 是 $2l\times 1$ 的矩阵，$\boldsymbol{E}_2$ 是 $2l\times 2$ 的矩阵，矩阵中的每个元素都是随机从 χ 中选取的。输出密文

$$\boldsymbol{C}\leftarrow\begin{bmatrix} m & 0\\ 2m & 0\\ \vdots & \vdots\\ 2^{l-1}m & 0\\ 0 & m\\ 0 & 2m\\ \vdots & \vdots\\ 0 & 2^{l-1}m \end{bmatrix}+\boldsymbol{E}_1\boldsymbol{A}+\boldsymbol{E}_2\in R_q^{2l\times 2}$$

R2.Dec(sk, $\boldsymbol{C}$)：令 $\boldsymbol{c}_{l-1}$ 是密文 $\boldsymbol{C}$ 的第 $l-1$ 行，即该行对应的明文是 $2^{l-2}m$，输出 $\lfloor <\boldsymbol{c}_{l-1},\ \boldsymbol{s}> \bmod q/2^{l-2}\rceil$。

引理 5-1 （加密噪声）令 q、n、R、$|\chi|\leqslant B$ 是如上扩展加密方案的参数，任意 $s'\leftarrow\chi$，有 $\boldsymbol{s}\leftarrow(1,\ -s')\in R_q\times R_q$。任意 $m\in R_2$，令 $\boldsymbol{A}\leftarrow$**R2.PublicKeygen**($\boldsymbol{s}$) 和 $\boldsymbol{C}\leftarrow$**R2.Enc**($\boldsymbol{A}$, m)，存在 $\boldsymbol{E}'\in R_q^{2l}$ 且 $\|\boldsymbol{E}'\|_\infty<2nB^2+B$，使得如下等式成立：

$$<\boldsymbol{C},\ \boldsymbol{s}>=m\cdot \text{Powerof2}(\boldsymbol{s})+\boldsymbol{E}'\ (\bmod q)$$

证明：根据加密方案，有

$$<\boldsymbol{C},\ \boldsymbol{s}>=\begin{bmatrix} m & 0\\ 2m & 0\\ \vdots & \vdots\\ 2^{l-1}m & 0\\ 0 & m\\ 0 & 2m\\ \vdots & \vdots\\ 0 & 2^{l-1}m \end{bmatrix}\cdot\boldsymbol{s}+\boldsymbol{E}_1\boldsymbol{A}\ \boldsymbol{s}+\boldsymbol{E}_2\boldsymbol{s}\,(\bmod q)$$

$$=m \cdot \text{Powerof2}(\boldsymbol{s})+\boldsymbol{E}_1\boldsymbol{e}_1+\boldsymbol{E}_2\boldsymbol{s} \pmod q$$
$$=m \cdot \text{Powerof2}(\boldsymbol{s})+\boldsymbol{E}' \pmod q$$

其中 $\|\boldsymbol{E}'\|_\infty<\|\boldsymbol{E}_1\boldsymbol{e}_1+\boldsymbol{E}_2\boldsymbol{s}\|_\infty<\|\boldsymbol{E}_1\boldsymbol{e}_1\|_\infty+\|\boldsymbol{E}_2\boldsymbol{s}\|_\infty<nB^2+B+nB^2=2nB^2+B$。

引理 5-2 (解密噪声)χ 是 R 上的一个错误概率分布,随机选取 $s'\leftarrow\chi$,令 $\boldsymbol{s}\leftarrow(1, -s')$。若存在 $\boldsymbol{C}\in R_q^{2l\times 2}$,使得下式成立:

$$\langle\boldsymbol{C}, \boldsymbol{s}\rangle=m \cdot \text{Powerof2}(\boldsymbol{s})+\boldsymbol{E}' \pmod q$$

其中 $m\in R_2$,$\|\boldsymbol{E}'\|_\infty<q/8$,则有

$$m\leftarrow \textbf{R2.Dec}(\boldsymbol{s}, \boldsymbol{C})$$

证明:因为 **R2.Dec**$(\boldsymbol{s}, \boldsymbol{C})$是取出密文 $\boldsymbol{C}$ 的第 $l-1$ 行 $\boldsymbol{c}_{l-1}$,计算$\langle\boldsymbol{c}_{l-1}, \boldsymbol{s}\rangle \bmod q$。根据已知条件$\langle\boldsymbol{c}_{l-1}, \boldsymbol{s}\rangle \bmod q=m \cdot 2^{l-2}+e' \pmod q$,且$|e'|<q/8$。由于 $q/4<2^{l-2}<q/2$,所以 $\|e'/2^{l-2}\|_\infty<1/2$。因此,$m\leftarrow\lfloor\langle\boldsymbol{c}_{l-1}, \boldsymbol{s}\rangle \bmod q/2^{l-2}\rceil$。

引理 5-3 (安全性)令 q、n、R、$|\chi|\leqslant B$ 是满足判定性环 LWE 问题困难的参数。任意 $m\in R_2$,若 $\boldsymbol{s}\leftarrow\textbf{R2.SecretKeygen}(1^\lambda)$,$\boldsymbol{A}\leftarrow\textbf{R2.PublicKeygen}(\boldsymbol{s})$,$\boldsymbol{C}\leftarrow\textbf{R2.Enc}(\boldsymbol{A}, \boldsymbol{m})$,则$(\boldsymbol{A}, \boldsymbol{C})$与 $R_q^2\times R_q^{2l\times 2}$ 上的均匀分布是不可区分的。

证明:$\boldsymbol{A}$ 就是环 LWE 上 Regev 公钥加密方案的公钥,所以根据参考文献[48]可知 $\boldsymbol{A}$ 与 R_q^2 上的均匀分布不可区分。而 $\boldsymbol{C}$ 是由 $2l$ 个环 LWE 上 Regev 公钥加密方案的密文构成的,所以根据参考文献[48]可知 $\boldsymbol{C}$ 与 $R_q^{2l\times 2}$ 上的均匀分布是不可区分的。因此,$(\boldsymbol{A}, \boldsymbol{C})$与 $R_q^2\times R_q^{2l\times 2}$ 上的均匀分布是不可区分的。

5.6 环 LWE 上扩展加密方案的同态性

本节分析上述环 LWE 扩展加密方案的同态性。令 $\boldsymbol{C}_1$ 和 $\boldsymbol{C}_2$ 是上述环 LWE 扩展加密方案分别加密 m_1 和 m_2 的两个密文,密钥是 $\boldsymbol{s}$,根据引理 5-2 有

$$\boldsymbol{C}_1 \cdot \boldsymbol{s}=m_1 \cdot \text{Powerof2}(\boldsymbol{s})+\boldsymbol{E}_1' \bmod q$$
$$\boldsymbol{C}_2 \cdot \boldsymbol{s}=m_2 \cdot \text{Powerof2}(\boldsymbol{s})+\boldsymbol{E}_2' \bmod q$$

其中 $\boldsymbol{E}_1'$ 和 $\boldsymbol{E}_2'$ 是小的,即 $\|\boldsymbol{E}_1'\|_\infty<q/8$,$\|\boldsymbol{E}_2'\|_\infty<q/8$。

5.6.1 加法同态性

令 $\boldsymbol{C}^+=\boldsymbol{C}_1+\boldsymbol{C}_2$,则 $\boldsymbol{C}^+ \cdot \boldsymbol{s}=\boldsymbol{C}_1 \cdot \boldsymbol{s}+\boldsymbol{C}_2 \cdot \boldsymbol{s}=(m_1+m_2) \cdot \text{Powerof2}(\boldsymbol{s})+(\boldsymbol{E}_1'+\boldsymbol{E}_2')$。根据引理 5-2,只要 $\boldsymbol{E}_1'+\boldsymbol{E}_2'$ 是小的,就能正确解密得到 m_1+m_2。由于 $\boldsymbol{E}_1'$ 和 $\boldsymbol{E}_2'$ 是小的,所以加法同态性满足。

5.6.2 乘法同态性

令 $\boldsymbol{C}^\times=\text{BitDecomp}(\boldsymbol{C}_1) \cdot \boldsymbol{C}_2$,则有

$$\boldsymbol{C}^\times \cdot \boldsymbol{s}=\text{BitDecomp}(\boldsymbol{C}_1) \cdot \boldsymbol{C}_2 \cdot \boldsymbol{s}$$
$$=\text{BitDecomp}(\boldsymbol{C}_1) \cdot (m_2 \cdot \text{Powerof2}(\boldsymbol{s})+\boldsymbol{E}_2')$$

$$=m_1m_2 \cdot \text{Powerof2}(\boldsymbol{s})+m_2\boldsymbol{E}_1'+\text{BitDecomp}(\boldsymbol{C}_1)\cdot\boldsymbol{E}_2'$$

因为 $\boldsymbol{E}_1'$、$\boldsymbol{E}_2'$和 BitDecomp($\boldsymbol{C}_1$)是小的，所以 $\boldsymbol{C}^{\times}$ 能够正确解密得到 m_1m_2。因此，按照上述乘法定义，乘法同态性是满足的。

5.7 密文同态计算的噪声分析

本节对扩展加密方案的加法和乘法的噪声进行分析，说明同态计算的电路深度，从而证明扩展加密方案可以进行多项式深度的同态密文电路计算。令 $\boldsymbol{C}_1$ 和 $\boldsymbol{C}_2$ 是上述环 LWE 扩展加密方案分别加密 m_1 和 m_2 的两个密文，密钥是 $\boldsymbol{s}$，且有 $\boldsymbol{C}_i \cdot \boldsymbol{s}=m_i \cdot \text{Powerof2}(\boldsymbol{s})+\boldsymbol{E}_i'$，其中 $i=1,2$。根据引理 5-1 有 $\|\boldsymbol{E}_i'\|_\infty<2nB^2+B$，所以密文 $\boldsymbol{C}_1$ 和 $\boldsymbol{C}_2$ 的噪声上界是 $2nB^2+B$。注意：这里的 $\boldsymbol{C}_1$ 和 $\boldsymbol{C}_2$ 是初始密文。下面分析密文加法与乘法的噪声。

5.7.1 加法噪声分析

由第 5.6.1 节可知 $\boldsymbol{C}^{+}\cdot\boldsymbol{s}=\boldsymbol{C}_1\cdot\boldsymbol{s}+\boldsymbol{C}_2\cdot\boldsymbol{s}=(m_1+m_2)\cdot\text{Powerof2}(\boldsymbol{s})+(\boldsymbol{E}_1'+\boldsymbol{E}_2')$。由于 $\|\boldsymbol{E}_i'\|_\infty<2nB^2+B$，所以 $\|\boldsymbol{E}_1'+\boldsymbol{E}_2'\|_\infty<4nB^2+2B$。因此，密文之和的噪声等于密文的噪声之和。和其他方案一样，加法噪声增长是缓慢的，所以这里主要考虑乘法的噪声增长。

5.7.2 乘法噪声分析

由第 5.6.2 节可知 $\boldsymbol{C}^{\times}\cdot\boldsymbol{s}=\text{BitDecomp}(\boldsymbol{C}_1)\cdot\boldsymbol{C}_2\cdot\boldsymbol{s}=m_1m_2\cdot\text{Powerof2}(\boldsymbol{s})+m_2\boldsymbol{E}_1'+\text{BitDecomp}(\boldsymbol{C}_1)\cdot\boldsymbol{E}_2'$。令 $\boldsymbol{E}''=m_2\boldsymbol{E}_1'+\text{BitDecomp}(\boldsymbol{C}_1)\cdot\boldsymbol{E}_2'$，由于 $\|\boldsymbol{E}_i'\|_\infty<2nB^2+B=E$，所以 $\|\boldsymbol{E}''\|_\infty<2nlE+E$。令 $N=2l$，则 $\|\boldsymbol{E}''\|_\infty<(nN+1)E$。

经过深度为 L 的电路计算，结果密文的噪声至多为 $(nN+1)^LE$。根据引理 5-2 可知，经过深度为 L 的电路计算，结果密文解密的正确性条件是：

$$(nN+1)^LE=(2nl+1)^LE<q/8$$

另外，已知最好的求解 LWE 问题的时间是 $2^{n/\log(q/B)}$，环 LWE 问题也类似，所以对于 $\varepsilon<1$，选取 $q=2^{n^\varepsilon}$ 以及选取 B 为关于 n 的多项式，根据 $(nN+1)^LE<q/8$，有 $L\approx\log q\approx n^\varepsilon$。这意味着基于上述加法与乘法的定义，扩展加密方案能够执行一个多项式深度的密文同态电路计算，所以可获得一个多项式深度的层次型全同态加密方案。

5.8 环 LWE 上扩展加密方案上的层次型全同态加密方案

根据第 5.5 节的环 LWE 上的扩展加密方案，以及上述同态性和噪声分析，可以获得一个层次型全同态加密，方案如下。

R3.Setup(λ, L)：输入安全参数 λ 和电路深度 L，输出模 $q\geqslant 2$，多项式次数 $n\geqslant 1$，环 $R=\mathbb{Z}[x]/(f(x))$，$R_q=\mathbb{Z}_q[x]/(f(x))$，噪声分布 χ。其中 n 是 2 的幂次方，$f(x)=x^n+1$，以及 χ 是 R 上的一个错误概率分布，$l=\lceil \log q \rceil$。

R3.SecretKeygen(1^λ)：调用 sk←**R2.SecretKeygen**(1^λ)。

R3.PublicKeygen(sk)：调用 pk←**R2.PublicKeygen**(sk)。

R3.Enc(pk, $\boldsymbol{m}$)：加密 n 位消息 $\boldsymbol{m}\in\{0,1\}^n$，调用 $\boldsymbol{C}$←**R2.Enc**(pk, $\boldsymbol{m}$)。

R3.Dec(sk, $\boldsymbol{C}$)：$\boldsymbol{C}$←调用 **R2.Dec**(sk, $\boldsymbol{C}$)。

R3.Add(pk, $\boldsymbol{C}_1$, $\boldsymbol{C}_2$)：输出 $\boldsymbol{C}_1+\boldsymbol{C}_2$。

R3.Mult(pk, $\boldsymbol{C}_1$, $\boldsymbol{C}_2$)：输出 BitDecomp$(\boldsymbol{C}_1)\cdot\boldsymbol{C}_2$。

上述层次型全同态加密方案的加密算法与解密算法和第 5.5 节环 LWE 上的扩展加密方案完全相同，只是在全同态加密方案中定义了密文计算，该计算就是矩阵的加法与乘法，因此其安全性与第 5.5 节环 LWE 上的扩展加密方案完全一样。

根据第 5.7 节的噪声分析，选择合适的参数，上述层次型全同态加密方案可以进行多项式深度的同态密文电路计算，所以上述层次型全同态加密方案是一个多项式深度的层次型全同态加密方案，由此得到定理 5-1。

定理 5-1　在环 LWE 问题的困难性假设下，且 $q/B\leqslant 2^{n^\varepsilon}$，对于每个多项式大小的 $L>0$，存在 $\varepsilon<1$，使得上述方案是一个层次型全同态加密方案。

以上是使用提升维数法设计环 LWE 上的无须密钥交换的层次型全同态加密方案，下面使用相同的方法设计 LWE 上的无须密钥交换的层次型全同态加密方案。同样，首先设计一个密文是矩阵的 LWE 加密方案，在此基础上再通过提升维数法设计一个 LWE 扩展加密方案，经过对乘法的合适定义就可获得一个多项式深度的层次型全同态加密方案。

以上是使用提升维数法设计的环 LWE 上的方案。下面使用提升维数法设计 LWE 上的方案。

5.9　密文是矩阵的 LWE 上加密方案

设计该方案是为了在解密过程中含有不变结构 $m\boldsymbol{s}+\boldsymbol{E}$，其中 m 是明文，$\boldsymbol{s}$ 是密钥，$\boldsymbol{C}$ 是密文矩阵，$\boldsymbol{E}$ 是噪声，从而可能获得乘法同态性。

L1.Setup(λ)：输入安全参数 λ，输出模 q、噪声分布 χ 和维数 n。其中分布 χ 是 $\mathbb{Z}$ 上的噪声高斯分布。

L1.SecretKeygen(1^n)：随机均匀选取向量 $\boldsymbol{s}'\leftarrow\mathbb{Z}_q^n$，输出 sk$=\boldsymbol{s}\leftarrow(1,\boldsymbol{s}')\in\mathbb{Z}_q^{n+1}$。

L1.PublicKeygen$(\boldsymbol{s})$：令 $m\geqslant 2(n\log q)$。随机均匀选取矩阵 $\boldsymbol{A}'\leftarrow\mathbb{Z}_q^{m\times n}$ 和向量 $\boldsymbol{e}\leftarrow\chi^m$，计算 $\boldsymbol{b}\leftarrow\boldsymbol{A}'\boldsymbol{s}'+2\boldsymbol{e}$。令 $\boldsymbol{A}$ 是 $n+1$ 列矩阵，它由向量 $\boldsymbol{b}$ 和矩阵 $-\boldsymbol{A}'$ 构成，即 $\boldsymbol{A}=[\boldsymbol{b}|-\boldsymbol{A}']\in\mathbb{Z}_q^{m\times(n+1)}$，其中 $\boldsymbol{A}\cdot\boldsymbol{s}=2\boldsymbol{e}$。输出 pk$=\boldsymbol{A}$。

L1.Enc(pk,m)：加密消息 $m\in\{0,1\}$，选取 $\boldsymbol{R}\in\{0,1\}^{(n+1)\times m}$，输出密文

$$C \leftarrow \begin{bmatrix} m & 0 & \cdots & 0 \\ 0 & m & \cdots & 0 \\ \vdots & \vdots & & \vdots \\ 0 & 0 & \cdots & m \end{bmatrix}_{(n+1)\times(n+1)} + \boldsymbol{RA} \in \mathbb{Z}_q^{(n+1)\times(n+1)}$$

L1.Dec(sk, $\boldsymbol{C}$)：令 $\boldsymbol{c}_1$ 是密文 $\boldsymbol{C}$ 的第一行，计算输出 $<\boldsymbol{c}_1, \boldsymbol{s}> \bmod q \bmod 2$。

下面分析上述方案的解密结构，从而分析其同态特性。

解密结构 $\boldsymbol{C}\cdot\boldsymbol{s} = \begin{bmatrix} m & 0 & \cdots & 0 \\ 0 & m & \cdots & 0 \\ \vdots & \vdots & & \vdots \\ 0 & 0 & \cdots & m \end{bmatrix}\boldsymbol{s} + \boldsymbol{RAs} = m\boldsymbol{s} + 2\boldsymbol{Re} = m\boldsymbol{s} + 2\boldsymbol{e}'$，其中 $\boldsymbol{e}'$ 是噪声。令 $\boldsymbol{e}' = (e'_1, e'_2, \cdots, e'_{n+1})$，则 $<\boldsymbol{c}_1, \boldsymbol{s}> \bmod q = m + 2e'_1 \bmod q$，只要 $|e'_1| < q/4$，则 $<\boldsymbol{c}_1, \boldsymbol{s}> \bmod q \bmod 2$ 可以解密出 m。该解密结构和第 4 章 NTRU 型加密方案的解密结构形式是一样的。加法同态性是满足的，下面分析其乘法同态性。

乘法同态性 令 $\boldsymbol{C}_1$ 和 $\boldsymbol{C}_2$ 是上述加密方案生成的密文，密钥是 $\boldsymbol{s}$，根据解密结构有

$$\boldsymbol{C}_1 \cdot \boldsymbol{s} = m_1\boldsymbol{s} + 2\boldsymbol{e}'_1$$

$$\boldsymbol{C}_2 \cdot \boldsymbol{s} = m_2\boldsymbol{s} + 2\boldsymbol{e}'_2$$

密文乘积的解密结构是 $\boldsymbol{C}_1 \cdot \boldsymbol{C}_2 \cdot \boldsymbol{s} = m_2\boldsymbol{C}_1\boldsymbol{s} + 2\boldsymbol{C}_1\boldsymbol{e}'_2 = m_1m_2\boldsymbol{s} + 2(m_2\boldsymbol{e}'_1 + \boldsymbol{C}_1\boldsymbol{e}'_2)$，所以密文乘积的噪声依赖于密文，因此噪声过大会导致密文解密失败，从而丧失乘法同态性。为了降低噪声，将乘积定义为 BitDecomp($\boldsymbol{C}_1$) · $\boldsymbol{C}_2$，但是 BitDecomp($\boldsymbol{C}_1$) 是 $(n+1)\times(n+1)l$ 的矩阵，而 $\boldsymbol{C}_2$ 是 $(n+1)\times(n+1)$ 的矩阵，两者还不能相乘，所以再次使用提升维数法将密文从 $(n+1)\times(n+1)$ 的矩阵扩展为 $(n+1)l\times(n+1)$ 的矩阵，从而可以将乘积定义为 BitDecomp($\boldsymbol{C}_1$) · $\boldsymbol{C}_2$，达到约减噪声的目的，以获得乘法同态性。

5.10 LWE 上的扩展加密方案

第 5.9 节加密方案的密文是 $(n+1)\times(n+1)$ 的矩阵，下面使用提升维数法为矩阵中的每一行添加 $l-1$ 个辅助项，从而扩展为 $(n+1)l\times(n+1)$ 的矩阵。

L2.Setup(λ)：输入安全参数 λ，输出模 q、噪声分布 χ 和维数 n。其中分布 χ 是 $\mathbb{Z}$ 上的噪声高斯分布。$l = \lceil \log q \rceil$。

L2.SecretKeygen(1^n)：随机均匀选取向量 $\boldsymbol{s}' \leftarrow \mathbb{Z}_q^n$，输出 sk $= \boldsymbol{s} \leftarrow (1, \boldsymbol{s}') \in \mathbb{Z}_q^{n+1}$。

L2.PublicKeygen(sk)：令 $k \geq 2(n\log q)$。随机均匀选取矩阵 $\boldsymbol{A}' \leftarrow \mathbb{Z}_q^{k\times n}$ 和向量 $\boldsymbol{e} \leftarrow \chi^k$，计算 $\boldsymbol{b} \leftarrow \boldsymbol{A}'\boldsymbol{s}' + \boldsymbol{e}$。令 $\boldsymbol{A}$ 是 $n+1$ 列矩阵，它由向量 $\boldsymbol{b}$ 和矩阵 $-\boldsymbol{A}'$ 构成，即 $\boldsymbol{A} = [\boldsymbol{b} | -\boldsymbol{A}'] \in \mathbb{Z}_q^{k\times(n+1)}$，其中 $\boldsymbol{A}\cdot\boldsymbol{s} = \boldsymbol{e}$。输出 pk $= \boldsymbol{A}$。

L2.Enc(pk, m)：加密消息 $m \in \{0,1\}$，选取 $\boldsymbol{R} \in \{0,1\}^{(n+1)l\times k}$，输出密文

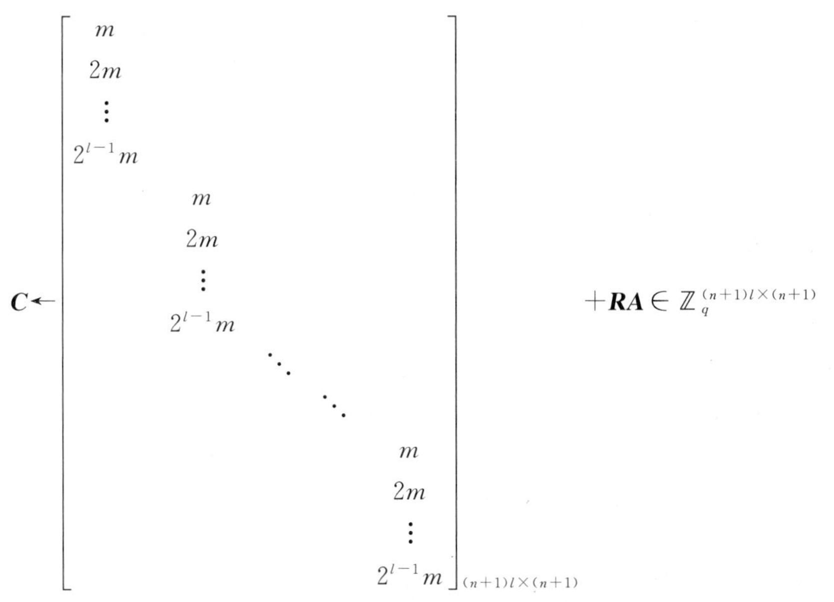

L2.Dec(sk, $\boldsymbol{C}$)：令 $\boldsymbol{c}_1$ 是密文 $\boldsymbol{C}$ 的第 $l-1$ 行，即该行对应的明文是 $2^{l-2}m$，输出 $\lfloor <\boldsymbol{c}_{l-1}, \boldsymbol{s}> \bmod q/2^{l-2} \rceil$。

引理 5-4　(加密噪声) 令 q、n、$|\chi| \leqslant B$ 是如上扩展加密方案的参数，任意 $\boldsymbol{s}' \leftarrow \mathbb{Z}_q^n$，有 $\boldsymbol{s} \leftarrow (1, \boldsymbol{s}') \in \mathbb{Z}_q^{n+1}$。任意 $m \in \{0,1\}$，令 $\boldsymbol{A} \leftarrow$ **L2.PublicKeygen**($\boldsymbol{s}$) 和 $\boldsymbol{C} \leftarrow$ **L2.Enc**($\boldsymbol{A}$, m)，存在 $\boldsymbol{e}' \in \mathbb{Z}_q^{(n+1)l}$ 且 $\| e' \|_\infty < kB = 2nB\log q$，使得如下等式成立：

$$<\boldsymbol{C}, \boldsymbol{s}> = m \cdot \text{Powerof2}(\boldsymbol{s}) + \boldsymbol{e}' \pmod q$$

证明：根据加密方案，有

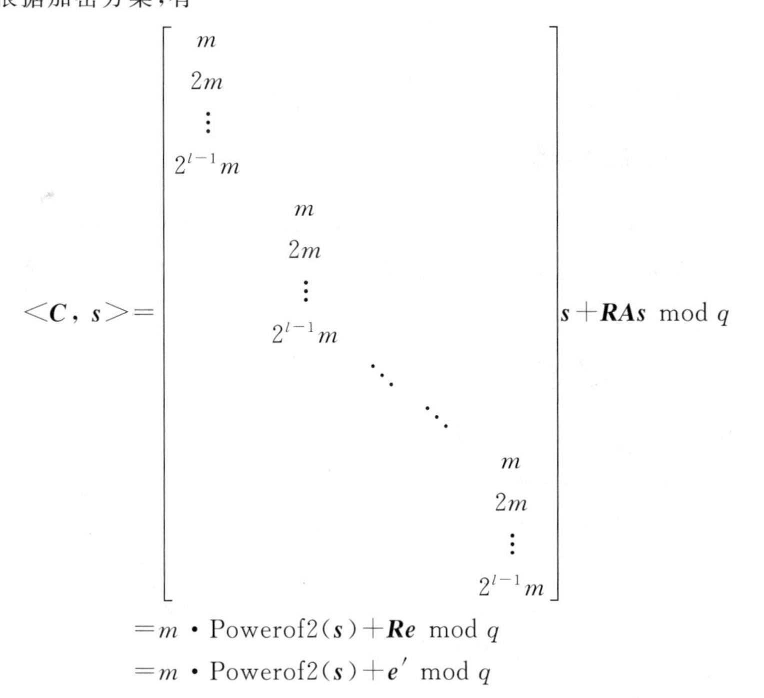

$$= m \cdot \text{Powerof2}(\boldsymbol{s}) + \boldsymbol{Re} \bmod q$$

$$= m \cdot \text{Powerof2}(\boldsymbol{s}) + \boldsymbol{e}' \bmod q$$

引理 5-5 （解密噪声）χ 是 $\mathbb{Z}$ 上的一个高斯错误概率分布，随机选取 $s' \leftarrow \mathbb{Z}_q^n$，令 $s \leftarrow (1, s') \in \mathbb{Z}_q^{n+1}$，若存在 $C \in \mathbb{Z}_q^{(n+1)l \times (n+1)}$ 使得下式成立：

$$\langle C, s \rangle = m \cdot \text{Powerof2}(s) + e' \pmod q$$

其中 $m \in \{0,1\}$，$\|e'\|_\infty < q/8$，则有

$$m \leftarrow \textbf{L2.Dec}(s, C)$$

证明：因为 **L2.Dec**(s, C) 是取出密文 C 的第 $l-1$ 行 c_{l-1}，所以计算 $\langle c_{l-1}, s \rangle \bmod q$。根据已知条件 $\langle c_{l-1}, s \rangle \bmod q = m \cdot 2^{l-2} + e' \pmod q$，且 $|e'| < q/8$，由于 $q/4 < 2^{l-2} < q/2$，所以 $|e'/2^{l-2}| < 1/2$。因此，$m \leftarrow \lfloor \langle c_{l-1}, s \rangle \bmod q / 2^{l-2} \rceil$。

引理 5-6 （安全性）令 q、n、$|\chi| \leqslant B$ 是满足判定性 LWE 问题困难性的参数。任意 $m \in \{0,1\}$，若 $s \leftarrow$ **L2.SecretKeygen**(1^λ)，$A \leftarrow$ **L2.PublicKeygen**(s)，$C \leftarrow$ **L2.Enc**(A, m)，则 (A, C) 与 $\mathbb{Z}_q^{k \times (n+1)} \times \mathbb{Z}_q^{(n+1)l \times (n+1)}$ 上的均匀分布是不可区分的。

证明：A 就是 LWE 上 Regev 公钥加密方案的公钥，根据参考文献[11]可知 A 与 $\mathbb{Z}_q^{k \times (n+1)}$ 上的均匀分布是不可区分的。而 C 是由 $(n+1)l$ 个 LWE 上 Regev 公钥加密方案的密文构成的，所以根据参考文献[11]可知 C 与 $\mathbb{Z}_q^{(n+1)l \times (n+1)}$ 上的均匀分布是不可区分的。因此，(A, C) 与 $\mathbb{Z}_q^{k \times (n+1)} \times \mathbb{Z}_q^{(n+1)l \times (n+1)}$ 上的均匀分布是不可区分的。

5.11 LWE 上扩展加密方案的同态性

本小节分析上述 LWE 扩展加密方案的同态性。令 C_1 和 C_2 是上述 LWE 扩展加密方案分别加密 m_1 和 m_2 的两个密文，密钥是 s，根据引理 5-4 有

$$C_1 \cdot s = m_1 \cdot \text{Powerof2}(s) + e_1' \bmod q$$
$$C_2 \cdot s = m_2 \cdot \text{Powerof2}(s) + e_2' \bmod q$$

其中 e_1' 和 e_2' 是小的，即 $\|e_1'\|_\infty < q/8$，$\|e_2'\|_\infty < q/8$。

5.11.1 加法同态性

令 $C^+ = C_1 + C_2$，则 $C^+ \cdot s = C_1 \cdot s + C_2 \cdot s = (m_1 + m_2) \cdot \text{Powerof2}(s) + (e_1' + e_2')$。根据引理 5-4，只要 $e_1' + e_2'$ 是小的，就能正确解密得到 $m_1 + m_2$。由于 e_1' 和 e_2' 是小的，所以加法同态性满足。

5.11.2 乘法同态性

令 $C^\times = \text{BitDecomp}(C_1) \cdot C_2$，则有

$$\begin{aligned} C^\times \cdot s &= \text{BitDecomp}(C_1) \cdot C_2 \cdot s \\ &= \text{BitDecomp}(C_1) \cdot (m_2 \cdot \text{Powerof2}(s) + e_2') \\ &= m_1 m_2 \cdot \text{Powerof2}(s) + m_2 e_1' + \text{BitDecomp}(C_1)\, e_2' \end{aligned}$$

因为 e_1'、e_2' 和 $\text{BitDecomp}(C_1)$ 都是小的，所以 $C^\times$ 能够正确解密得到 $m_1 m_2$。因此，按照上述乘法定义，乘法同态性是满足的。

5.12 密文同态计算的噪声分析

本小节对第 5.11 节的 LWE 上扩展加密方案的加法和乘法的噪声进行分析，说明同态计算的电路深度，从而证明该扩展加密方案可以进行多项式深度的同态密文电路计算。

令 $\boldsymbol{C}_1$ 和 $\boldsymbol{C}_2$ 是上述 LWE 上扩展加密方案分别加密 m_1 和 m_2 的两个密文，密钥是 $\boldsymbol{s}$，且有 $\boldsymbol{C}_i \cdot \boldsymbol{s}=m_i \cdot \text{Powerof2}(\boldsymbol{s})+\boldsymbol{e}_i'$，其中 $i=1,2$。根据引理 5-4 有 $\|\boldsymbol{e}_i'\|_\infty<2nB\log q$，所以密文 $\boldsymbol{C}_1$ 和 $\boldsymbol{C}_2$ 的噪声上界是 $2nB\log q$。注意：这里的 $\boldsymbol{C}_1$ 和 $\boldsymbol{C}_2$ 是初始密文。下面分析密文加法与乘法的噪声。

5.12.1 加法噪声分析

由第 5.11.1 节可知 $\boldsymbol{C}^+ \cdot \boldsymbol{s}=\boldsymbol{C}_1 \cdot \boldsymbol{s}+\boldsymbol{C}_2 \cdot \boldsymbol{s}=(m_1+m_2) \cdot \text{Powerof2}(\boldsymbol{s})+(\boldsymbol{e}_1'+\boldsymbol{e}_2')$。由于 $\|\boldsymbol{e}_i'\|_\infty<2nB\log q$，所以 $\|\boldsymbol{e}_1'+\boldsymbol{e}_2'\|_\infty<4nB\log q$。因此，密文之和的噪声等于密文的噪声之和。和其他方案一样，加法噪声增长是缓慢的，所以这里主要考虑乘法的噪声增长。

5.12.2 乘法噪声分析

由第 5.11.2 节可知 $\boldsymbol{C}^\times \cdot \boldsymbol{s}=\text{BitDecomp}(\boldsymbol{C}_1) \cdot \boldsymbol{C}_2 \cdot \boldsymbol{s}= m_1 m_2 \cdot \text{Powerof2}(\boldsymbol{s})+m_2 \boldsymbol{e}_1'+\text{BitDecomp}(\boldsymbol{C}_1)\ \boldsymbol{e}_2'$。令 $\boldsymbol{e}''=m_2 \boldsymbol{e}_1'+\text{BitDecomp}(\boldsymbol{C}_1)\ \boldsymbol{e}_2'$，由于 $\|\boldsymbol{e}_i'\|_\infty<E=2nB\log q$，所以 $\|\boldsymbol{e}''\|_\infty<(n+1)lE+E$。令 $N=(n+1)l$，则 $\|\boldsymbol{e}''\|_\infty<NE+E=(N+1)E$。

则经过深度为 L 的电路计算，结果密文的噪声至多为 $(N+1)^L E$。根据引理 5-5 可知，经过深度为 L 的电路计算，结果密文解密的正确性条件是：

$$(N+1)^L E=((n+1)l)^L E<q/8$$

另外，已知最好的求解 LWE 问题的时间是 $2^{n/\log(q/B)}$，所以对于 $\varepsilon<1$，选取 $q=2^{n^\varepsilon}$ 以及选取 B 为关于 n 的多项式，根据 $(N+1)^L E<q/8$，则有 $L\approx \log q \approx n^\varepsilon$，这意味着基于上述加法与乘法的定义，扩展加密方案能够执行一个多项式深度的密文同态电路计算，从而获得一个多项式深度的层次型全同态加密。

5.13 LWE 上扩展加密方案上的层次全同态加密方案

根据第 5.10 节的 LWE 上的扩展加密方案，以及上述同态性和噪声分析，可以获得一个层次型全同态加密，方案如下。

L3.Setup(λ, L)：输入安全参数 λ 和电路深度 L，输出模 q、噪声分布 χ 和维数 n。其中分布 χ 是 $\mathbb{Z}$ 上的噪声高斯分布。$l=\lceil \log q \rceil$。

L3.SecretKeygen(1^n)：调用 **L2.SecretKeygen**(1^n)。

L3.PublicKeygen(sk)：调用 pk←**L2.PublicKeygen**(sk)。

L3.Enc(pk,m)：加密消息 $m\in\{0,1\}$，调用 $\boldsymbol{C}\leftarrow$**L2.Enc**(pk, m)。

L3.Add(pk, $\boldsymbol{C}_1$, $\boldsymbol{C}_2$)：输出 $\boldsymbol{C}_1+\boldsymbol{C}_2$。

L3.Mult(pk, $\boldsymbol{C}_1$, $\boldsymbol{C}_2$)：输出 BitDecomp($\boldsymbol{C}_1$)·$\boldsymbol{C}_2$。

上述层次型全同态加密方案的加密算法与解密算法与第 5.10 节的 LWE 上的扩展加密方案完全相同，只是在全同态加密方案中定义了密文计算，该计算就是矩阵的加法与乘法，因此其安全性与第 5.10 节的 LWE 上的扩展加密方案完全一样。

根据第 5.7 节的噪声分析，选择合适的参数，上述层次型全同态加密方案可以进行多项式深度的同态密文电路计算，所以上述层次型全同态加密方案是一个多项式深度的层次型全同态加密方案，由此得到定理 5-2。

定理 5-2 在 LWE 问题的困难性假设下，且 $q/B\leqslant 2^{n^{\varepsilon}}$，对于每个多项式大小的 $L>0$，存在 $\varepsilon<1$，使得上述方案是一个层次型全同态加密方案。

下面分析上述两个全同态加密方案的具体参数。

5.14 选择具体的安全参数

本节分析第 5.8 节和第 5.13 节提出的两个全同态加密方案的具体参数，使用第 3.4 节提出的方法，根据指定的安全等级与敌手优势，确定方案的具体参数。这些参数包括多项式次数及维数 n、电路深度 L 和模 q。通过这些参数可以获得公钥、私钥和密文的具体尺寸。由于本章两个方案与 GSW13 方案属于同种类型，因此最后将对本章的全同态加密方案与 GSW13 方案以及第 4 章的 NTRU 方案(提升法)进行参数比较。

5.14.1 方案的参数属性

方案参数单位用位(Bit)衡量。本章环 LWE 上全同态加密方案的公钥是 R_q 上的两个次数小于 n 的多项式，所以公钥尺寸为 $2n\log q$；私钥是二维向量，一维是常数 1，另一维是从 χ 中选取的一个多项式，χ 是 R 上的界为 B 的一个高斯分布，所以私钥尺寸是 $(n+1)\log B$；密文是 R_q 上 $2l\times 2$ 的矩阵，矩阵中的每个元素是次数小于 n 的多项式，所以密文尺寸是 $4nl\log q\approx 4n\log^2 q$。

本章 LWE 上全同态加密方案的公钥是 $\mathbb{Z}_q$ 上的 $2n\log q\times(n+1)$ 矩阵，公钥尺寸是 $2n(n+1)\log^2 q$；私钥是二维向量，一维是常数 1，另一维是 $\mathbb{Z}_q$ 上的 n 维向量，所以私钥尺寸是 $(n+1)\log q$；密文是 $\mathbb{Z}_q$ 上的 $(n+1)l\times(n+1)$ 矩阵，所以密文尺寸是 $(n+1)^2\log^2 q$。表 5-1 列出了本章方案(称为环 LWE 上方案(提升法)和 LWE 上方案(提升法))、NTRU 方案(提升法)和 LWE 上 GSW13 方案的参数尺寸。

表 5-1 本章方案、NTRU 方案(提升法)和 LWE 上 GSW13 方案的参数尺寸

方案	公钥	私钥	密文
环 LWE 上方案(提升法)	$2n\log q$	$(n+1)\log B$	$4n\log^2 q$

续表

方　案	公　钥	私　钥	密　文
NTRU 方案(提升法)	$n\log q$	$n\log(2B)$	$n\log^2 q$
环 LWE 上 GSW13 方案	$2n\lceil \log q \rceil$	$(n+1)\lceil \log q \rceil^2$	$4n\lceil \log q \rceil^3$
LWE 上方案(提升法)	$2n(n+1)\log^2 q$	$(n+1)\log q$	$(n+1)^2\log^2 q$
LWE 上 GSW13 方案	$2n(n+1)\log^2 q$	$(n+1)\lceil \log q \rceil^2$	$(n+1)^2\lceil \log q \rceil^3$

表 5-1 中的数据显示，本章环 LWE 上的方案、LWE 上的方案的私钥尺寸和密文尺寸都小于相应环 LWE 上和 LWE 上 GSW13 方案的 $1/\log q$，公钥尺寸相同。本章环 LWE 上的方案和 NTRU 方案(提升法)相比，环 LWE 上方案的公钥尺寸比 NTRU 方案(提升法)大 2 倍，密文尺寸比 NTRU 方案(提升法)大 4 倍，密钥尺寸基本相同。

因此，本章方案在参数尺寸上明显优于 GSW13 方案，略大于 NTRU 方案(提升法)。

5.14.2 具体参数

在层次型全同态加密方案中，对于固定的电路深度 L，模 q 的取值必须保证能够执行深度为 L 的电路，同时还要保证密文计算的正确性。根据第 5.7 节和第 5.12 节的噪声增长分析，为了保证深度为 L 的全同态加密方案的正确性，本章两个方案的参数需要满足条件：环 LWE 上的方案需要满足条件 $(2nl+1)^L E_1 < q/8$，LWE 上方案需要满足条件 $((n+1)l)^L E_2 < q/8$，其中 $l==\lceil \log q \rceil$，$E_1=2nB^2+B$，$E_2=2nB\log q$。由此，对于不同的 L，结合式(3-8)与上述的正确性条件，得到表 5-2 所示的参数，这些参数能够保证正确执行深度为 L 的全同态加密方案。

表 5-2　安全等级 80 位，高斯参数 $r=8$，敌手优势 $adv=2^{-1}$，不同电路深度下维数和模的尺寸

(单位：位)

L	0	1	5	10	15	20
环 LWE 上方案(提升法)						
n	433.58	898.24	3070.05	6165.84	9498.97	12963.66
$\log q$	24	42	125	243	370	502
环 LWE 上 NTRU 方案(提升法)						
n	433.58	846.26	2912.73	5877.18	9026.54	12359.95
$\log q$	24	40	119	232	352	479
环 LWE 上 GSW13 方案						
n	433.58	898.24	3070.05	6165.85	9498.97	12963.66
$\log q$	24	42	125	243	370	502
LWE 上方案(提升法)						
n	408.13	846.26	2965.16	5955.91	9131.52	12464.95

续表

L	0	1	5	10	15	20
$\log q$	23	40	121	235	356	483
LWE 上 GSW13 方案						
n	408.13	846.26	2965.16	5955.91	9131.52	12464.95
$\log q$	23	40	121	235	356	483

表 5-2 的数据显示，在相同电路深度下，本章环 LWE 方案的维数 n 与模 q 的取值与环 LWE 上的 GSW13 方案相同，说明本章环 LWE 方案的噪声增长与环 LWE 上的 GSW13 方案相同。本章环 LWE 方案的维数 n、模 q 与 NTRU 方案(提升法)相比略大，说明本章环 LWE 方案的噪声增长略大于 NTRU 方案(提升法)。本章 LWE 方案的维数 n、模 q 与 LWE 上的 GSW13 方案相同，说明本章 LWE 方案的噪声增长与 LWE 上的 GSW13 方案相同。另外，本章 LWE 方案和 LWE 上的 GSW13 方案的维数 n 与模 q 略小于环 LWE 上的 GSW13 方案，说明 LWE 上方案的噪声增长略小于环 LWE 上的噪声增长。

表 5-3 的数据显示，在相同电路深度下，本章环 LWE 方案的具体公钥尺寸与环 LWE 上 GSW13 方案的大小相同，但是私钥和密文的大小比环 LWE 上 GSW13 方案小许多，具有明显优势。同样，本章 LWE 方案的具体公钥尺寸与 LWE 上 GSW13 方案的大小相同，但是私钥和密文的大小比 LWE 上 GSW13 方案小许多，具有明显优势。但是，本章环 LWE 方案的具体公钥、私钥和密文尺寸比第 4 章的 NTRU 方案(提升法)大，因此 NTRU 方案(提升法)的具体参数尺寸在相同电路深度下是最小的。例如，电路深度 $L=5$ 时，NTRU 方案(提升法)的具体公钥尺寸是 42KB，本章环 LWE 方案的具体公钥尺寸是 94KB，环 LWE 上 GSW13 方案也是 94KB，本章 LWE 方案的具体公钥尺寸是 30GB，LWE 上 GSW13 方案也是 30GB。对于私钥大小，NTRU 方案(提升法)的具体私钥尺寸是 1.6KB，本章环 LWE 方案的具体私钥尺寸是 2KB，本章 LWE 方案的具体私钥尺寸是 44KB，环 LWE 上 GSW13 方案的是 5.7MB，LWE 上 GSW13 方案是 5MB。对于密文大小，NTRU 方案(提升法)的具体密文尺寸是 5MB，本章环 LWE 方案的具体密文尺寸是 23MB，环 LWE 上 GSW13 方案的是 2.8GB，本章 LWE 方案的具体密文尺寸是 15GB，LWE 上 GSW13 方案的是 1815GB。

表 5-3　安全等级 80 位，敌手优势 $adv=2^{-1}$，本章两个方案的公钥、私钥和密文的具体尺寸

单位：KB

方　案	电路深度	公　钥	计算公钥	私钥	密　文	总　和
环 LWE 上方案(提升法)	$L=0$	2.54	0	0.30	121.95	124.78
	$L=5$	93.69	0	2.10	23422.62	23518.42
	$L=10$	365.80	0	4.23	177776.82	178146.85

续表

方案	电路深度	公钥	计算公钥	私钥	密文	总和
LWE上方案（提升法）	$L=0$	21564.98	0	1.15	10808.91	32375.04
	$L=5$	31438023.58	0	43.81	15724313.01	47162380.40
	$L=10$	478348381.93	0	170.88	239214348.45	717562901.26
NTRU方案（提升法）	$L=0$	1.27	0	0.243	30.486	31.99
	$L=5$	42.31	0	1.63	5035.05	5078.99
	$L=10$	166.44	0	3.29	38614.91	38784.64
（环LWE）GSW13方案	$L=0$	2.54	0	30.56	2926.68	2959.77
	$L=5$	93.69	0	5857.56	2927827.66	2933778.91
	$L=10$	365.80	0	44451.41	43199767.74	43244584.95
（LWE）GSW13方案	$L=0$	21564.98	0	26.42	248604.97	270196.37
	$L=5$	31438023.58	0	5301.23	1902641874.69	1934085199.49
	$L=10$	478348381.93	0	40157.49	56215371885.49	56693760424.90

5.15 总结

本章使用提升维数法设计了两个无须密钥交换的全同态加密方案：一个是环LWE上的全同态加密方案；另一个是LWE上的全同态加密方案。设计过程分为3个步骤：第一步，设计一个密文是矩阵的加密方案，该方案具有密文乘法同态性，但是密文乘积的噪声依赖于密文，所以密文乘积噪声过大导致无法正确解密；第二步，使用位扩展技术约减噪声。由于密文乘积的噪声依赖于第一个密文，所以在密文乘积定义中将第一个密文使用位扩展技术，但是这种位扩展导致密文无法正确相乘，也不具有乘法同态性；第三步，使用提升维数法设计一个扩展加密方案，该方案能够使用第二步的噪声约减技术，并且能够获得密文乘法同态性，从而获得一个层次型全同态加密方案。

设计过程中的第一步，可以看成使用提升维数法将密文从 $n+1$ 维向量提升到 $(n+1)\times(n+1)$ 的矩阵。从功能上来说，将密文从向量提升到矩阵是为了避免密文乘积所带来的维数膨胀问题，从而避免全同态加密过程中的密钥交换过程。从技术角度上，为了获得矩阵密文乘积的同态性，密文解密过程中需要具有结构形式 $m\boldsymbol{s}+\boldsymbol{e}$，其中 m 是明文，$\boldsymbol{s}$ 是密钥，$\boldsymbol{e}$ 是噪声。这种解密结构导致密文乘积的噪声依赖于第一个密文，即非对称依赖。设计过程中的第二步，是使用位扩展技术约减密文乘积的噪声。设计过程中的第三步，可以看成使用提升维数法将密文从 $n+1$ 维向量提升到 $(n+1)l\times(n+1)$ 的矩阵，也可以看成在第一步的基础上，将密文从 $(n+1)\times(n+1)$ 的矩阵提升到 $(n+1)l\times(n+1)$

的矩阵。使用提升维数法的目的是使用位扩展技术约减噪声。

本章对两个方案的噪声增长进行了详细分析，给出了噪声增长与解密正确的函数关系，并且给出了两个方案的具体安全参数。与目前已知同类型的环 LWE 上的 GSW13 方案和 LWE 上 GSW13 方案的参数进行比较，数据显示本章两个方案的私钥和密文的大小具有显著优势。

第6章 一个基于 Binary-LWE 的全同态加密方案

人们提出一个 LWE 问题的变种问题：Binary-LWE 问题[128,136]。该问题就是 LWE 问题中的密钥可以从$\{0,1\}^n$或$\{-1,0,1\}^n$中选取，这意味着密钥的长度可以变短。另外，目前 LWE 上参数最小的公钥加密方案是 2010 年 Linder 和 Peikert 在 CT-RSA 会议上提出的方案[87]，还没有在该方案上设计的全同态加密方案。本章基于 Binary-LWE 问题，在 Linder 和 Peikert 的公钥加密方案基础上，设计一个 LWE 上参数更小的全同态加密方案，并且对该方案的具体安全参数进行分析，与同类型的 LWE 上 Bra12 方案进行比较。数据显示，本章方案的噪声增长慢于 LWE 上 Bra12 方案，具体安全参数的尺寸也小于 LWE 上 Bra12 方案。

6.1 问题的提出

全同态加密主要面临 3 个问题：第一，候选全同态加密方案少，所以任何一个正确的全同态加密方案都是值得关注的；第二，全同态加密的效率不高，阻碍了其实践应用；第三，全同态加密的安全性，即什么样的参数环境下能够保证多少位安全。

影响全同态加密效率的原因之一是其参数尺寸过大，所以如何降低全同态加密方案的参数尺寸是一个重要的研究问题。LWE 上全同态加密方案的参数包括 LWE 维数 n、模 q、高斯参数 r、电路深度 L，这些参数之间是互相牵制的[131]。但是，可以从噪声增长依赖的主要因素入手，分析参数之间的影响关系。

在密文计算过程中，如果噪声增长较快，为了保证电路计算的深度，就需要增大模 q 的取值。而模 q 的取值变大，为了保证方案的安全性，就需要增大维数 n 的取值。因此，如果能够降低噪声增长的速度，就能够在相同电路深度的条件下，有更小的 q，从而有更小的 n，相应的就有更小的密文、公钥和密钥。那么，如何使得噪声能够增长变慢呢？这要从噪声依赖的主要因素分析入手。

在目前环 LWE 上的全同态加密方案中，噪声增长主要依赖以下 3 个因素之一：密文中的噪声；密钥的长度；密文的长度。目前任何一个环 LWE 上的全同态加密案，其噪声增长都可以归类为其中之一。本章研究密文计算过程中噪声增长主要依赖密钥的长度的情况下，如何约减密钥的长度，以致降低噪声的增长，从而获得更小参数的方案。

6.2 解决问题的主要思路

解决问题的思路分为两方面：一方面需要通过一种方法缩短密钥的长度；另一方面需要设计一个噪声增长依赖于密钥长度的全同态加密方案。

我们使用 Binary-LWE 问题缩短密钥长度，该问题可以将密钥从$\{0,1\}^n$或$\{-1,0,1\}^n$中选取，这意味着密钥的长度可以变短。2013 年，Brakerski 等和 Micciancio 等分别在 STOC 会议上[128]和美密会上[136]证明了 Binary-LWE 问题是困难的，但是在这些文献中需要将参数 n 增长到 $n\log n$。然而，Bai 和 Galbraith 提出了即使维数增长到 $n\log(\log n)$，Binary-LWE 问题依旧是困难的[137]。这一非常小的维数增长对于大多数应用来说几乎可以忽略不计，所以使用 Binary-LWE 问题是可行的。

另外，设计噪声增长依赖于密钥长度的全同态加密方案，采用的基本加密方案是 2010 年 Linder 和 Peikert 在 CT-RSA 会议上提出的方案，该方案有小的密钥和密文尺寸，是目前 LWE 上参数最小的公钥加密方案。我们在该方案上建立的全同态加密方案[138]，该基本加密方案的风格与以往全同态加密所基于的 Regev 公钥基本加密方案不同。Regev 公钥基本加密方案是随机均匀地选取一个集合，然后根据这个集合选取一些 LWE 实例相加。而 Linder 和 Peikert 的基本加密方案是从高斯分布中选取 LWE 实例，然后将这些 LWE 实例与高斯错误相加。这种风格导致 LWE 实例的个数从 $2n\log q$ 下降到 $n+1$，从而降低了公钥和密文的尺寸。该方案的安全性证明使用了两次 LWE 问题假设，与 Regev 公钥基本加密方案使用统计证明的方法不同，使用统计证明的方法需要更大尺寸的公钥。

在本章的全同态加密方案中，由于方案基于 Binary-LWE 问题，所以密钥取自$\{0,1\}^n$，不需要为了约减密钥长度而使用位扩展技术，从而使得本章方案有更小的乘积密文和密钥交换矩阵。

6.3 Binary-LWE 问题

Binary-LWE 问题是 LWE 问题的变种问题，在 LWE 问题中，将密钥取自$\{0,1\}^n$或$\{-1,0,1\}^n$，就变成了 Binary-LWE 问题。LWE 问题分为 LWE 搜索问题和 LWE 判定问题。相应的 Binary-LWE 问题又分为 Binary-LWE 搜索问题和 Binary-LWE 判定问题。

记 $\mathrm{LWE}(n, q, \chi)$是在维数为 n，模为 q，高斯错误分布为 χ 的 LWE 问题。根据 Bai 和 Galbraith 在参考文献[137]中得到的结论，我们得到推论 6-1。

推论 6-1 如果 $\mathrm{LWE}(n, q, \chi)$是困难的，则 $\text{Binary-LWE}(n\log(\log n), q, \chi)$也是困难的。

本章只考虑密钥取自$\{0,1\}^n$的 Binary-LWE 问题。

6.4 改进的基本加密方案

这里的基本加密方案采用的是 Linder 和 Peikert 提出的公钥加密方案，但是我们对其进行了一点改进。在 Linder 和 Peikert 加密方案中，密钥取自高斯分布 $D_{\mathbb{Z}^n,r}$，而在下面的方案中，密钥取自$\{0,1\}^n$。下面的方案在 Binary-LWE 问题困难性假设下，其安全性依旧得到保证。

BL.Setup(λ)：输入安全参数 λ，输出模 q、噪声分布 χ 和维数 $n=n'\log(\log n')$，其中分布 χ 是 $\mathbb{Z}$ 上的噪声高斯分布，n'是保证 LWE 问题困难性的维数。为了产生更小的公钥，假设存在信任源随机均匀地生成矩阵 $\boldsymbol{A}\in\mathbb{Z}_q^{n\times n}$，则该矩阵可以被系统中的各方使用。如果系统中不存在这样的信任源，则矩阵 $\boldsymbol{A}$ 可以在公钥生成阶段生成。

BL.SecretKeygen(1^n)：随机均匀选取 $\boldsymbol{s}'\leftarrow\{0,1\}^n$。输出 $\mathrm{sk}=\boldsymbol{s}\leftarrow(1,\boldsymbol{s}')\in\mathbb{Z}_2^{n+1}$。

BL.PublicKeygen($\boldsymbol{A}$，$\boldsymbol{s}$)：选取 $\boldsymbol{e}_1\leftarrow\chi^n$，令 $\boldsymbol{p}=\boldsymbol{e}_1-\boldsymbol{A}\cdot\boldsymbol{s}'\in\mathbb{Z}_q^n$。令公钥 $\mathrm{pk}=\boldsymbol{p}$。

BL.Enc($\boldsymbol{A}$，pk，m)：为了加密消息 $m\in\{0,1\}$，选取 $\boldsymbol{e}_2\leftarrow\chi^n$，$\boldsymbol{e}_3\leftarrow\chi^n$，$e_4\leftarrow\chi$，输出
$$\boldsymbol{c}\leftarrow\left(\boldsymbol{p}^t\cdot\boldsymbol{e}_2+e_4+\left\lfloor\frac{q}{2}\right\rfloor\cdot m,\boldsymbol{A}^t\cdot\boldsymbol{e}_2+\boldsymbol{e}_3\right)\in\mathbb{Z}_q^{n+1}。$$

BL.Dec(sk，$\boldsymbol{c}$)：输出 $m\leftarrow\left\lfloor\frac{2}{q}[<\boldsymbol{c},\boldsymbol{s}>]_q\right\rceil \bmod 2$。

为了证明上述加密方案的正确性，下面分析上述方案的加密噪声和解密噪声。

引理 6-1 （加密噪声）Let q、n、$\boldsymbol{A}$、$|\chi|\leqslant B$ 是上述加密方案的参数，密钥 $\boldsymbol{s}\leftarrow$ **BL.SecretKeygen**(1^n)和公钥 $\boldsymbol{p}\leftarrow$**BL.PublicKeygen**($\boldsymbol{A}$，$\boldsymbol{s}$)。令 $\boldsymbol{c}\leftarrow$**BL.Enc**($\boldsymbol{A}$，pk，m)，则存在 e 使得$|e|\leqslant E=nB^2+nB+B$，有下式成立：

$$<\boldsymbol{c},\boldsymbol{s}>=\left\lfloor\frac{q}{2}\right\rfloor\cdot m+e\ (\mathrm{mod}\ q)$$

证明：根据定义，有

$$\begin{aligned}<\boldsymbol{c},\boldsymbol{s}>&=\boldsymbol{p}^{\mathrm{T}}\boldsymbol{e}_2+e_4+\left\lfloor\frac{q}{2}\right\rfloor\cdot m+(\boldsymbol{A}^{\mathrm{T}}\cdot\boldsymbol{e}_2+\boldsymbol{e}_3)^{\mathrm{T}}\cdot\boldsymbol{s}'(\mathrm{mod}\ q)\\&=\boldsymbol{e}_2^{\mathrm{T}}\cdot(\boldsymbol{e}_1-\boldsymbol{A}\cdot\boldsymbol{s}')+e_4+\left\lfloor\frac{q}{2}\right\rfloor\cdot m+\boldsymbol{e}_2^{\mathrm{T}}\cdot\boldsymbol{A}\cdot\boldsymbol{s}'+\boldsymbol{e}_3^{\mathrm{T}}\cdot\boldsymbol{s}'(\mathrm{mod}\ q)\\&=\left\lfloor\frac{q}{2}\right\rfloor\cdot m+\boldsymbol{e}_2^{\mathrm{T}}\cdot\boldsymbol{e}_1+\boldsymbol{e}_3^{\mathrm{T}}\cdot\boldsymbol{s}'+e_4(\mathrm{mod}\ q)\end{aligned}$$

因为$|\chi|\leqslant B$，所以有 $|\boldsymbol{e}_2^{\mathrm{T}}\cdot\boldsymbol{e}_1+\boldsymbol{e}_3^{\mathrm{T}}\cdot\boldsymbol{s}'+e_4|\leqslant nB^2+nB+B$。令 $E=nB^2+nB+B$，引理得证。

引理 6-2 （解密噪声）令 $\boldsymbol{c}\in\mathbb{Z}_q^{n+1}$ 和 $\boldsymbol{s}\in\{0,1\}^n$是两个向量，使得下式成立：

$$<\boldsymbol{c},\boldsymbol{s}>=\left\lfloor\frac{q}{2}\right\rfloor\cdot m+e\ (\mathrm{mod}\ q)$$

其中 $m\in\{0,1\}$。如果 $|e|<\left\lfloor\frac{q}{4}\right\rfloor$，则有 $m\leftarrow$**BL.Dec**($\boldsymbol{s}$，$\boldsymbol{c}$)。

上述引理的证明与 Regev 加密方案中的证明类似。

引理 6-3 (安全性)参数 n、q、χ,其中 $n=n'\cdot\log(\log n')$,分布 χ 是 $\mathbb{Z}$ 上的噪声高斯分布,上述加密方案的安全性在如下困难性假设下是满足 CPA-安全的。假设①判定性 Binary-LWE(n, q, χ)问题是困难的;②密钥取自高斯分布 χ,判定性 LWE(n', q, χ)问题是困难的。

证明:对于任何明文 m 经过上述加密方案加密后,敌手所能知道的是 $(\boldsymbol{A}, \boldsymbol{p}, \boldsymbol{c})$,其中 $\boldsymbol{A}\in\mathbb{Z}_q^{n\times n}$ 是均匀随机的,$\boldsymbol{p}\leftarrow$**BL.PublicKeygen**$(\boldsymbol{A}, s)$,$\boldsymbol{c}\leftarrow$**BL.Enc**$(\boldsymbol{A}, \text{pk}, m)$。只要证明$(\boldsymbol{A}, \boldsymbol{p}, \boldsymbol{c})$与均匀随机选取的$(\boldsymbol{A}, \boldsymbol{p}^*, \boldsymbol{c}^*)$在 CPA 攻击中是计算上不可区分的即可,其中 $\boldsymbol{p}^*\in\mathbb{Z}_q^n$,$\boldsymbol{c}^*\in\mathbb{Z}_q^{n+1}$。首先证明$(\boldsymbol{A}, \boldsymbol{p})$和$(\boldsymbol{A}, \boldsymbol{p}^*)$是计算上不可区分的。因为 $\boldsymbol{p}=\boldsymbol{e}_1-\boldsymbol{A}\cdot\boldsymbol{s}'$,其中 $\boldsymbol{s}'$是从$\{0,1\}^n$中随机均匀选取的,$\boldsymbol{e}_1$取自高斯分布 χ^n,所以在假设①下$(\boldsymbol{A}, \boldsymbol{p})$与随机均匀选取的$(\boldsymbol{A}, \boldsymbol{p}^*)$是计算上不可区分的。下面证明$(\boldsymbol{A}, \boldsymbol{p}, \boldsymbol{c})$与均匀随机选取的$(\boldsymbol{A}, \boldsymbol{p}^*, \boldsymbol{c}^*)$是计算上不可区分的。令 $\boldsymbol{c}'\leftarrow$**BL.Enc**$(\boldsymbol{A}, \boldsymbol{p}^*, m)$,由于 $\boldsymbol{c}$ 与 $\boldsymbol{c}'$是计算上不可区分的,所以在$(\boldsymbol{A}, \boldsymbol{p}^*, \boldsymbol{c})$中可以用 $\boldsymbol{c}'$替换 $\boldsymbol{c}$,从而得到$(\boldsymbol{A}, \boldsymbol{p}, \boldsymbol{c})$与$(\boldsymbol{A}, \boldsymbol{p}^*, \boldsymbol{c}')$是计算上不可区分的。下面证明$(\boldsymbol{A}, \boldsymbol{p}^*, \boldsymbol{c}')$与随机均匀选取的$(\boldsymbol{A}, \boldsymbol{p}^*, \boldsymbol{c}^*)$是计算上不可区分的。令 $\boldsymbol{A}'=(\boldsymbol{A}, \boldsymbol{p}^*)$,因为 $\boldsymbol{c}'=\left((\boldsymbol{A}')^{\mathrm{T}}\cdot\boldsymbol{e}_2+\begin{bmatrix}e_3\\e_4\end{bmatrix}\right)+\begin{bmatrix}0\\\lfloor q/2\rfloor\cdot m\end{bmatrix}$,其中 $\boldsymbol{A}'$是均匀的,$\boldsymbol{e}_2$、$\boldsymbol{e}_3$、$\boldsymbol{e}_4$取自高斯分布。显然,根据假设②可以得到判定性 LWE(n, q, χ)问题是困难的。所以,根据判定性 LWE(n, q, χ)问题是困难的,可以得到$(\boldsymbol{A}, \boldsymbol{p}^*, \boldsymbol{c}')$与随机均匀选取的$(\boldsymbol{A}, \boldsymbol{p}^*, \boldsymbol{c}^*)$是计算上不可区分的。因此,$(\boldsymbol{A}, \boldsymbol{p}, \boldsymbol{c})$与均匀随机选取的$(\boldsymbol{A}, \boldsymbol{p}^*, \boldsymbol{c}^*)$在计算上是不可区分的。

6.5 方案的同态性

下面分析第 6.4 节改进的基本加密方案的同态性。令 $\boldsymbol{c}_i(i=1,2)$是使用密钥 $\boldsymbol{s}$ 加密 $m_i\in\{0,1\}$的任意密文,且有$\langle\boldsymbol{c}_i, \boldsymbol{s}\rangle=\left\lfloor\frac{q}{2}\right\rfloor\cdot m_i+e_i\pmod q=\left\lfloor\frac{q}{2}\right\rfloor\cdot m_i+e_i+k_iq$,其中 e_i的值是小的。如果 $\boldsymbol{c}_1+\boldsymbol{c}_2$或者 $\boldsymbol{c}_1\cdot\boldsymbol{c}_2$解密后对应的明文是 m_1+m_2或者 $m_1\cdot m_2$,则称该加密方案具有加法或者乘法同态性。

解密过程中的不变结构在分析同态属性中非常重要。如果第 6.4 节改进的基本加密方案要满足同态性,则需要在密文同态操作过程中保持一种不变结构$\langle\boldsymbol{c}_i, \boldsymbol{s}\rangle=\left\lfloor\frac{q}{2}\right\rfloor\cdot m_i+e_i\pmod q$。对于上述基本加密方案,加法同态性是本身具有的,而乘法同态性不具有,因此需要对乘法密文进行构造,使得乘法密文保持不变结构,从而获得乘法同态性。

6.5.1 加法同态性

由定义可知

$$\langle\boldsymbol{c}_1+\boldsymbol{c}_2, \boldsymbol{s}\rangle=\langle\boldsymbol{c}_1, \boldsymbol{s}\rangle+\langle\boldsymbol{c}_2, \boldsymbol{s}\rangle=\left\lfloor\frac{q}{2}\right\rfloor\cdot(m_1+m_2)+e_1+e_2\pmod q$$

如果噪声值 e_1+e_2 是小的，即 $|e_1+e_2|<\left\lfloor\frac{q}{4}\right\rfloor$，由引理 6-2 可知加法密文 $\boldsymbol{c}_1+\boldsymbol{c}_2$ 可以被正确解密。所以，基本加密方案具有加法同态性。和前面章节的方案一样，加法噪声的增长是缓慢的。

6.5.2 乘法同态性

由于方案本身不具有乘法同态性，因此需要定义密文的乘法，从而获得乘法同态性。定义密文的乘法形式为 $\left\lfloor\frac{2}{q}\cdot(\boldsymbol{c}_1\otimes\boldsymbol{c}_2)\right\rceil$，相应的解密密钥是 $\boldsymbol{s}\otimes\boldsymbol{s}$，该定义与 Bra12 方案的乘法定义形式相同。下面分析为什么这样定义密文的乘法形式。

令错误 $\boldsymbol{r}=\left\lfloor\frac{2}{q}\cdot(\boldsymbol{c}_1\otimes\boldsymbol{c}_2)\right\rceil-\frac{2}{q}\cdot(\boldsymbol{c}_1\otimes\boldsymbol{c}_2)$。根据定义有

$$
\begin{aligned}
<\left\lfloor\frac{2}{q}\cdot(\boldsymbol{c}_1\otimes\boldsymbol{c}_2)\right\rceil,\boldsymbol{s}\otimes\boldsymbol{s}> &= <\frac{2}{q}\cdot(\boldsymbol{c}_1\otimes\boldsymbol{c}_2),\boldsymbol{s}\otimes\boldsymbol{s}>+<\boldsymbol{r},\ \boldsymbol{s}\otimes\boldsymbol{s}> \\
&= \left\lfloor\frac{q}{2}\right\rfloor\cdot m_1m_2+m_1e_2+m_2e_1+2(e_1k_2+k_1e_2)+ \\
&\quad q\cdot(m_1k_2+k_1m_2+2k_1k_2)-[q]_2\cdot(m_1k_2+k_1m_2)+ \\
&\quad \frac{[q]_2}{q}\cdot\left(m_1e_2-m_2e_1-\left\lfloor\frac{q}{2}\right\rfloor\cdot(m_1m_2)\right)+\frac{2}{q}\cdot e_1e_2+ \\
&\quad <\boldsymbol{r},\ \boldsymbol{s}\otimes\boldsymbol{s}> \\
&= \left\lfloor\frac{q}{2}\right\rfloor\cdot m_1m_2+e_1^{\text{mult}}+e_2^{\text{mult}}
\end{aligned}
\tag{6-1}
$$

其中 $e_1^{\text{mult}}=m_1e_2+m_2e_1+2(e_1k_2+k_1e_2)+q\cdot(m_1k_2+k_1m_2+2k_1k_2)-[q]_2\cdot(m_1k_2+k_1m_2)+\frac{[q]_2}{q}\cdot\left(m_1e_2-m_2e_1-\left\lfloor\frac{q}{2}\right\rfloor\cdot(m_1m_2)\right)+\frac{2}{q}\cdot e_1e_2$，以及 $e_2^{\text{mult}}=|<\boldsymbol{r},\ \boldsymbol{s}\otimes\boldsymbol{s}>|$。

不变结构出现在式(6-1)中，如果噪声 $|e_1^{\text{mult}}+e_2^{\text{mult}}|<\left\lfloor\frac{q}{4}\right\rfloor$，则乘法密文 $\left\lfloor\frac{2}{q}\cdot(\boldsymbol{c}_1\otimes\boldsymbol{c}_2)\right\rceil$ 能够正确解密，由此我们获得了乘法同态性。

6.5.3 密钥交换

尽管上述张量密文的定义形式，使得我们获得了乘法同态的特性，但是每次密文乘法后，密文的维数从 $n+1$ 扩张到 $(n+1)^2$。为了解决密文乘法维数膨胀问题，需要用到密钥交换技术。

密钥交换技术由两个步骤构成：第一个步骤 SwitchKeyGen($\boldsymbol{s}_1$, $\boldsymbol{s}_2$, n_1, n_2, q)，输入两个密钥向量及其维数和模，输出辅助信息 $\boldsymbol{\tau}$，$\boldsymbol{\tau}$ 是一个矩阵；第二个步骤 SwitchKey(τ, $\boldsymbol{c}_1$, n_1, n_2, q)，输入辅助信息 $\boldsymbol{\tau}$，以及维数是 n_1 的密文 $\boldsymbol{c}_1$ 和模 q，输出维数是 n_2 的新密文 $\boldsymbol{c}_2$。具体的密钥交换定义见 3.2.4 节。

需要注意的是，使用密钥交换会引入新的噪声，见引理 6-4。

引理 6-4　参数 $\boldsymbol{s}_1\in\mathbb{Z}_q^{n_1}$，$\boldsymbol{s}_2\in\mathbb{Z}_q^{n_2}$，$q$，$N=n_1\lceil\log q\rceil$，$\boldsymbol{A}\leftarrow$**BL.PublicKeygen**($\boldsymbol{s}_2$)，$\boldsymbol{B}=$

$\boldsymbol{\tau}_{s_1 \to s_2} \in \mathbb{Z}_q^{N \times (n_2+1)}$ 如 SwitchKeyGen 中所示，有 $\boldsymbol{A}\boldsymbol{s}_2 = \boldsymbol{e}_2 \in \mathbb{Z}_q^N$。令 $\boldsymbol{c}_1 \in \mathbb{Z}_q^N$ 且有 $<\boldsymbol{c}_1, \boldsymbol{s}_1> = \left\lfloor \frac{q}{2} \right\rfloor \cdot m + e \pmod q$，其中 $|e| < \left\lfloor \frac{q}{4} \right\rfloor$。令 $\boldsymbol{c}_2 \leftarrow \text{SwitchKey}(\tau_{s_1 \to s_2}, \boldsymbol{c}_1)$，则有 $<\boldsymbol{c}_2, \boldsymbol{s}_2> = <\text{BitDecomp}(\boldsymbol{c}_1), \boldsymbol{e}_2> + <\boldsymbol{c}_1, \boldsymbol{s}_1> \pmod q$

其证明见参考文献[32]。

6.6 层次型全同态加密方案

基于第 6.4 节的基本加密方案和第 6.5 节的同态性，本节构造一个层次型全同态加密，该方案能够执行深度为 L 的同态计算电路。在该层次型全同态加密方案中，电路的每一层都有不同的密钥。电路的起始层命名为 L 层，最后一层命名为 0 层。同态操作在 L 层到 1 层的每一层都进行，最后一层即 0 层，只是进行密文的密钥交换。每次密文同态计算后，都要将结果通过密钥交换转换到电路下一层。每次密文同态计算之前，要求密文必须对应同样的密钥，即密文处在相同的电路层，否则要将高层密文转换到低层密文的层数。方案中的算法 **FHE.RefreshNextLevel** 就是将一个密文转换到电路的下一层，整体方案如下。

FBL.Setup(λ, L)：输入安全参数 λ 和电路深度 L，输出模 q、噪声分布 χ 和维数 n，其中分布 χ 是 $\mathbb{Z}$ 上的噪声高斯分布。

FBL.KeyGen(n, L)：对于 $i = L \cdots 0$，做如下操作。

(1) $\boldsymbol{s}_i = (1, \boldsymbol{s}_i') \leftarrow$ **BL.SecretKeygen**(1^n)；

(2) 当 $i = L$ 时，$\boldsymbol{A}_L \leftarrow$ **BL.PublicKeygen**$(\boldsymbol{s}_i)$；

(3) 当 $i = 0$ 时忽略此步，令 $\boldsymbol{s}_i'' \leftarrow \boldsymbol{s}_i \otimes \boldsymbol{s}_i \in \mathbb{Z}_2^{(n+1)^2}$；

(4) 当 $i = 0$ 时忽略此步，令 $\tau_{s_i'' \to s_{i-1}} \leftarrow \text{SwitchKeyGen}(\boldsymbol{s}_i'', \boldsymbol{s}_{i-1}') \in \mathbb{Z}_q^{(n+1)^2 \times (n+1)}$。

输出密钥集合 $\text{sk} = \{\boldsymbol{s}_i\}$，公钥集合 $\text{pk} = \{\boldsymbol{A}_L, \tau_{s_i'' \to s_{i-1}}\}$。

FBL.Enc(pk, m)：选取明文消息 $m \in \{0,1\}$，执行 $(\boldsymbol{c}, L) \leftarrow$ **BL.Enc**$(\boldsymbol{A}_L, m)$，其中 L 指示密文 $\boldsymbol{c}$ 所处的电路层次，即第 L 层。

FBL.Dec$(\text{sk}, (\boldsymbol{c}, i))$：执行 **BL.Dec**$(\boldsymbol{s}_i, \boldsymbol{c})$。

FBL.Add$((\boldsymbol{c}_1, i), (\boldsymbol{c}_2, j))$：做如下操作。

(1) 如果 $i = j$，则计算 $\boldsymbol{c}_3 \leftarrow \boldsymbol{c}_1 + \boldsymbol{c}_2$。

(2) 如果 $i \neq j$，令 $\max(i, j)$ 为 i 和 j 中的最大值。调用 **FHE.RefreshNextLevel** $((\boldsymbol{c}_{\max(i,j)}, \max(i, j)), \tau_{s''_{\max(i,j)} \to s_{\max(i,j)-1}})$，直到两个密文所处的电路层次相同，之后返回到第(1)步。

FBL.Mult$((\boldsymbol{c}_1, i), (\boldsymbol{c}_2, j))$：做如下操作。

(1) 如果 $i = j$，则计算 $\boldsymbol{c}_3 \leftarrow \left\lfloor \frac{2}{q} \cdot (\boldsymbol{c}_1 \otimes \boldsymbol{c}_2) \right\rceil$。

(2) 如果 $i \neq j$，令 $\max(i, j)$ 为 i 和 j 中的最大值。调用 **FHE.RefreshNextLevel** $((\boldsymbol{c}_{\max(i,j)}, \max(i, j)), \tau_{s''_{\max(i,j)} \to s_{\max(i,j)-1}})$，直到两个密文所处的电路层次相同，之后返回到第(1)步。

(3) 输出 $\boldsymbol{c}_4 \leftarrow \text{SwitchKey}(\tau_{s_i'' \to s_{i-1}}, \boldsymbol{c}_3)$。

FBL.RefreshNextLevel$((\boldsymbol{c}, i), \tau_{s_i'' \to s_{i-1}})$：做如下操作。

(1) 计算 $\boldsymbol{c}' = \boldsymbol{c} \otimes (1,0,\cdots,0)$；

(2) 输出 $\boldsymbol{c}_1 \leftarrow \text{SwitchKey}(\tau_{s_i'' \to s_{i-1}}, \boldsymbol{c}')$。

上述层次型加密方案的正确性,需要通过密文计算的噪声增长进行分析。

6.7　密文同态计算的噪声分析

设密文 $\boldsymbol{c}_i(i=1,2)$是新鲜密文,对应密钥是 $\boldsymbol{s}$，即 $\boldsymbol{c}_i \leftarrow \mathbf{BL.Enc}(\mathbf{A}, \text{pk}, m_i)$。根据引理 6-1 可知有$\langle \boldsymbol{c}_i, \boldsymbol{s} \rangle = \left\lfloor \frac{q}{2} \right\rfloor \cdot m_i + e_i \pmod q$，其中$|e_i| \leqslant E = nB^2 + nB + B$。下面分析密文进行一次加法和一次乘法的噪声值。

6.7.1　加法噪声分析

根据定义,有

$$\langle \boldsymbol{c}_1 + \boldsymbol{c}_2, \boldsymbol{s} \rangle = \langle \boldsymbol{c}_1, \boldsymbol{s} \rangle + \langle \boldsymbol{c}_2, \boldsymbol{s} \rangle \pmod q$$

$$= \left\lfloor \frac{q}{2} \right\rfloor \cdot [m_1 + m_2]_2 + 2 \cdot \left\lfloor \frac{q}{2} \right\rfloor \cdot \lfloor (m_1 + m_2)/2 \rfloor + e_1 + e_2 \pmod q$$

因此有 $|e^{\text{add}}| = \left| 2 \cdot \left\lfloor \frac{q}{2} \right\rfloor \cdot \lfloor (m_1 + m_2)/2 \rfloor + e_1 + e_2 \right| \leqslant 2nB^2 + 2nB + 2B + 1$。

6.7.2　乘法噪声分析

令 $\boldsymbol{c}_{\text{mult}} \leftarrow \mathbf{FHE.Mult}(\text{pk}, (\boldsymbol{c}_1, L), (\boldsymbol{c}_2, L))$,其对应密钥为 $\boldsymbol{s}_{L-1}$。根据引理 6-1 和第 6.5 节有

$$\langle \boldsymbol{c}_{\text{mult}}, \boldsymbol{s}_{L-1} \rangle = \left\langle \left\lfloor \frac{2}{q} \cdot (\boldsymbol{c}_1 \otimes \boldsymbol{c}_2) \right\rceil, \boldsymbol{s}_L \otimes \boldsymbol{s}_L \right\rangle + \left\langle \text{BitDecomp}\left(\left\lfloor \frac{2}{q} \cdot (\boldsymbol{c}_1 \otimes \boldsymbol{c}_2) \right\rceil \right), \boldsymbol{e} \right\rangle$$

$$= \left\lfloor \frac{q}{2} \right\rfloor \cdot m_1 m_2 + e_1^{\text{mult}} + e_2^{\text{mult}} + e_3 \pmod q$$

其中 $e_1^{\text{mult}} = m_1 e_2 + m_2 e_1 + 2(e_1 k_2 + k_1 e_2) + q \cdot (m_1 k_2 + k_1 m_2 + 2k_1 k_2) - [q]_2 \cdot (m_1 k_2 + k_1 m_2) + \frac{[q]_2}{q} \cdot \left(m_1 e_2 - m_2 e_1 - \left\lfloor \frac{q}{2} \right\rfloor \cdot (m_1 m_2) \right) + \frac{2}{q} \cdot e_1 e_2$,以及$e_2^{\text{mult}} = |\langle \boldsymbol{r}, \boldsymbol{s} \otimes \boldsymbol{s} \rangle|$,

$e_3 = \left\langle \text{BitDecomp}\left(\left\lfloor \frac{2}{q} \cdot (\boldsymbol{c}_1 \otimes \boldsymbol{c}_2) \right\rceil \right), \boldsymbol{e} \right\rangle$。

首先分析 e_1^{mult} 的界。e_1^{mult} 的值主要依赖 $2(e_1 k_2 + k_1 e_2)$,下面分析 k_1的值,同理也适用于 k_2。

$$|k_1| = \left| \langle \boldsymbol{c}_1, \boldsymbol{s} \rangle - \left\lfloor \frac{q}{2} \right\rfloor \cdot m_1 - e_1 \right| / q \leqslant |\langle \boldsymbol{c}_1, \boldsymbol{s} \rangle| / q + 1$$

$$\leqslant (\| \boldsymbol{c}_1 \|_\infty / q) \cdot \| \boldsymbol{s} \|_1 + 1 \leqslant n + 1$$

因此有$|e_1^{\text{mult}}| \leqslant 2E(n+3)+2$。此外，有$|e_2^{\text{mult}}| = |\langle \boldsymbol{r}, \boldsymbol{s} \otimes \boldsymbol{s} \rangle| \leqslant \|\boldsymbol{r}\|_\infty \cdot |\boldsymbol{s} \otimes \boldsymbol{s}| \leqslant (1/2) \cdot (n+1)^2$和$|e_3| \leqslant (n+1)^2 \cdot \lceil \log q \rceil \cdot B$。

所以，新鲜密文经过一次乘法后的噪声值为

$$|e_1^{\text{mult}} + e_2^{\text{mult}} + e_3| \leqslant 2E \cdot (n+3) + (n+1)^2 \left(\lceil \log q \rceil \cdot B + \frac{1}{2} \right) = t_1 E + t_2$$

其中$t_1 = 2(n+3)$，$t_2 = (n+1)^2 \left(\lceil \log q \rceil \cdot B + \frac{1}{2} \right)$。经过深度为$L$的电路计算后，结果密文的噪声至多为$t_1^L \cdot E + L \cdot t_1^{L-1} \cdot t_2$。因此，上述层次型全同态加密方案的解密正确性条件是

$$|t_1^L \cdot E + L \cdot t_1^{L-1} \cdot t_2| < \left\lfloor \frac{q}{4} \right\rfloor$$

只要上述正确性条件满足，就获得了电路深度为L的全同态加密方案。另外，已知最好的求解 LWE 问题的时间是$2^{n/\log(q/B)}$，所以，对于$\varepsilon < 1$，选取$q = 2^{n^\varepsilon}$以及选取B为关于n的多项式，则有$L \approx \log q \approx n^\varepsilon$。这意味着第 6.6 节的方案能够执行一个多项式深度的电路，所以获得了一个层次型全同态加密方案，从而得到定理 6-1。

定理 6-1 在 Binary-LWE 问题假设下，$q/B \leqslant 2^{n^\varepsilon}$，则对于每个多项式大小的$L > 0$，存在$\varepsilon < 1$，使得上述方案是一个层次型全同态加密方案。

6.8 选择具体安全参数

本节分析第 6.6 节提出的全同态加密方案的具体安全参数，根据指定的安全等级，确定方案的具体参数。这些参数包括维数n、电路深度L、模q和高斯参数r。通过这些参数，可以获得公钥和私钥的具体尺寸、密文和张量密文乘积的尺寸，以及密钥交换矩阵的尺寸。由于 Bra12 全同态加密方案的同态性与本章方案类似，而且无须模交换技术控制密文的噪声增长，所以将本章提出的全同态加密方案与 Bra12 方案的参数进行比较。

6.8.1 方案的参数属性

方案参数单位用位(Bit)衡量。本章层次型全同态加密方案的公钥是$\mathbb{Z}_q$上的n维向量，公钥尺寸是$n\log q$；当同态计算电路深度为L时，私钥是$L+1$个$n+1$维向量，向量中的每个元素是 1 或者 0，所以私钥尺寸是$(L+1)(n+1)$；密文是$\mathbb{Z}_q$上的$n+1$维向量，所以密文尺寸是$(n+1)\log q$；用于密钥交换的计算公钥是L个$(n+1)^2\lceil \log q \rceil \times (n+1)$的矩阵，所以公钥矩阵的尺寸是$L(n+1)^2\log q$。表 6-1 列出了本章方案和 Bra12 方案的参数尺寸。注意：根据 Binary-LWE 问题困难性假设，Binary-LWE 问题维数n与 LWE 问题维数n'有如下关系：$n = n'\log(\log n')$。在表 6-1 中，Binary-LWE 问题维数n用 LWE 问题维数n'表达。

表 6-1 中的数据显示，本章方案的公钥尺寸比 Bra12 方案近似小$2(n+1)\log q$，如果没有信任源，则本章方案的公钥尺寸将略大于 Bra12 方案。本章方案的密钥尺寸比 Bra12 方案近似小$\log q$，这是由于本章方案的密钥是从$\{0, 1\}^n$选取的。本章方案的密文

尺寸近似和 Bra12 方案相同。本章方案的计算公钥尺寸比 Bra12 方案近似小 $\log^2 q$。因此，本章方案的参数尺寸较同类的 Bra12 方案有显著的优势。

表 6-1　本章方案的参数尺寸　　　(单位：位)

方案	公　钥	私　钥	密　文	计算公钥
本章方案	$n'\log(\log n')\log q$	$(L+1)(n'\log(\log n')+1)$	$(n'\log(\log n')+1)\log q$	$L(n'\log(\log n')+1)^3\log^2 q$
Bra12 方案	$2n'(n'+1)\log^2 q$	$(L+1)(n'+1)\lceil \log q \rceil$	$(n'+1)\lceil \log q \rceil$	$L(n'+1)^3\lceil \log q \rceil^4$

6.8.2　具体参数

在层次型全同态加密方案中，对于固定的电路深度 L，模 q 的取值必须保证能够执行深度为 L 的电路，同时还要保证密文计算的正确性。由第 6.7 节的噪声增长分析可知，为了保证深度为 L 的全同态加密方案的正确性，本章方案的参数需要满足条件：$|t_1^L \cdot E + L \cdot t_1^{L-1} \cdot t_2| < \left\lfloor \frac{q}{4} \right\rfloor$，其中 $t_1 = 2(n+3)$，$t_2 = (n+1)^2\left(\lceil \log q \rceil \cdot B + \frac{1}{2}\right)$。由此，对于不同的 L，结合式(3-8)与上述正确性条件，得到如表 6-2 所示的参数，这些参数能够保证正确执行深度为 L 的全同态加密方案。

表 6-2　安全等级 80 位，高斯参数 $r=8$，敌手优势 $adv=2^{-1}$，不同电路深度下维数和模的尺寸

L	0	1	5	10	15	20
本章方案						
n	1357.53	2595.97	8331.57	16451.39	25042.17	33948.43
$\log q$	24	38	99	182	268	356
LWE 上 Bra12 方案						
n	382.75	1002.33	3463.42	6795.68	10312.63	13961.10
$\log q$	22	46	140	267	401	540

表 6-2 中的数据显示，在电路深度相同时，尽管本章方案的维数 n 取值大于 LWE 上 Bra12 方案，但是本章方案的模 q 取值要小于 LWE 上 Bra12 方案，这说明本章方案的噪声增长要小于 LWE 上 Bra12 方案。也就是说，在相同的模 q 取值下，在相同安全等级下，本章方案比 LWE 上 Bra12 方案有更深的电路深度。

表 6-3 列出了本章方案与 LWE 上 Bra12 方案的公钥、私钥和密文的具体尺寸。数据显示，在相同电路深度下，本章方案的公钥具体尺寸要比 LWE 上 Bra12 方案的小很多，相应的计算公钥具体尺寸也比 LWE 上 Bra12 方案的小很多，密钥的具体尺寸也比 LWE 上 Bra12 方案的小很多。但是，密文的尺寸，LWE 上 Bra12 方案要比本章方案小一些。所有具体参数的总和大小，本章方案要比 LWE 上 Bra12 方案的小很多。

因此，本章方案在参数的尺寸上以及噪声增长方面比 LWE 上 Bra12 方案具有明显的优势。

表 6-3 安全等级 80 位，敌手优势 $adv=2^{-1}$，本章方案与 LWE 上 Bra12 方案的公钥、私钥和密文的具体尺寸

（单位：KB）

方案	电路深度	公钥	计算公钥	私钥	密文	总和
本章方案	$L=0$	3.98	0	0.17	3.98	8.12
	$L=5$	100.69	34958426949.67	6.10	100.70	34958427157.16
	$L=10$	365.50	989391917188.70	22.09	365.52	989391917941.81
(LWE) Bra12 方案	$L=0$	17355.49	0	1.03	1.03	17357.55
	$L=5$	57415968.06	9749562338541540	355.24	59.21	9749562395957922
	$L=10$	803882437.34	1947806921077425400	2436.75	221.52	1947806921881310500

6.9 总结

本章基于 Binary-LWE 问题设计了一个短公钥全同态加密方案，该方案的噪声增长依赖于密钥的长度。本章使用 Binary-LWE 问题有效地约减了密钥的长度，从而降低了密文计算过程中的噪声增长，使得本章的全同态加密方案具有更小的参数。通过与同类型的全同态加密方案 Bra12 相比，本章方案在参数的尺寸上以及噪声增长方面较 LWE 上 Bra12 方案具有明显的优势。

第7章 基于 Binary-LWE 噪声控制优化的全同态加密方案改进

使用 Binary-LWE 可以有效地约减 LWE 上加密方案中的密钥长度，因此，在密文计算过程中，噪声增长主要依赖密钥的 LWE 上全同态加密方案，如果将其构建在 Binary-LWE 上，则可以有效地降低密文计算过程中的噪声增长，从而缩小方案的参数尺寸，提高方案的效率。本章将研究如何通过 Binary-LWE 对已有全同态加密方案进行噪声控制与优化，并且分析改进前与改进后参数取值的变化。

7.1 问题的提出

人们提出了 LWE 问题的一个变种问题：Binary-LWE 问题。如果在 LWE 问题中将密钥取自$\{0,1\}^n$或$\{-1,0,1\}^n$，就变成了 Binary-LWE 问题。由于 Binary-LWE 问题可以有效地约减 LWE 上加密方案的密钥长度，因此，在密文计算过程中，噪声增长主要依赖密钥的 LWE 上全同态加密方案，如果将其构建在 Binary-LWE 上，则可以有效地降低密文计算过程中的噪声增长，从而缩小方案的参数尺寸，提高方案的效率。

本章将研究如何通过 Binary-LWE 对已有全同态加密方案进行噪声控制与优化，并且分析改进前与改进后参数取值的变化，研究其优化的效果。

7.2 解决问题的主要思路

LWE 上噪声增长主要依赖密钥的全同态加密方案是 Bra12 方案。在 Bra12 方案中，噪声增长依赖于密钥的范数值$\|\boldsymbol{s}\|_1$，因此，为了控制噪声的增长，将密钥展开成二进制的形式。但是，这一方面降低了密文的噪声增长；另一方面极大地增长了密钥的维数，密钥由$\boldsymbol{s}\in\mathbb{Z}_q^{n+1}\rightarrow\text{BitDecomp}(\boldsymbol{s})\in(0,1)^{(n+1)\lceil\log q\rceil}$，同理密文由$\boldsymbol{c}\in\mathbb{Z}_q^{n+1}\rightarrow\text{Powerof2}(\boldsymbol{c})\in\mathbb{Z}_q^{(n+1)\lceil\log q\rceil}$，同时导致乘法密文及其密钥，以及密钥交换矩阵的维数都急剧增长。参数尺寸

的膨胀不但影响了计算效率，并且占用了大量的存储空间。

本章将在 Binary-LWE 上构建 Bra12 方案，将密钥取自 $\{0,1\}^n$，从而缩减了密钥长度，导致无须对密钥进行位扩展技术。在本章改进的 Bra12 方案中，其密文乘积形式为 $\left\lfloor \frac{2}{q} \cdot (\boldsymbol{c}_1 \otimes \boldsymbol{c}_2) \right\rceil$，相应的密钥是 $\boldsymbol{s} \otimes \boldsymbol{s}$。而原 Bra12 方案中的密文乘积形式为 $\left\lfloor \frac{2}{q} \cdot (\mathrm{Poweof2}(\boldsymbol{c}_1) \otimes \mathrm{Poweof2}(\boldsymbol{c}_2)) \right\rceil$，密钥是 $\mathrm{BitDecomp}(\boldsymbol{s}_1) \otimes \mathrm{BitDecomp}(\boldsymbol{s}_2)$。可见，在本章改进的 Bra12 方案中，乘积密文及其密钥的尺寸大大减小了。此外，密钥交换矩阵由原来的 L 个 $(n+1)^2\lceil \log q \rceil^3 \times (n+1)$ 矩阵变成了 L 个 $(n+1)^2\lceil \log q \rceil \times (n+1)$ 矩阵，大大缩减了密钥矩阵的尺寸。

7.3 改进的基本加密方案

在 Bra12 全同态加密方案中，是以 Regev 的 LWE 加密方案作为基本加密方案，这里我们对该基本加密方案进行了改进，将方案建立在 Binary-LWE 问题上，密钥从 $\{0,1\}^n$ 中随机均匀选取，而 Regev 的加密方案是建立在 LWE 问题上，密钥是从 $\mathbb{Z}_q^n$ 中随机均匀选取。这样的改进能够进一步控制密文噪声的增长。参考文献[128,136]证明了 Binary-LWE 问题的困难性，因此改进的基本加密方案是安全的。

基本加密方案如下，其中参数 n 是格的维数，χ 是噪声高斯分布，其值的选取应尽可能小，素数 $q=q(n)$ 是模。

BLRegev.SecretKeygen(1^n)：随机均匀地选取 $\boldsymbol{s}' \leftarrow \{0,1\}^n$，输出 $\mathrm{sk}=\boldsymbol{s} \leftarrow (1, \boldsymbol{s}')$。

BLRegev.PublicKeygen$(\boldsymbol{s})$：令 $N=2n\log q$，生成矩阵 $\boldsymbol{A}' \leftarrow \mathbb{Z}_q^{N \times n}$ 和向量 $\boldsymbol{e} \leftarrow \chi^N$，计算 $\boldsymbol{b} \leftarrow A'\boldsymbol{s}'+2\boldsymbol{e}$。定义 $\boldsymbol{A}$ 是 $n+1$ 列矩阵，它由向量 $\boldsymbol{b}$ 和矩阵 $-A'$ 构成，即 $\boldsymbol{A}=[\boldsymbol{b} \mid -A'] \in \mathbb{Z}_q^{N \times (n+1)}$，其中 $\boldsymbol{A}\boldsymbol{s}=\boldsymbol{e}$，输出 $\mathrm{pk}=\boldsymbol{A}$。

BLRegev.Enc(pk, m)：消息 $m \in \{0,1\}$，令 $\boldsymbol{m} \leftarrow (m, 0, \cdots, 0) \in \{0,1\}^{n+1}$。随机选取 $\boldsymbol{r} \in \{0,1\}^N$，输出密文 $\boldsymbol{c} \leftarrow \left\lfloor \frac{q}{2} \right\rfloor \cdot \boldsymbol{m}+\boldsymbol{A}^{\mathrm{T}} \cdot \boldsymbol{r} \in \mathbb{Z}_q^{n+1}$。

BLRegev.Dec$(\mathrm{sk}, \boldsymbol{c})$：输出 $m \leftarrow \left\lfloor \frac{2}{q} [\langle \boldsymbol{c}, \boldsymbol{s} \rangle]_q \right\rceil \bmod 2$。

为了说明方案的正确性，下面分析加密和解密的噪声值。

引理 7-1 （加密噪声）。令 q、n、N、$|\chi| \leqslant B$ 是如上基本加密方案的参数，任意向量 $\boldsymbol{s}' \leftarrow \{0,1\}^n$，$\boldsymbol{s} \leftarrow (1, \boldsymbol{s}')$，$m \in \{0,1\}$。令 $\boldsymbol{A} \leftarrow$ **BLRegev.PublicKeygen**$(\boldsymbol{s})$ 和 $\boldsymbol{c} \leftarrow$ **BLRegev.Enc**$(\boldsymbol{A}, m)$，存在 e，且 $|e| \leqslant N \cdot B=2nB\log q$，使得如下等式成立：

$$\langle \boldsymbol{c}, \boldsymbol{s} \rangle = \left\lfloor \frac{q}{2} \right\rfloor \cdot m + e \pmod q$$

证明：根据上述加密方案的定义，有

$$\langle \boldsymbol{c}, \boldsymbol{s} \rangle = \left\langle \left\lfloor \frac{q}{2} \right\rfloor \cdot \boldsymbol{m}+\boldsymbol{A}^{\mathrm{T}} \cdot \boldsymbol{r}, \boldsymbol{s} \right\rangle \pmod q$$

$$=\left\lfloor \frac{q}{2} \right\rfloor \cdot m+\boldsymbol{r}^{\mathrm{T}} \cdot \boldsymbol{A} \cdot \boldsymbol{s} \pmod q$$

$$=\left\lfloor \frac{q}{2} \right\rfloor \cdot m+\langle \boldsymbol{r}, \boldsymbol{e} \rangle \pmod q$$

$$=\left\lfloor \frac{q}{2} \right\rfloor \cdot m+e \pmod q$$

注意：上述密文是"新鲜"密文，噪声也是初始噪声。密文在计算过程中，噪声会不断增长。噪声增长到某个界限后，将不能保证解密的正确性。下面的引理阐述了密文中噪声的界限与正确解密之间的关系。

引理 7-2 （解密噪声）。存在向量 $\boldsymbol{s}' \leftarrow \{0,1\}^n$ 和密文 $\boldsymbol{c} \in \mathbb{Z}_q^{n+1}$，令 $\boldsymbol{s} \leftarrow (1, \boldsymbol{s}')$，满足如下条件：

$$\langle \boldsymbol{c}, \boldsymbol{s} \rangle = \left\lfloor \frac{q}{2} \right\rfloor \cdot m+e \pmod q$$

其中 $m \in \{0,1\}$ 且 $|e| < \left\lfloor \frac{q}{2} \right\rfloor /2$，则有 $m \leftarrow$ **BLRegev.Dec**$(\boldsymbol{s}, \boldsymbol{c})$。

证明：由基本加密方案可知向量 $\boldsymbol{e} \leftarrow \chi^N$，由于 $\boldsymbol{e}$ 中的各项取自高斯分布 χ，所以 $e=\langle \boldsymbol{r}, \boldsymbol{e} \rangle$ 也服从于高斯分布，根据参考文献[11]中的定理，$|e| > \left\lfloor \frac{q}{2} \right\rfloor /2$ 的概率可以忽略。所以，当 m 是 0 时，$\langle \boldsymbol{c}, \boldsymbol{s} \rangle$ 靠近 0，所以解密正确。同理，m 是 1 时，$\langle \boldsymbol{c}, \boldsymbol{s} \rangle$ 靠近 $\left\lfloor \frac{q}{2} \right\rfloor$，所以解密也正确。

上述基本加密方案的安全性基于 Binary-LWE，其证明方法与 Regev 在参考文献[11]中的一样。

引理 7-3 （安全性）。令 q、n、χ 是保证 Binary-LWE 判定性问题困难的参数，对于任意 $m \in \{0,1\}$，如果 $\boldsymbol{s}' \leftarrow$ **BLRegev.SecretKeygen**(1^n)，$\boldsymbol{A} \leftarrow$ **BLRegev.PublicKeygen**$(\boldsymbol{s})$，以及 $\boldsymbol{c} \leftarrow$ **BLRegev.Enc**$(\boldsymbol{A}, m)$，则分布 $(\boldsymbol{A}, \boldsymbol{c})$ 与 $\mathbb{Z}_q^{N \times (n+1)} \times \mathbb{Z}_q^{n+1}$ 上的均匀分布是不可区分的。

7.4 方案的同态性

假设 $\boldsymbol{c}_i (i=1,2)$ 是使用密钥 $\boldsymbol{s}$ 加密 $m \in \{0,1\}$ 的任意密文，且有 $\langle \boldsymbol{c}_i, \boldsymbol{s} \rangle = \left\lfloor \frac{q}{2} \right\rfloor \cdot m_i+e_i \pmod q = \left\lfloor \frac{q}{2} \right\rfloor \cdot m_i+e_i+k_i q$，其中 e_i 的值是小的。如果 $\boldsymbol{c}_1+\boldsymbol{c}_2$ 或者 $\boldsymbol{c}_1 \cdot \boldsymbol{c}_2$ 解密后对应的明文是 m_1+m_2 或者 $m_1 \cdot m_2$，则称该加密方案具有加法或者乘法同态性。

如果上述加密方案要满足同态性，则需要在密文同态操作过程中保持一种不变结构：$\langle \boldsymbol{c}_i, \boldsymbol{s} \rangle = \left\lfloor \frac{q}{2} \right\rfloor \cdot m_i+e_i \pmod q$。对于上述基本加密方案，加法同态性是本身具有的，而乘法同态性不具有，因此需要对乘法密文进行构造，使得乘法密文保持不变结构，从而获得乘法同态性。

7.4.1 加法同态性

根据定义,有

$$\langle \boldsymbol{c}_1+\boldsymbol{c}_2, \boldsymbol{s}\rangle=\langle \boldsymbol{c}_1, \boldsymbol{s}\rangle+\langle \boldsymbol{c}_2, \boldsymbol{s}\rangle=\left\lfloor\frac{q}{2}\right\rfloor\cdot(m_1+m_2)+e_1+e_2 \pmod q$$

如果噪声值是小的,即$|e_1+e_2|<\left\lfloor\frac{q}{2}\right\rfloor/2$,由引理7-2,加法密文$\boldsymbol{c}_1+\boldsymbol{c}_2$可以被正确解密,所以基本加密方案具有加法同态性。

7.4.2 乘法同态性

令$\boldsymbol{c}^{\times}$是$\boldsymbol{c}_1$与$\boldsymbol{c}_2$的乘法密文。构造乘法密文同态性的思想是保持不变结构:

$$\langle \boldsymbol{c}^{\times}, \boldsymbol{s}\rangle=\left\lfloor\frac{q}{2}\right\rfloor\cdot(m_1m_2)+e \pmod q$$

其中e的值是小的。由于$\langle \boldsymbol{c}_1, \boldsymbol{s}\rangle\cdot\langle \boldsymbol{c}_2, \boldsymbol{s}\rangle$中会出现$m_1\cdot m_2$项,但其系数是$\left\lfloor\frac{q}{2}\right\rfloor^2$,所以还需要除以$\frac{q}{2}$以保持不变结构。又由于$\langle \boldsymbol{c}_1, \boldsymbol{s}\rangle\cdot\langle \boldsymbol{c}_2, \boldsymbol{s}\rangle=\langle \boldsymbol{c}_1\otimes\boldsymbol{c}_2, \boldsymbol{s}\otimes\boldsymbol{s}\rangle$,所以乘法密文$\boldsymbol{c}^{\times}$定义为张量密文$\left\lfloor\frac{2}{q}\cdot(\boldsymbol{c}_1\otimes\boldsymbol{c}_2)\right\rceil$,对应密钥是$\boldsymbol{s}\otimes\boldsymbol{s}$。与Bra12方案中乘法密文的定义一样,具体分析如下。

令$\boldsymbol{r}=\left\lfloor\frac{2}{q}\cdot(\boldsymbol{c}_1\otimes\boldsymbol{c}_2)\right\rceil-\frac{2}{q}\cdot(\boldsymbol{c}_1\otimes\boldsymbol{c}_2)$,由定义可知有

$$\begin{aligned}\left\langle\left\lfloor\frac{2}{q}\cdot(\boldsymbol{c}_1\otimes\boldsymbol{c}_2)\right\rceil, \boldsymbol{s}\otimes\boldsymbol{s}\right\rangle&=\left\langle\frac{2}{q}\cdot(\boldsymbol{c}_1\otimes\boldsymbol{c}_2), \boldsymbol{s}\otimes\boldsymbol{s}\right\rangle+\langle \boldsymbol{r}, \boldsymbol{s}\otimes\boldsymbol{s}\rangle\\&=\left\lfloor\frac{q}{2}\right\rfloor\cdot(m_1m_2)+m_1e_2+m_2e_1+2(e_1k_2+k_1e_2)+\\&\quad q\cdot(m_1k_2+k_1m_2+2k_1k_2)-[q]_2\cdot(m_1k_2+k_1m_2)+\\&\quad \frac{[q]_2}{q}\left(m_1e_2-m_2e_1-\left\lfloor\frac{q}{2}\right\rfloor\cdot(m_1m_2)\right)+\frac{2}{q}\cdot e_1e_2+\\&\quad \langle \boldsymbol{r}, \boldsymbol{s}\otimes\boldsymbol{s}\rangle\\&=\left\lfloor\frac{q}{2}\right\rfloor\cdot(m_1m_2)+e_1^{\text{mult}}+e_2^{\text{mult}}\end{aligned}\tag{7-1}$$

其中$e_1^{\text{mult}}=m_1e_2+m_2e_1+2(e_1k_2+k_1e_2)+q\cdot(m_1k_2+k_1m_2+2k_1k_2)-[q]_2\cdot(m_1k_2+k_1m_2)+\frac{[q]_2}{q}\cdot\left(m_1e_2-m_2e_1-\left\lfloor\frac{q}{2}\right\rfloor\cdot(m_1m_2)\right)+\frac{2}{q}\cdot e_1e_2$,$e_2^{\text{mult}}=|\langle \boldsymbol{r}, \boldsymbol{s}\otimes\boldsymbol{s}\rangle|$。

不变结构出现在式(7-1)中,如果噪声$|e_1^{\text{mult}}+e_2^{\text{mult}}|<\left\lfloor\frac{q}{2}\right\rfloor/2$,则乘法密文$\left\lfloor\frac{2}{q}\cdot(\boldsymbol{c}_1\otimes\boldsymbol{c}_2)\right\rceil$能够正确解密,由此就获得了乘法同态性。

7.4.3 密钥交换

具体定义见第3.2.4节和第6.5.3节。

7.5 层次型全同态加密方案

本节基于第7.3节改进的基本加密方案和第7.4节方案的同态性，构造一个层次型全同态加密方案，该方案能够执行深度为 L 的密文同态计算电路。在该层次型全同态加密方案中，电路的每一层都有不同的密钥。电路的起始层命名为 L 层，最后一层命名为0层。同态操作在从 L 层到1层的每一层都进行，最后一层即0层，只是进行密文的密钥交换。每次密文同态计算后，都要将结果通过密钥交换转换到电路下一层。每次密文同态计算之前，要求密文必须对应同样的密钥，即密文处在相同的电路层，否则要将高层密文转换到低层密文的层数。方案中的算法 **BLBraFHE.RefreshNextLevel** 就是将一个密文转换到电路的下一层，整体方案如下。

BLBraFHE.Setup(λ, L)：输入安全参数 λ 和电路深度 L，输出噪声分布 χ 和维数 n。分布 χ 和维数 n 与基本加密方案中的相同。

BLBraFHE.KeyGen(n, L)：对于 $i=L\cdots 0$，做如下操作。

(1) 如果 $i=L$，令 $\mathrm{sk}=\mathrm{pk}_1=\mathrm{pk}_2=\varnothing$。

(2) $\boldsymbol{s}_i \leftarrow$ **BLRegev.SecretKeygen**(1^n)，令 $\mathrm{sk}=\boldsymbol{s}_i\cup\mathrm{sk}$。

(3) 仅当 $i=L$ 时执行此步。$p_L\leftarrow$ **BLRegev. PublicKeygen**$(\boldsymbol{A}, \boldsymbol{s}_L)$，令 $\mathrm{pk}_1=p_L\cup\mathrm{pk}_1$。

(4) 当 $i=0$ 时忽略此步。令 $\boldsymbol{s}_i'\leftarrow\boldsymbol{s}_i\otimes\boldsymbol{s}_i\in(0,1)^{(n+1)^2}$。

(5) 当 $i=0$ 时忽略此步。$\tau_{s_i'\to s_{i-1}}\leftarrow$ **SwitchKeyGen**$(\boldsymbol{s}_i', \boldsymbol{s}_{i-1})$。令 $\mathrm{pk}_2=\tau_{s_i'\to s_{i-1}}\cup\mathrm{pk}_2$。

最后输出私钥 $\mathrm{sk}=\{\boldsymbol{s}_i\}$，公钥 $\mathrm{pk}=(\mathrm{pk}_1,\mathrm{pk}_2)$。

BLBraFHE.Enc(pk_1, m)：选取明文消息 $m\in\{0,1\}$，执行 $(\boldsymbol{c}, L)\leftarrow$ **BLRegev.Enc**(p_L, m)，其中 L 指示密文 $\boldsymbol{c}$ 所处的电路层次。

BLBraFHE.Dec$(\mathrm{sk}, (\boldsymbol{c}, i))$：执行 **BLRegev.Dec**$(\boldsymbol{s}_i, \boldsymbol{c}_i)$。

BLBraFHE.Add$(\mathrm{pk}_2, (\boldsymbol{c}_1, i), (\boldsymbol{c}_2, j))$：做如下操作。

(1) 如果 $i=j$，则计算 $\boldsymbol{c}_3\leftarrow\boldsymbol{c}_1+\boldsymbol{c}_2$。为了将 $\boldsymbol{c}_3$ 转变成下一层电路的密文，调用 **BLBraFHE.RefreshNextLevel**，$\boldsymbol{c}_{\mathrm{add}}\leftarrow$ **BLBraFHE. RefreshNextLevel**$((\boldsymbol{c}_3, i), \tau_{s_i'\to s_{i-1}})\in\mathbb{Z}_q^{n+1}$，输出 $(\boldsymbol{c}_{\mathrm{add}}, i-1)$。

(2) 如果 $i\neq j$，则令 $\max(i, j)$ 为 i 和 j 中的最大值。调用 **BLBraFHE.RefreshNextLevel**$((\boldsymbol{c}_{\max(i,j)}, \max(i, j)), \tau_{s'_{\max(i,j)}\to s_{\max(i,j)-1}})$，直到两个密文所处的电路层次相同，之后返回到第(1)步。

BLBraFHE.Mult$(\mathrm{pk}_2, (\boldsymbol{c}_1, i), (\boldsymbol{c}_2, j))$：做如下操作。

(1) 如果 $i=j$，则计算 $\boldsymbol{c}_3\leftarrow\left\lfloor\frac{2}{q}\cdot(c_1\otimes c_2)\right\rceil$，其对应密钥为 $\boldsymbol{s}_i'$，然后输出 $\boldsymbol{c}_{\mathrm{mult}}\leftarrow$

SwitchKey$(\tau_{s_i' \to s_{i-1}}, \boldsymbol{c}_3)$。

(2) 如果 $i \neq j$，令 $\max(i, j)$ 为 i 和 j 中的最大值。调用 **BLBraFHE.RefreshNextLevel**$((\boldsymbol{c}_{\max(i,j)}, \max(i, j)), \tau_{s'_{\max(i,j)} \to s_{\max(i,j)-1}})$，直到两个密文所处的电路层次相同，之后返回到第(1)步。

BLBraFHE.RefreshNextLevel$((\boldsymbol{c}, i), \tau_{s_i' \to s_{i-1}})$：计算 $\boldsymbol{c}' = \boldsymbol{c} \otimes (1, 0, \cdots, 0)$，输出 **SwitchKey**$(\tau_{s_i' \to s_{i-1}}, \boldsymbol{c}')$。

上述层次型加密方案的正确性，可以通过密文计算的噪声增长进行分析。

7.6 密文同态计算的噪声分析

假设密文 $\boldsymbol{c}_i(i=1,2)$ 是新鲜密文，对应密钥是 $\boldsymbol{s}_L$，即 $\boldsymbol{c}_i \leftarrow$ **BLRegev.Enc**$(\boldsymbol{A}, \boldsymbol{s}_L, m_i)$。根据引理 7-1 可知，有 $<\boldsymbol{c}_i, \boldsymbol{s}_L> = \left\lfloor \frac{q}{2} \right\rfloor \cdot m_i + e_i \pmod q$，其中 $|e_i| \leqslant E = 2nB\log q$。下面分析密文进行一次加法和乘法的噪声值。

7.6.1 加法噪声分析

根据定义可知 $<\boldsymbol{c}_1+\boldsymbol{c}_2, \boldsymbol{s}_L> = <\boldsymbol{c}_1, \boldsymbol{s}_L> + <\boldsymbol{c}_2, \boldsymbol{s}_L> \pmod q = \left\lfloor \frac{q}{2} \right\rfloor \cdot [m_1 + m_2]_2 + 2 \cdot \left\lfloor \frac{q}{2} \right\rfloor \cdot \lfloor (m_1+m_2) \rfloor / 2 + e_1 + e_2 \pmod q$，由此得 $|e^{\text{add}}| = \left| 2 \cdot \left\lfloor \frac{q}{2} \right\rfloor \cdot \lfloor (m_1 + m_2) \rfloor / 2 + e_1 + e_2 \right| \leqslant 4nB\log q + 1$。

7.6.2 乘法噪声分析

令 $\boldsymbol{c}_{\text{mult}} \leftarrow$ **BLBraFHE.Mult**$(\text{pk}_2, (\boldsymbol{c}_1, L), (\boldsymbol{c}_2, L))$，其对应密钥为 $\boldsymbol{s}_{L-1}$。根据第 7.2 节和引理 7-1，有

$$
\begin{aligned}
<\boldsymbol{c}_{\text{mult}}, \boldsymbol{s}_{L-1}> &= <\left\lfloor \frac{2}{q} \cdot (\boldsymbol{c}_1 \otimes \boldsymbol{c}_2) \right\rceil, \boldsymbol{s}_L \otimes \boldsymbol{s}_L> + <\text{BitDecomp}\left(\left\lfloor \frac{2}{q} \cdot (\boldsymbol{c}_1 \otimes \boldsymbol{c}_2) \right\rceil\right), \boldsymbol{e}> \\
&= \left\lfloor \frac{q}{2} \right\rfloor \cdot (m_1 m_2) + e_1^{\text{mult}} + e_2^{\text{mult}} + e_3 \pmod q
\end{aligned}
$$

其中 $\boldsymbol{e} \leftarrow \chi^N$，$e_1^{\text{mult}} = m_1 e_2 + m_2 e_1 + 2(e_1 k_2 + k_1 e_2) - [q]_2 \cdot (m_1 k_2 + k_1 m_2) + \frac{[q]_2}{q} \cdot \left(m_1 e_2 - m_2 e_1 - \left\lfloor \frac{q}{2} \right\rfloor \cdot (m_1 m_2) \right) + \frac{2}{q} \cdot e_1 e_2$，$e_2^{\text{mult}} = |<\boldsymbol{r}, \boldsymbol{s}_L \otimes \boldsymbol{s}_L>|$，$e_3 = <\text{BitDecomp}\left(\left\lfloor \frac{2}{q} \cdot (c_1 \otimes c_2) \right\rceil\right), \boldsymbol{e}>$。

首先分析 e_1^{mult} 值。由于 e_1^{mult} 值依赖于 $2(e_1 k_2 + k_1 e_2)$ 项，因此下面分析 k_1 值，同理也适用于 k_2。

$$|k_1|=\frac{\left|<\boldsymbol{c}_1,\boldsymbol{s}_L>-\left\lfloor\frac{q}{2}\right\rfloor\cdot m_1-e_1\right|}{q}\leqslant\frac{|<\boldsymbol{c}_1,\boldsymbol{s}_L>|}{q}+1\leqslant\frac{\|\boldsymbol{c}_1\|_\infty}{q}\cdot\|\boldsymbol{s}_L\|_1+1\leqslant$$

n(当 $n>3$ 时)，由此得 $|e_1^{\text{mult}}|<5nE=10n^2B\log q$。此外，有 $e_2^{\text{mult}}=|<\boldsymbol{r},\ \boldsymbol{s}_L\otimes\boldsymbol{s}_L>|\leqslant$ $\|\boldsymbol{r}\|_\infty\cdot\|\boldsymbol{s}_L\otimes\boldsymbol{s}_L\|_1\leqslant\frac{1}{2}(n+1)^2<n^2$(当 $n>3$)，$|e_3|\leqslant(n+1)^2\lceil\log q\rceil\cdot B$。

所以，新鲜密文经过一次乘法后的噪声值为

$$|e_1^{\text{mult}}+e_2^{\text{mult}}+e_3|<5nE+n^2+(n+1)^2\lceil\log q\rceil\cdot B=t_1E+t_2$$

其中 $t_1=5n$，$t_2=n^2+(n+1)^2\lceil\log q\rceil\cdot B$，并且 $n>3$。经过深度为 L 的电路计算后，结果密文的噪声至多为 $t_1^L\cdot E+L\cdot t_1^{L-1}\cdot t_2$。若方案参数满足 $|t_1^L\cdot E+L\cdot t_1^{L-1}\cdot t_2|<\left\lfloor\frac{q}{2}\right\rfloor/2$，则获得了电路深度为 L 的全同态加密方案。另外，已知最好的求解 LWE 问题的时间是 $2^{n/\log(q/B)}$，所以，对于 $\varepsilon<1$，选取 $q=2^{n^\varepsilon}$ 以及选取 B 为关于 n 的多项式，则有 $L\approx\log q\approx n^\varepsilon$。这意味着能够执行一个多项式深度的电路，所以获得了一个层次型全同态加密方案。

7.7　选择具体安全参数

本节分析第 7.5 节提出的全同态加密方案的具体安全参数，根据指定的安全等级，确定方案的具体参数。这些参数包括维数 n、电路深度 L、模 q 和高斯参数 r。通过这些参数，可以获得公钥和私钥的具体尺寸、密文和张量密文乘积的尺寸，以及密钥交换矩阵的尺寸。由于 Bra12 方案和第 6 章方案的同态特性与本章方案类似，所以将本章提出的全同态加密方案与 Bra12 方案和第 6 章方案的参数进行比较。

7.7.1　方案的参数属性

方案参数单位用位(Bit)衡量。本章层次型全同态加密方案的公钥是 $\mathbb{Z}_q$ 上一个 $N\times(n+1)$ 的矩阵，公钥尺寸是 $2n(n+1)\log^2 q$；当同态计算电路深度为 L 时，私钥是 $L+1$ 个 $n+1$ 维向量，向量中每个元素是 1 或者 0，所以私钥尺寸是 $(L+1)(n+1)$；密文是 $\mathbb{Z}_q$ 上的 $n+1$ 维向量，所以密文尺寸是 $(n+1)\log q$；用于密钥交换的计算公钥是 L 个 $(n+1)^2\lceil\log q\rceil\times(n+1)$ 的矩阵，所以公钥矩阵的尺寸是 $L(n+1)^3\log^2 q$。表 7-1 列出了本章方案、Bra12 方案和第 6 章方案的参数尺寸。注意：根据 Binary-LWE 问题困难性假设，Binary-LWE 问题维数 n 与 LWE 问题维数 n' 有如下关系：$n=n'\log(\log n')$。在表 7-1 中，Binary-LWE 问题维数 n 用 LWE 问题维数 n' 表达。

表 7-1 中的数据显示，本章方案的公钥尺寸比 Bra12 方案大 $\log^2(\log n')$，比第 6 章方案大 $2n'\log(\log n')\log q$。本章公钥大的主要原因是本章方案建立在 Binary-LWE 问题之上，维数要比建立在 LWE 上大 $\log(\log n')$ 倍。另外，由于第 6 章方案使用了信任源，所以公钥大大减小了。

密钥尺寸方面，本章方案的密钥尺寸比 Bra12 方案小 $1/\log q$，和第 6 章方案的密钥尺寸相同。密文尺寸方面，本章方案的密文尺寸比 Bra12 方案大 $\log(\log n')$ 倍，和第 6 章方案的密钥尺寸相同。计算公钥尺寸方面，本章方案的计算公钥尺寸略小于 Bra12 方案，和第 6 章方案的计算公钥尺寸相同。

表 7-1 本章方案的参数尺寸 （单位：位）

方案	公 钥	密 钥	密 文	计算公钥
本章方案	$2n'\log(\log n')(n'\log(\log n')+1)\log^2 q$	$(L+1)(n'\log(\log n')+1)$	$(n'\log(\log n')+1)\log q$	$L(n'\log(\log n')+1)^3\log^2 q$
第 6 章方案	$n'\log(\log n')\log q$	$(L+1)(n'\log(\log n')+1)$	$(n'\log(\log n')+1)\log q$	$L(n'\log(\log n')+1)^3\log^2 q$
Bra12 方案	$2n'(n'+1)\log^2 q$	$(L+1)(n'+1)\lceil\log q\rceil$	$(n'+1)\lceil\log q\rceil$	$L(n'+1)^3\lceil\log q\rceil^4$

7.7.2 具体参数

在层次型全同态加密方案中，对于固定的电路深度 L，模 q 的取值必须保证能够执行深度为 L 的电路，同时还要保证密文计算的正确性。根据第 7.6 节的噪声增长分析可知，为了保证深度为 L 的全同态加密方案的正确性，本章方案的参数需要满足条件 $|t_1^L\cdot E+L\cdot t_1^{L-1}\cdot t_2|<\left\lfloor\frac{q}{2}\right\rfloor/2$，其中 $t_1=5n$，$t_2=n^2+(n+1)^2\lceil\log q\rceil\cdot B$，并且 $n>3$。由此，对于不同的 L，结合式(3-8)与上述正确性条件，得到如表 7-2 所示的参数，这些参数能够保证正确执行深度为 L 的全同态加密方案。

表 7-2 中的数据显示，在电路深度相同时，尽管本章方案的维数 n 取值大于 LWE 上 Bra12 方案，但是本章方案的模 q 取值要小于 LWE 上 Bra12 方案，这充分说明本章方案的噪声增长小于 LWE 上 Bra12 方案，随着电路深度变大，这种优势越明显。也就是说，在相同的模 q 取值下，在相同安全等级下，本章方案比 LWE 上 Bra12 方案有更深的电路深度。与第 6 章方案相比，本章方案的噪声增长略大于第 6 章方案。

表 7-2 安全等级 80 位，高斯参数 $r=8$，敌手优势 $adv=2^{-1}$，不同电路深度下维数和模的尺寸

L	0	1	5	10	15	20
本章方案						
n	1357.53	3325.21	10071.93	18436.66	26654.04	34966.25
$\log q$	24	46	117	202	284	366
第 6 章方案						
n	1357.53	2595.97	8331.57	16451.39	25042.17	33948.43
$\log q$	24	38	99	182	268	356
LWE 上 Bra12 方案						
n	382.75	1002.33	3463.42	6795.68	10312.63	13961.10
$\log q$	22	46	140	267	401	540

表 7-3 列出了本章方案、第 6 章方案与 LWE 上 Bra12 方案的公钥、私钥和密文的具体尺寸。数据显示，当电路深度较大时（$L>5$），本章方案的所有参数之和小于 LWE 上 Bra12 方案的参数之和。特别地，本章方案的密钥尺寸远小于 Bra12 方案。

表 7-3　安全等级 80 位，敌手优势 $adv=2^{-1}$，本章方案、LWE 上 Bra12 方案和第 6 章方案的公钥、私钥和密文的具体尺寸　　（单位：KB）

方案	电路深度	公　钥	计算公钥	私钥	密文	总　和
本章方案	$L=0$	259345.20	0	0.17	3.98	259349.35
	$L=5$	339062609.67	8539228740496.14	7.38	143.86	8539567803257.04
	$L=10$	3386342917.10	312198163512861.44	24.76	454.64	312201549856257.94
第 6 章方案	$L=0$	3.98	0	0.17	3.98	8.12
	$L=5$	100.69	34958426949.67	6.10	100.70	34958427157.16
	$L=10$	365.50	989391917188.70	22.09	365.52	989391917941.81
LWE 上 Bra12 方案	$L=0$	17355.49	0	1.03	1.03	17357.55
	$L=5$	57415968.06	9749562338541540	355.24	59.21	9749562395957922
	$L=10$	803882437.34	1947806921077425400	2436.75	221.52	1947806921881310500

因此，本章方案在参数的尺寸上以及噪声增长方面比 LWE 上 Bra12 方案具有优势，但是，只有当电路深度较大时，这种改进效果才是明显的。

7.8　总结

本章对 LWE 上的 Bra12 方案进行了改进，将 LWE 上的 Bra12 方案建立在 Binary-LWE 问题之上，其目的是通过 Binary-LWE 问题将密钥从 $\{0,1\}^n$ 中选取，从而约减密钥的长度。本章对改进后方案的噪声进行了详细分析，并且给出了方案的具体安全参数，数据显示本章方案在参数尺寸以及噪声增长方面比 LWE 上 Bra12 方案具有优势，但是只有当电路深度较大时，这种改进效果才是明显的。

第8章 一个LWE上的短公钥多位全同态加密

LWE上的加密算法都是按位加密,即一次加密一位。为了提高全同态加密的计算效率,人们提出了"密文打包"(Packed Ciphertext)的方法[45],即将多个明文装入一个密文中。该方法使得对密文执行一次同态操作,相当于并行对多个明文执行同样的操作。对于环LWE上的全同态加密,由于其环上的特殊性质,可以使用中国剩余定理实现"密文打包"的方法,并且性能得到极大提升[139]。此外,Brakerski等提出了LWE上全同态加密实现"密文打包"的方法[41],该方案称为BGH13。

本章使用"密文打包"方法构造一个LWE上短公钥的多位全同态加密方案[140]。在我们的方案中,使用一个特别的LWE加密基本方案[13],即Lindner和Peikert等提出的加密方案,该基本加密方案类似于环LWE加密的特性,可以从离散高斯分布上选取LWE样例,并且将高斯噪声与之相加,这导致LWE样例从$2n\log q$下降到$n+1$,使得公钥尺寸变短。在此之上,我们构造了一个全同态加密方案,并且证明了方案的安全性。

此外,我们优化了全同态加密中的密钥交换技术。在LWE上多位全同态加密中,传统的密钥交换矩阵是一个$(n+t)^2\lceil\log q\rceil\times(n+t)$的矩阵,其中$t$是明文的长度。而在本文方案中,密钥交换矩阵是一个$(n+t)^2\times(n+t)$的矩阵。由于在每一次同态计算后,需要进行密钥交换操作,所以该优化对于提高全同态加密的效率是重要的。此外,全同态加密的具体安全参数,对于全同态加密的应用及分析其性能是非常重要的。我们给出了分析LWE问题上全同态加密具体安全参数的方法,对本方案以及同类型的BGH13方案的参数进行了分析。

8.1 一个多位的LWE加密方案

本节方案建立在Lindner和Peikert等提出的加密方案之上[13],但是我们将其改造为多位明文的加密方案,使其一次可以加密更多的信息。下面描述该方案,更重要的是分析其加密噪声和解密噪声。

该方案基于LWE问题,整数$q\geqslant 2$,维数n_1和n_2,高斯分布$D_{\mathbb{Z},r}$表示为χ,以及随机均匀矩阵$\mathbf{A}\in\mathbb{Z}_q^{n_1\times n_2}$。为了进一步约减公钥尺寸,可以使用系统中共用的信任源生成$\mathbf{A}$。

如果系统中没有信任源，可以在密钥生成阶段生成 **A**，即作为公钥的一部分。

- **SecretKeygen**(1^{n_2})：随机选择一个矩阵 $\boldsymbol{S}\leftarrow\chi^{t\times n_2}$，输出密钥 $\mathrm{sk}=\boldsymbol{S}'\leftarrow(\boldsymbol{I}\mid -\boldsymbol{S})$，其中 $\boldsymbol{I}$ 是 $t\times t$ 单位矩阵。因此，密钥 sk 是一个 $t\times(t+n_2)$ 的矩阵，其中每一行可以看成一个密钥，用于解密多位消息中的一位。
- **PublicKeygen**$(\boldsymbol{A},\mathrm{sk})$：随机选择 $\boldsymbol{E}\leftarrow\chi^{n_1\times t}$，计算 $\boldsymbol{B}=\boldsymbol{A}\boldsymbol{S}^{\mathrm{T}}+\boldsymbol{E}\in\mathbb{Z}_q^{n_1\times t}$。输出公钥 $\mathrm{pk}=\boldsymbol{B}$。
- **Enc**$(\mathbf{A},\mathrm{pk},\boldsymbol{m})$：为了加密多位消息 $\boldsymbol{m}\in\mathbb{Z}_2^t$，随机选取 $\boldsymbol{e}_1\leftarrow\chi^{n_1}$，$\boldsymbol{e}_2\leftarrow\chi^t$ 以及 $\boldsymbol{e}_3\leftarrow\chi^{n_2}$，输出

$$\boldsymbol{c}\leftarrow\left(\left\lfloor\frac{q}{2}\right\rfloor\boldsymbol{m}+\boldsymbol{B}^{\mathrm{T}}\boldsymbol{e}_1+\boldsymbol{e}_2,\ \mathbf{A}^{\mathrm{T}}\boldsymbol{e}_1+\boldsymbol{e}_3\right)\in\mathbb{Z}_q^{n_2+t}$$

- **Dec**$(\mathrm{sk},\boldsymbol{c})$：计算 $\boldsymbol{v}\leftarrow\boldsymbol{S}'\boldsymbol{c}\bmod q$，输出 $\boldsymbol{m}\leftarrow\left\lfloor\frac{2}{q}\boldsymbol{v}\right\rceil\bmod 2$。

出于安全考虑，加密时引入了噪声，而正确解密依赖于噪声值。下面分析加密和解密的噪声值。

引理 8-1　（加密噪声）对于上述加密方案，令 $|\chi|\leqslant B$，$\boldsymbol{S}'\leftarrow$**SecretKeygen**$(1^{n_2})$，$\boldsymbol{B}\leftarrow$**PublicKeygen**$(\mathbf{A},\boldsymbol{S}')$，以及 $\boldsymbol{c}\leftarrow$**Enc**$(\mathbf{A},\boldsymbol{B},\boldsymbol{m})$，则存在 $\boldsymbol{e}$ 且有 $\|\boldsymbol{e}\|_\infty\leqslant(n_1+n_2)B^2+B$，使得下式成立：

$$\boldsymbol{S}'\boldsymbol{c}=\left\lfloor\frac{q}{2}\right\rfloor\boldsymbol{m}+\boldsymbol{e}\pmod q$$

证明：由解密定义可知

$$\begin{aligned}\boldsymbol{S}'\boldsymbol{c}&=\left\lfloor\frac{q}{2}\right\rfloor\boldsymbol{m}+\boldsymbol{B}^{\mathrm{T}}\boldsymbol{e}_1+\boldsymbol{e}_2-\boldsymbol{S}\boldsymbol{A}^{\mathrm{T}}\boldsymbol{e}_1-\boldsymbol{S}\boldsymbol{e}_3\pmod q\\&=\left\lfloor\frac{q}{2}\right\rfloor\boldsymbol{m}+(\boldsymbol{B}^{\mathrm{T}}-\boldsymbol{S}\boldsymbol{A}^{\mathrm{T}})\boldsymbol{e}_1-\boldsymbol{S}\boldsymbol{e}_3+\boldsymbol{e}_2\pmod q\\&=\left\lfloor\frac{q}{2}\right\rfloor\boldsymbol{m}+\boldsymbol{E}^{\mathrm{T}}\boldsymbol{e}_1-\boldsymbol{S}\boldsymbol{e}_3+\boldsymbol{e}_2\pmod q\end{aligned}$$

因为 $|\chi|\leqslant B$，有 $\|\boldsymbol{E}^{\mathrm{T}}\boldsymbol{e}_1-\boldsymbol{S}\boldsymbol{e}_3+\boldsymbol{e}_2\|_\infty\leqslant(n_1+n_2)B^2+B$，所以该引理成立。

通常称 $\boldsymbol{e}$ 是密文 $\boldsymbol{c}$ 中的噪声。引理 8-1 给出了“新鲜”密文中的噪声值的上界。

引理 8-2　（解密噪声）　随机选择一个矩阵 $\boldsymbol{S}\leftarrow\chi^{t\times n_2}$，令 $\boldsymbol{c}\in\mathbb{Z}_q^{n_2+t}$ 是一个向量，使得下式成立：

$$\boldsymbol{S}'\boldsymbol{c}=\left\lfloor\frac{q}{2}\right\rfloor\boldsymbol{m}+\boldsymbol{e}\pmod q$$

其中 $\boldsymbol{m}\in\mathbb{Z}_2^t$ 且 $\boldsymbol{S}'\leftarrow(\boldsymbol{I}\mid -\boldsymbol{S})$。如果 $\|e\|_\infty<\left\lfloor\frac{q}{4}\right\rfloor$，则有 $\boldsymbol{m}\leftarrow$ **Dec**$(\boldsymbol{S}',\boldsymbol{c})$。

该解密形式与 Regev 的 LWE 加密方案的解密形式相同，这里略去其证明。注意：为了恢复消息，$\left|\boldsymbol{e}/\left\lfloor\frac{q}{2}\right\rfloor\right|$ 应该小于 1/2，因此正确解密的条件是 $|\boldsymbol{e}|<\left\lfloor\frac{q}{2}\right\rfloor/2$。由于 $\left\lfloor\frac{q}{4}\right\rfloor\leqslant\left\lfloor\frac{q}{2}\right\rfloor/2$，因此这里取噪声的上界为 $\left\lfloor\frac{q}{4}\right\rfloor$。下面研究该方案的同态性。

8.2 方案的同态性

假设 $\boldsymbol{c}_1$、$\boldsymbol{c}_2$ 是使用上述基本加密方案分别用密钥 $\boldsymbol{S}'$ 对明文 $\boldsymbol{m}_1$、$\boldsymbol{m}_2$ 的加密，即有 $\boldsymbol{S}'\boldsymbol{c}_i=\left\lfloor\frac{q}{2}\right\rfloor\boldsymbol{m}_i+\boldsymbol{e}_i \pmod q$，其中 $\boldsymbol{e}_i$ 的值是小的，且 $i=\{1,2\}$。如果密文 $\boldsymbol{c}_1$ 和 $\boldsymbol{c}_2$ 的加法或乘法计算结果 $\boldsymbol{c}$ 满足

$$\boldsymbol{S}^{+}\boldsymbol{c}=\left\lfloor\frac{q}{2}\right\rfloor(\boldsymbol{m}_1+\boldsymbol{m}_2)+\boldsymbol{e} \pmod q$$

或

$$\boldsymbol{S}^{*}\boldsymbol{c}=\left\lfloor\frac{q}{2}\right\rfloor(\boldsymbol{m}_1\odot\boldsymbol{m}_2)+\boldsymbol{e} \pmod q$$

其中 $\boldsymbol{e}$ 的值是小的，若 $\boldsymbol{m}_1\odot\boldsymbol{m}_2$ 表示向量按相应的位乘积，则称密文 $\boldsymbol{c}$ 在密钥 $\boldsymbol{S}^{+}$ 下获得了加法同态性，或者密文 $\boldsymbol{c}$ 在密钥 $\boldsymbol{S}^{*}$ 下获得了乘法同态性。

8.2.1 加法同态性

第 8.1 节中的基本加密方案本身具有加法同态性。根据定义有

$$\boldsymbol{S}'(\boldsymbol{c}_1+\boldsymbol{c}_2)=\boldsymbol{S}'\boldsymbol{c}_1+\boldsymbol{S}'\boldsymbol{c}_2=\left\lfloor\frac{q}{2}\right\rfloor(\boldsymbol{m}_1+\boldsymbol{m}_2)+\boldsymbol{e}_1+\boldsymbol{e}_2 \pmod q$$

因此，只要噪声 $\boldsymbol{e}_1+\boldsymbol{e}_2$ 是小的，即 $\|\boldsymbol{e}_1+\boldsymbol{e}_2\|_\infty<\left\lfloor\frac{q}{4}\right\rfloor$，则 $\boldsymbol{c}_1+\boldsymbol{c}_2$ 就能正确解密，解密的结果是两个密文对应的明文之和。所以，密文加法满足加法同态性。此外，密文加法的噪声增长是小的，其噪声等于两个密文噪声之和。

8.2.2 乘法同态性

为了获得乘法同态性，根据论文[33]，可以将密文乘法形式定义为 $\left\lceil\frac{2}{q}(c_1\otimes c_2)\right\rfloor$，但是上述基本加密方案的密钥是矩阵，而不是向量，所以需要解决的问题是：乘法密文 $\left\lceil\frac{2}{q}(c_1\otimes c_2)\right\rfloor$ 所对应的密钥是什么形式？

事实上，密钥矩阵中的每一行是为了恢复明文消息中的一位。如果消息为 t 位，则密钥矩阵由 t 个行向量组成。令 $\boldsymbol{s}_i$ 是密钥矩阵 $\boldsymbol{S}'$ 中的第 i 行，则用 $\boldsymbol{s}_i\otimes\boldsymbol{s}_i$ 可以从密文 $\left\lceil\frac{2}{q}(c_1\otimes c_2)\right\rfloor$ 中恢复出第 i 位消息的乘积。于是我们建立一个 $t\times(t+n_2)^2$ 的乘法密钥矩阵 $\boldsymbol{ST}$，该矩阵的第 i 行是 $\boldsymbol{s}_i\otimes\boldsymbol{s}_i$，其中 $i=\{1,2,\cdots,t\}$。$\boldsymbol{ST}$ 就是密文 $\left\lceil\frac{2}{q}(c_1\otimes c_2)\right\rfloor$ 对应的密钥。下面验证乘法同态性。

令错误项 $\boldsymbol{r}=\left\lceil\frac{2}{q}(c_1\otimes c_2)\right\rfloor-\frac{2}{q}(c_1\otimes c_2)$，根据定义有

$$
\begin{aligned}
\boldsymbol{ST}\cdot\left\lfloor\frac{2}{q}(c_1\otimes c_2)\right\rceil &= \boldsymbol{ST}\cdot\frac{2}{q}\cdot(c_1\otimes c_2)+\boldsymbol{ST}\cdot\boldsymbol{r}\pmod q\\
&=\left\lfloor\frac{q}{2}\right\rfloor(\boldsymbol{m}_1\odot\boldsymbol{m}_2)+e_1^{\text{mult}}+\boldsymbol{STr}\pmod q \qquad (8\text{-}1)\\
&=\left\lfloor\frac{q}{2}\right\rfloor(\boldsymbol{m}_1\odot\boldsymbol{m}_2)+e_1^{\text{mult}}+e_2^{\text{mult}}\pmod q
\end{aligned}
$$

其中e_1^{mult}是密文$\frac{2}{q}(\boldsymbol{c}_1\otimes\boldsymbol{c}_2)$中的噪声，$e_2^{\text{mult}}=\boldsymbol{ST}\cdot\boldsymbol{r}$。

如果$\|e_1^{\text{mult}}+e_2^{\text{mult}}\|_\infty<\left\lfloor\frac{q}{4}\right\rfloor$，则密文乘积$\left\lfloor\frac{2}{q}(c_1\otimes c_2)\right\rceil$能够被正确解密，解密结果是$\boldsymbol{m}_1\odot\boldsymbol{m}_2$。所以，密文乘法满足乘法同态性。此外，由于乘法密钥 $\boldsymbol{ST}$ 的维数扩张了，因此需要使用密钥交换将 $\boldsymbol{ST}$ 约减回正常的密钥长度。

8.3　密钥交换

尽管通过上述乘法定义获得了乘法同态属性，但是它导致密文与密钥的维数扩张，因此需要使用密钥交换技术，将一个高维密文(对应高维密钥)转换为一个正常维数的密文(对应正常维数的密钥)。但是，LWE 上的密钥交换的效率是不高的。为了约减密钥交换过程中的噪声增长，需要将密文表示为二进制的形式，这导致密钥交换矩阵的维数扩张。这里将引入一个提高密钥交换效率的技巧，并且针对多位全同态加密，对优化的密钥交换过程进行了形式化。

此外，如果仅是将密钥 $\boldsymbol{ST}$ 中的每一行对应的密钥交换矩阵放在一起，形成一个新的密钥交换矩阵，将导致密钥交换的结果是一堆正常维数的密文，而不是一个密文。因此，这里需要解决这个问题，必须整体生成一个密钥交换矩阵，使得密钥交换的结果是一个正常维数的密文。

密钥交换包含两个算法：**SwitchKeyGen** 算法生成密钥交换矩阵；**SwitchKey** 算法用于将对应密钥$\boldsymbol{S}_1$的密文转换为对应密钥$[\boldsymbol{I}|\boldsymbol{S}_2]$的密文。注意：在 **SwitchKeyGen** 算法中，第二个参数输入的是 $\boldsymbol{S}_2$，而不是$[\boldsymbol{I}|\boldsymbol{S}_2]$。

- **SwitchKeyGen**$(\boldsymbol{S}_1\leftarrow\chi^{t\times n_s},\boldsymbol{S}_2\leftarrow\chi^{t\times n_t})$：令 χ 是噪声分布，使得判定性 LWE 问题在模 $P=2^lq$ 下是困难的，其中 $l=\lceil\log q\rceil$。随机均匀选择一个矩阵 $\boldsymbol{A}\in\mathbb{Z}_{P^l}^{n_t\times n_s}$，选取 $\boldsymbol{E}\leftarrow\chi^{t\times n_s}$，计算 $\boldsymbol{B}\leftarrow\boldsymbol{S}_2\boldsymbol{A}+\boldsymbol{E}+2^l\boldsymbol{S}_1\in\mathbb{Z}_P^{t\times n_s}$。输出 $\boldsymbol{W}=\begin{bmatrix}B\\A\end{bmatrix}\cdot2^{-l}\in\mathbb{Q}^{(t+n_t)\times n_s}$，其中$\begin{bmatrix}B\\A\end{bmatrix}$表示矩阵 $\boldsymbol{A}$ 和 $\boldsymbol{B}$ 的垂直连接。
- **SwitchKey**$(\boldsymbol{W}\in\mathbb{Q}^{(t+n_t)\times n_s},\ \boldsymbol{c}_1\in\mathbb{Z}_q^{n_s})$：输出 $\boldsymbol{c}_2\leftarrow\lceil\boldsymbol{W}\boldsymbol{c}_1\rfloor\bmod q\in\mathbb{Z}_q^{t+n_t}$。

通常称 $\boldsymbol{W}$ 是密钥交换矩阵。下面证明上述密钥交换过程的正确性。

引理 8-3　令 $\boldsymbol{S}_1$、$\boldsymbol{S}_2$、q、$\boldsymbol{A}$、$\boldsymbol{W}$ 是在 **SwitchKeyGen** 中描述的参数。令 $\boldsymbol{c}_1\in\mathbb{Z}^{n_s}$，$\boldsymbol{c}_2\leftarrow$**SwitchKey**$(\boldsymbol{W},\ \boldsymbol{c}_1)$，则有$[\boldsymbol{I}|\boldsymbol{S}_2]\ \boldsymbol{c}_2=\boldsymbol{e}_t+\boldsymbol{S}_1\boldsymbol{c}_1\pmod q$，其中 $\boldsymbol{e}_t=2^{-l}\boldsymbol{E}\boldsymbol{c}_1+[\boldsymbol{I}|\boldsymbol{S}_2]\boldsymbol{e}_w$是

密文 $\boldsymbol{c}_2$ 中的噪声。

证明：令 $\boldsymbol{e}_w=\lceil \boldsymbol{W}\boldsymbol{c}_1 \rfloor-\boldsymbol{W}\boldsymbol{c}_1$，根据定义有

$$\begin{aligned}[\boldsymbol{I}\mid\boldsymbol{S}_2]\boldsymbol{c}_2 &= [\boldsymbol{I}\mid\boldsymbol{S}_2]\lceil \boldsymbol{W}\boldsymbol{c}_1 \rfloor \pmod q\\ &= [\boldsymbol{I}\mid\boldsymbol{S}_2]\boldsymbol{W}\boldsymbol{c}_1+[\boldsymbol{I}\mid\boldsymbol{S}_2]\boldsymbol{e}_w \pmod q\\ &= [\boldsymbol{I}\mid\boldsymbol{S}_2]\begin{bmatrix}\boldsymbol{B}\\ \boldsymbol{A}\end{bmatrix}2^{-l}\boldsymbol{c}_1+[\boldsymbol{I}\mid\boldsymbol{S}_2]\boldsymbol{e}_w \pmod q\\ &= 2^{-l}\boldsymbol{E}\boldsymbol{c}_1+[\boldsymbol{I}\mid\boldsymbol{S}_2]\boldsymbol{e}_w+\boldsymbol{S}_1\boldsymbol{c}_1 \pmod q\\ &= \boldsymbol{e}_t+\boldsymbol{S}_1\boldsymbol{c}_1 \pmod q\end{aligned}$$

由此得证。

下面证明密钥交换的安全性。

引理 8-4 选取 $\boldsymbol{S}_1\leftarrow\chi^{t\times n_s}$，生成 $\boldsymbol{S}_2\leftarrow$**SecretKeygen**$(1^{n_t})$ 和 $\boldsymbol{W}\leftarrow$**SwitchKeyGen**$(\boldsymbol{S}_1,\boldsymbol{S}_2)$。假设判定性 LWE 问题是困难的，则 $\boldsymbol{W}$ 与 $\mathbb{Q}^{(t+n_t)\times n_s}$ 上的均匀分布是计算上不可区分的。

证明：根据密钥交换过程可知 $\boldsymbol{W}=\begin{bmatrix}B\\ A\end{bmatrix}2^{-l}\in\mathbb{Q}^{(t+n_t)\times n_s}$，其中 $\boldsymbol{A}$ 是均匀矩阵，$\boldsymbol{B}\leftarrow\boldsymbol{S}_2\boldsymbol{A}+\boldsymbol{E}+2^l\boldsymbol{S}_1$。由于 $\boldsymbol{B}$ 中的每一行向量是 Regev 加密的密文，所以 $\boldsymbol{B}$ 与 $\mathbb{Z}_P^{t\times n_s}$ 上的均匀分布是计算上不可区分的。因此，$\boldsymbol{W}$ 与 $\mathbb{Q}^{(t+n_t)\times n_s}$ 上的均匀分布是计算上不可区分的。

8.4 层次型全同态加密方案

深度为 L 的层次型全同态加密，电路的每一层有一个独立的密钥。同态计算从第 L 层到第 1 层，最后一层第 0 层仅是做密钥交换。注意：每次执行同态操作后，需要执行密钥交换将密文计算的结果转换为下一层电路的密文(即该密文对应下一层电路的密钥)，而每次同态操作前，需要两个密文拥有相同的密钥，即“站”在电路的同一层上，否则需要将高层级密文转换为低层级密文。

FHE.Setup(λ, L)：输入安全参数 λ 和电路深度 L，输出维数 n_1、n_2，噪声分布 χ 且有 $|\chi|<B$。噪声分布 χ 使得判定性 LWE 问题在模 $P=2^l q$ 下是困难的，其中 $l=\lceil \log q\rceil$。如果系统中有信任源，则系统中的所有方通过信任源产生一个公用的随机均匀矩阵 $\boldsymbol{A}\in\mathbb{Z}_q^{n_1\times n_2}$。如果系统中没有信任源，则 $\boldsymbol{A}$ 可以在公钥生成算法中生成。

FHE.KeyGen(n_1, n_2, L)：对于 $i=L\cdots 0$，做如下操作。

(1) 生成 $\boldsymbol{S}_i'\leftarrow\text{SecretKeygen}(1^{n_2})$，其中 $\boldsymbol{S}_i'=[\boldsymbol{I}\mid\boldsymbol{S}_i]$。令 $\text{sk}=\{\boldsymbol{S}_i'\}$。

(2) 当 $i=L$ 时执行此步，生成 $\boldsymbol{B}_L\leftarrow\text{PublicKeygen}(\boldsymbol{A}, \boldsymbol{S}_L')$。令 $\text{pk}_1=\{\boldsymbol{B}_L\}$。

(3) 当 $i=0$ 时忽略此步。令 $\boldsymbol{s}_j$ 是密钥矩阵 $\boldsymbol{S}_i'$ 的第 j 行，生成矩阵 $\boldsymbol{ST}_i$，它的第 j 行是 $\boldsymbol{s}_j\otimes\boldsymbol{s}_j$。

(4) 当 $i=0$ 时忽略此步，生成 $\boldsymbol{W}_{i\to i-1}\leftarrow\text{SwitchKeyGen}(\boldsymbol{ST}_i, \boldsymbol{S}_{i-1})$。令 $\text{pk}_2=\{\boldsymbol{W}_{i\to i-1}\}$。

对于 $i\in\{0,\cdots,L\}$，输出 $\text{sk}=\{\boldsymbol{S}_i'\}$ 和 $\text{pk}=\{\text{pk}_1,\text{pk}_2\}$。

FHE.Enc$(\text{pk}_1,\boldsymbol{m})$：消息 $\boldsymbol{m}\in\mathbb{Z}_2^t$，执行 **Enc**$(\text{pk}_1, \boldsymbol{m})$。

FHE.Dec(sk, $\boldsymbol{c}_i$)：密文 $\boldsymbol{c}_i$ 对应的密钥是 $\boldsymbol{S}_i'$，执行 **Dec**(sk, $\boldsymbol{c}_i$)。

FHE.Add(pk_2, $\boldsymbol{c}_1$, $\boldsymbol{c}_2$)：执行下列步骤。

(1) 如果密文 $\boldsymbol{c}_1$、$\boldsymbol{c}_2$ 拥有相同的密钥 $\boldsymbol{S}_i'$，则执行此步。计算 $\boldsymbol{c}_3 \leftarrow \boldsymbol{c}_1 + \boldsymbol{c}_2$，然后调用 FHE.RefreshNextLevel 算法将其转换为下一层电路的密文，对应的密钥是 $\boldsymbol{S}_{i-1}'$。输出 $\boldsymbol{c}_{\text{add}} \leftarrow \text{FHE.RefreshNextLevel}(i, \boldsymbol{c}_3, W_{i\to i-1}) \in \mathbb{Z}_q^{n_2+t}$。

(2) 否则，如果密文 $\boldsymbol{c}_1$、$\boldsymbol{c}_2$ 有不同的密钥，则调用 FHE.RefreshNextLevel 算法将高层级密文转换为低层级密文，直到两个密文拥有相同的密钥，然后执行步骤(1)。

FHE.Mult(pk_2, $\boldsymbol{c}_1$, $\boldsymbol{c}_2$)：执行下列步骤。

(1) 如果密文 $\boldsymbol{c}_1$、$\boldsymbol{c}_2$ 拥有相同的密钥 $\boldsymbol{S}_i'$，则执行此步。计算 $\boldsymbol{c}_3 \leftarrow \left\lfloor \frac{2}{q}(c_1 \otimes c_2) \right\rceil$，输出 $\boldsymbol{c}_{\text{mult}} \leftarrow \text{SwitchKey}(\boldsymbol{W}_{i\to i-1}, \boldsymbol{c}_3)$。

(2) 否则，如果密文 $\boldsymbol{c}_1$、$\boldsymbol{c}_2$ 有不同的密钥，则调用 FHE.RefreshNextLevel 算法将高层级密文转换为低层级密文，直到两个密文拥有相同的密钥，然后执行步骤(1)。

FHE.RefreshNextLevel(i, $\boldsymbol{c}$, $\boldsymbol{W}_{i\to i-1}$)：计算 $\boldsymbol{c}' = \boldsymbol{c} \otimes (1, 0, \cdots, 0)$，输出 SwitchKey $(\boldsymbol{W}_{i\to i-1}, \boldsymbol{c}')$。

下面证明上述方案的安全性。

引理 8-5 令参数 n_1、n_2、q、χ 使得判定性 LWE 问题是困难的，L 是多项式深度。对于任意消息 $\boldsymbol{m} \in \mathbb{Z}_2^t$，有($\text{pk}_1$, pk_2, sk)$\leftarrow$FHE.KeyGen(n_1, n_2, L)，$\boldsymbol{c} \leftarrow$FHE.Enc($\text{pk}_1$, $\boldsymbol{m}$)，则(pk_1, pk_2, $\boldsymbol{c}$)分布与均匀分布是计算上不可区分的。

证明：由于 $\text{pk}_2 = \{\boldsymbol{W}_{L\to L-1}, \boldsymbol{W}_{L-1\to L-2}, \cdots, \boldsymbol{W}_{1\to 0}\}$，$\text{pk}_1 = \{\boldsymbol{B}_L\}$，考虑分布 $(\boldsymbol{B}_L, \boldsymbol{W}_{L\to L-1}, \boldsymbol{W}_{L-1\to L-2}, \cdots, \boldsymbol{W}_{1\to 0}, \boldsymbol{c})$，因此使用文献[3]中的混合证明方式。首先，根据引理 8-4，$\boldsymbol{W}_{1\to 0}$ 与均匀分布是不可区分的；然后，所有 $\boldsymbol{W}_{i\to i-1}$ 按照降序的方式用均匀分布替换；最后，剩下 $(\boldsymbol{B}_L, \boldsymbol{c})$，由于 $(\boldsymbol{B}_L, \boldsymbol{c})$ 是基本加密方案的公钥和密文，所以 $(\boldsymbol{B}_L, \boldsymbol{c})$ 与均匀分布是不可区分的。因此，联合分布 (pk_1, pk_2, $\boldsymbol{c}$)与均匀分布在计算上是不可区分的。

8.5 噪声分析

同态加法和乘法增长了密文的噪声，尤其是同态乘法极大地增长了噪声。同态加法的噪声就是两个密文的噪声之和，下面重点分析同态乘法的噪声增长。

假设 $\boldsymbol{c}_i$ 是用密钥 $\boldsymbol{S}_L'$ 加密的"新鲜"密文，其中 $i \in \{1, 2\}$，即 $\boldsymbol{c}_i \leftarrow$**FHE.Enc**($\text{pk}_1$, $\boldsymbol{m}_i$)。根据引理 8-1 可知，$\boldsymbol{S}_L'\boldsymbol{c}_i = \left\lfloor \frac{q}{2} \right\rfloor \boldsymbol{m} + \boldsymbol{e} \pmod q$，其中 $\|\boldsymbol{e}\|_\infty \leqslant (n_1+n_2)B^2 + B$。令 $E = (n_1+n_2)B^2 + B$，$\boldsymbol{c}_{\text{mult}} \leftarrow$**FHE.Mult**($\text{pk}_2$, $\boldsymbol{c}_1$, $\boldsymbol{c}_2$)，则 $\boldsymbol{c}_{\text{mult}}$ 的密钥是 $\boldsymbol{S}_{L-1}'$。根据第 8.2 节的结果以及引理 8-3，有

$$\begin{aligned}\boldsymbol{S}_{L-1}'\boldsymbol{c}_{\text{mult}} &= \boldsymbol{S}_L'\boldsymbol{c}_3 + \boldsymbol{e}_t \pmod q \\ &= \left\lfloor \frac{q}{2} \right\rfloor (\boldsymbol{m}_1 \odot \boldsymbol{m}_2) + e_1^{\text{mult}} + e_2^{\text{mult}} + \boldsymbol{e}_t \pmod q\end{aligned}$$

根据文献[138,141]中的分析，得到 $\|\boldsymbol{e}_1^{\text{mult}}\|_\infty < 5(n_2+t)BE$，$\|\boldsymbol{e}_2^{\text{mult}}\|_\infty < (1/2)$

$(n_2+t)^2B^2$,以及 $\|\boldsymbol{e}_t\|_\infty<(n_2+t)^2B+(1/2)n_2B$,由此得到两个"新鲜"密文同态乘积的噪声上界:

$$\|\boldsymbol{e}_1^{\text{mult}}+\boldsymbol{e}_2^{\text{mult}}+\boldsymbol{e}_t\|_\infty<5(n_2+t)BE+(1/2)(n_2+t)^2B^2+(n_2+t)^2B+(1/2)n_2B$$
$$<5(n_2+t)BE+2(n_2+t)^2B^2$$

执行一个深度为 L 的电路后,结果密文的噪声上界是 $t_1^LE+Lt_1^{L-1}t_2$,其中 $t_1=5(n_2+t)B$,$t_2=2(n_2+t)^2B^2$。只要参数满足:

$$t_1^LE+Lt_1^{L-1}t_2<\left\lfloor\frac{q}{4}\right\rfloor \tag{8-2}$$

结果密文就可以正确解密,即可以同态执行深度为 L 的电路,因此获得一个层次型全同态加密方案。

8.6 具体安全参数

由于全同态加密方案的具体安全参数能够反映方案的性能,以及它在实践应用中非常重要[142-143],因此下面分析方案的具体安全参数,并且将我们的方案与 BGH13 方案的参数进行比较。选取 BGH13 方案作为比较的对象,是因为该方案与我们的方案属于同一类型的全同态加密,具有可比性。

表 8-1 和表 8-2 列出了本文方案和 BGH13 方案的参数属性,参数长度用位表示。本文方案的 LWE 样例的个数是 n_1,而 BGH13 方案的样例个数是 $N=2n\log q$。假设电路深度是 L,因此有 $L+1$ 个密钥和 $L+1$ 个密钥交换矩阵。注意:密钥交换矩阵视为公钥的一部分,称为计算公钥。如果假设循环安全,计算公钥的个数将是 1,而不是 $L+1$。本文并不做循环安全假设。显然,在本文方案中,公钥长度要小于 BGH13 方案公钥的 $1/\log q$。

表 8-1 方案的参数属性(一)

方　案	消　息	公　钥　B	全部公钥 B&A
本方案	t	$n_1t\log q$	$n_1(n_2+t)\log q$
BGH13	t	$2nt\log^2q$	$2n(n+t)\log^2q$

表 8-2 方案的参数属性(二)

方　案	密　钥	计算公钥	密　文
本方案	$t(L+1)(n_2+t)\log q$	$(L+1)(n_2+t)^3\log q$	$(n_2+t)\log q$
BGH13	$t(L+1)(n+t)\log q$	$(L+1)(n+t)^3\log^2q$	$(n+t)\log q$

目前,分析 LWE 上加密方案的具体安全参数的方法采用的是区分攻击。区分攻击意味着敌手能够以不可忽略的优势区分 LWE 实例与均匀实例。区分攻击的本质是在格 $\Lambda^\perp(\boldsymbol{A})$ 上发现一个非零的短向量。根据文献[64],使用目前已知的格基约减算法发现一个长度为 β 的短向量,需要 $\delta=2^{(\log^2\beta)/(4n\log q)}$。对于随机的 LWE 实例,计算一个 root-Hermite 因子为 δ 的约减基的时间(秒)至少为 $\log(\text{time})\geqslant1.8/\log(\delta)-110$ [13]。因此,

给定安全等级 λ、模 q，以及高斯参数 r，维数 n 的下界可以通过下式获得

$$n \geqslant \log(q/r)(\lambda+110)/7.2$$

表 8-3 列出了安全等级 $\lambda=80$，高斯参数 $r=8$，对于不同的模 q，其相应的维数最小值。

表 8-3 维数最小值

n	$\log q$	n	$\log q$
132	8	1029	42
264	13	2058	81
501	22		

层次型全同态加密方案需要提前给出所需计算的电路深度 L，然后根据电路深度 L，从式(8-2)计算出所需的模 q，该模 q 使得执行深度为 L 的电路计算后，噪声增长不会超过正确解密的界，从而保证同态性的获得。BGH13 方案中没有给出具体的噪声增长分析，我们采用第 8.5 节噪声增长分析的方法，获得执行深度为 L 的电路计算后，噪声增长的公式：

$$t_3^L E' + L t_3^{L-1} t_4 < \left\lfloor \frac{q}{4} \right\rfloor \tag{8-3}$$

其中 $t_3=4(n+t)\log q$，$t_4=2(n+t)^2 B\log^3 q$，“新鲜”密文的噪声是 $E'=2nB\log q$。

表 8-4～表 8-7 给出了安全等级是 80 位，在电路深度 $L=0$，1，5，10 下，模 q 和维数 n 的具体取值。注意：公钥长度、密钥长度，以及密文长度都是以千比特为单位。数据显示，在相同安全等级 λ 和电路深度 L 下，本文方案的模 q 和维数 n 小于 BGH13 方案的模 q 和维数 n，其原因是本文方案的噪声增长小于 BGH13 方案，从式(8-2)和式(8-3)的比较即可知道。由于公钥长度、密钥长度以及密文长度都依赖于模 q 和维数 n 的值，而本

表 8-4 本文方案的参数长度(一)

L	n	$\log q$	公 钥	全部公钥
0	554	24	900	1799
1	1082	44	6287	12575
5	3351	130	21240	42479
10	6333	243	1189819	2379639

表 8-5 本文方案的参数长度(二)

L	计算公钥	密 钥	密 文
0	3988710	1799	3.25
1	108842272	25150	11.6
5	834013416	127438	26
10	663125976563	26176025	376

文方案的公钥和密钥长度的参数属性，都比 BGH13 方案小 $1/\log q$，所以直接导致表 8-4 和表 8-5 中，公钥长度、密钥长度以及密文长度的具体值都小于 BGH13 方案对应参数的具体值。

表 8-6　BGH13 方案的参数长度(一)

L	n	$\log q$	公　钥	全部公钥
0	528	23	35975	71950
1	1188	48	793212	1586425
5	3800	147	76180166	152360332
10	11004	420	5214983658	10429967316

表 8-7　BGH13 方案的参数长度(二)

L	计算公钥	密　钥	密　文
0	75946719	1564	3
1	7535522461	33051	14
5	6947631140625	3109395	136
10	3672739157425943	198666044	1128

第9章 基于抽象解密结构的全同态加密构造方法分析

全同态加密的构造方法主要有两点：①保证密文计算的乘法同态性；②控制密文计算过程中的噪声增长。

如何保证密文计算的乘法同态性；同态性与密文的形式有什么关系；各种全同态加密算法之间有什么关系；为什么 GSW13 方案具有如此不同的特性？这些问题目前都没有研究清楚[144]。

为了研究这些问题，我们对 LWE 加密算法在解密过程中所具有的一种特殊结构进行研究，该结构称为解密结构。我们观察到在解密结构中，密文、明文及噪声之间呈线性关系，这种线性关系直接蕴含了同态性，即 LWE 加密算法天生具有加法和乘法同态性，只不过由于噪声的阻碍无法获得乘法同态性。为了研究解密结构与同态性之间的关系，我们根据上述 3 种具体解密结构，抽象定义出一个重要概念：抽象解密结构。

为了形式化分析如何获得加法和乘法同态性，基于抽象解密结构我们定义了加法和乘法期盼解密结构的概念。将全同态加密的构造分解为两点：一是如何获得期盼解密结构；二是如何控制噪声大小。于是，同态性问题归结为如何获得期盼解密结构的问题，噪声控制问题归结为分析噪声依赖主要项的问题。

分别研究上述两点后，再将两者合在一起研究，因为只有噪声是小的，同态性才能获得。为此，我们定义了最终解密结构的概念。最终解密结构的概念同时解决了密文计算的同态性和噪声增长问题。所以，全同态加密的构造问题最后归结为如何建立最终解密结构的问题。

本章通过抽象解密结构的观点，对现有全同态加密方法进行分析，通过期盼解密结构、噪声依赖主要项、最终解密结构等概念，统一了全同态加密构造方法。

9.1 解密结构与同态性

本节定义一个重要的基本概念：抽象解密结构。通过抽象解密结构的概念，研究其与同态性、噪声增长以及密钥长度增长之间的关系。最后引入最终解密结构的概念。如果密文在计算过程中保持最终解密结构，则具有全同态加密的特性。

9.1.1 抽象解密结构

在 LWE 加密算法中,解密形式是$\left\lfloor \frac{2}{q}(\boldsymbol{c}\cdot\boldsymbol{s}) \bmod q \right\rceil \bmod 2$,其中 $\boldsymbol{c}$ 是对明文 $m\in\{0,1\}$ 的加密,$\boldsymbol{s}$ 是密钥。在解密形式中,密文 $\boldsymbol{c}$ 与 $\boldsymbol{s}$ 的内积是一个重要的项,它可表示为

$$\boldsymbol{c}\cdot\boldsymbol{s}=\lfloor q/2\rfloor\cdot m+e \pmod q$$

只要噪声 e 是小的,就能够正确解密。从某种程度上,它反映了密文与明文及噪声之间的关系,因此可以用于分析密文计算的同态性与噪声增长。因此,我们单独将其拿出来进行定义。

定义 9-1 (抽象解密结构)在密文的解密形式中,我们将密文 $\boldsymbol{c}$ 与密钥 $\boldsymbol{s}$ 的计算结果的结构形式抽象为

$$\boldsymbol{c}\odot\boldsymbol{s}=x\cdot m+e \pmod q$$

其中⊙是抽象计算符号;m 是明文;e 是噪声;q 表示模;x 是常数。该等式称为密文 $\boldsymbol{c}$ 与密钥 $\boldsymbol{s}$ 计算结果的抽象解密结构。

由 LWE 解密形式可知,抽象解密结构对应的解密形式为$\left\lfloor \frac{1}{x}(\boldsymbol{c}\odot\boldsymbol{s}) \bmod q \right\rceil \bmod 2$。只要噪声 e 是小的,就可以恢复出明文 m。

此外,由于每次加密时密文、明文和噪声都是变化的,而密钥是不变的,因此可将 $\boldsymbol{c}$、m 和 e 视为变量,$\boldsymbol{s}$ 视为常量。从抽象解密结构 $\boldsymbol{c}\odot\boldsymbol{s}=x\cdot m+e$ 可以清楚地看到密文 $\boldsymbol{c}$、明文 m 和噪声 e 三者之间是一次形式,即线性关系。这种线性关系直接蕴含了同态性,这也是为什么格上能够构造全同态加密的根本原因。后面将逐步论证。

抽象解密结构的定义适用于所有格上的加密算法。根据目前 LWE 以及环 LWE 上的已知加密算法,将其归类为以下 3 种类型的解密结构。

第一种:$\boldsymbol{c}\odot\boldsymbol{s}=\langle\boldsymbol{c},\boldsymbol{s}\rangle=\lfloor q/2\rfloor\cdot m+e \pmod q$,

第二种:$\boldsymbol{c}\odot\boldsymbol{s}=\langle\boldsymbol{c},\boldsymbol{s}\rangle=m+2e \pmod q$,

第三种:$\boldsymbol{c}\odot\boldsymbol{s}=\boldsymbol{c}\cdot\boldsymbol{s}=s\cdot m+e \pmod q$。

前两种结构存在于 LWE 或环 LWE 上的加密,最后一种结构存在于环 LWE 上的 NTRU 加密。

密文计算结果的解密结构的形式反映了其同态性,引理 9-1 给出了这种关系。

引理 9-1 假设两个密文分别对明文 m_1 与 m_2 加密,且其抽象解密结构分别为 $x\cdot m_1+e_1$ 和 $x\cdot m_2+e_2$。如果两个密文相加具有解密结构的形式为

$$x\cdot(m_1+m_2)+e^{+} \pmod q \tag{9-1}$$

只要 e^{+} 足够小,其密文加法就具有加法同态性。同理,如果两个密文相乘具有解密结构的形式为

$$x\cdot(m_1\cdot m_2)+e^{\times} \pmod q \tag{9-2}$$

只要 $e^{\times}$ 足够小,其密文乘法就具有乘法同态性。

证明:根据抽象解密结构的定义,由于 e^{+} 和 $e^{\times}$ 都足够小,所以从式(9-1)和式(9-2)中可以分别恢复出 m_1+m_2 和 $m_1\cdot m_2$,因此具有加法同态性和乘法同态性。

定义 9-2 (期盼解密结构)通常称形如式(9-1)和式(9-2)的解密结构,分别为密文加法和乘法的期盼解密结构。

当密文的加法或乘法具有期盼解密结构的形式时,只要噪声是小的,就具有同态性。因此,期盼解密结构为我们揭示了密文计算结果具有什么样的密文解密结构,才可能获得同态性。那么,对于上述 3 种解密结构,通过什么样的密文计算形式才能获得期盼解密结构呢?下面研究该问题。

9.1.2 密文乘法期盼解密结构的构造

同态性与两个因素有关:一是期盼解密结构;二是噪声大小。为了研究密文乘法期盼解密结构的构造,假设密文中的噪声是小的,使得研究的重点聚焦在密文乘法上。由于 LWE 及环 LWE 上的加密方案,其加法同态性是本身具有的,所以只关注乘法同态性。

根据期盼解密结构以及 3 种具体的解密结构,得出可以通过以下两种形式构造密文乘法的期盼解密结构:采用$(\boldsymbol{c}_1\odot\boldsymbol{s})\cdot(\boldsymbol{c}_2\odot\boldsymbol{s})$形式;采用 $\boldsymbol{c}_1\cdot\boldsymbol{c}_2\cdot\boldsymbol{s}$ 形式。下面研究上述两种形式与目前 3 种具体解密结构的关系。

引理 9-2 如果采用$(\boldsymbol{c}_1\odot\boldsymbol{s})\cdot(\boldsymbol{c}_2\odot\boldsymbol{s})$形式构造密文乘法的期盼解密结构,则上述 3 种类型的解密结构都可通过该形式获得期盼解密结构,并且该形式构造密文乘法期盼解密结构的一个共同特征是密钥长度在计算过程中是增长的。

证明:令密文 $\boldsymbol{c}_1$ 和 $\boldsymbol{c}_2$ 的抽象解密结构分别为 $(\boldsymbol{c}_1\odot\boldsymbol{s})=x\cdot m_1+e_1+k_1q$ 和$(\boldsymbol{c}_2\odot\boldsymbol{s})=x\cdot m_2+e_2+k_2q$,于是有

$$(\boldsymbol{c}_1\odot\boldsymbol{s})\cdot(\boldsymbol{c}_2\odot\boldsymbol{s})=x^2\cdot m_1\cdot m_2+x\cdot m_1\cdot e_2+x\cdot m_2\cdot e_1+e_1\cdot e_2+k_1(x\cdot m_2+e_2)q+k_2(x\cdot m_1+e_1)q+k_1k_2q^2$$

为了获得形如式(9-2)的期盼解密结构形式,即乘法同态性,需要$(1/x)\cdot(\boldsymbol{c}_1\odot\boldsymbol{s})\cdot(\boldsymbol{c}_2\odot\boldsymbol{s})$。对于第一种解密结构 $x=q/2$,通过$(1/x)\cdot(\boldsymbol{c}_1\odot\boldsymbol{s})\cdot(\boldsymbol{c}_2\odot\boldsymbol{s})$形式可以获得期盼解密结构。对于第二种解密结构 $x=1$,也可以获得期盼解密结构。但是,对于第三种解密结构 $x=\boldsymbol{s}$,是不可行的,因为密钥在密文计算过程中是不知道的,所以$(1/s)\cdot(\boldsymbol{c}_1\odot\boldsymbol{s})\cdot(\boldsymbol{c}_2\odot\boldsymbol{s})$形式不成立。但是,直接使用$(\boldsymbol{c}_1\odot\boldsymbol{s})\cdot(\boldsymbol{c}_2\odot\boldsymbol{s})$形式即可,因为在第三种具体解密结构中 $\boldsymbol{s}=2\boldsymbol{s}'+1$,所以 $sm=2\boldsymbol{s}'m+m$。其解密结构 $\boldsymbol{c}\odot\boldsymbol{s}=\boldsymbol{c}\cdot\boldsymbol{s}=sm+e=m+2\boldsymbol{s}'m+e$,相当于转化为第二种解密结构。因此,使用$(\boldsymbol{c}_1\odot\boldsymbol{s})\cdot(\boldsymbol{c}_2\odot\boldsymbol{s})$形式可以获得期盼解密结构。

对于密钥尺寸增长问题,对于第一种情况,$(\boldsymbol{c}_1\odot\boldsymbol{s})\cdot(\boldsymbol{c}_2\odot\boldsymbol{s})=<\lfloor(2/q)\cdot(\boldsymbol{c}_1\otimes\boldsymbol{c}_2)\rceil,\boldsymbol{s}\otimes\boldsymbol{s}>$,密文乘积 $\lfloor(2/q)\cdot(\boldsymbol{c}_1\otimes\boldsymbol{c}_2)\rceil$对应的密钥是 $\boldsymbol{s}\otimes\boldsymbol{s}$,密钥的维数增长了一倍;对于第二种情况,$(\boldsymbol{c}_1\odot\boldsymbol{s})\cdot(\boldsymbol{c}_2\odot\boldsymbol{s})=<\boldsymbol{c}_1\otimes\boldsymbol{c}_2,\boldsymbol{s}\otimes\boldsymbol{s}>$,密文乘积 $\boldsymbol{c}_1\otimes\boldsymbol{c}_2$对应的密钥是 $\boldsymbol{s}\otimes\boldsymbol{s}$,密钥的维数增长了一倍;对于第三种情况,$(\boldsymbol{c}_1\odot\boldsymbol{s})\cdot(\boldsymbol{c}_2\odot\boldsymbol{s})=(\boldsymbol{c}_1\cdot\boldsymbol{s})\cdot(\boldsymbol{c}_2\cdot\boldsymbol{s})=\boldsymbol{c}_1\cdot\boldsymbol{c}_2\cdot\boldsymbol{s}^2$,密文乘积 $\boldsymbol{c}_1\cdot\boldsymbol{c}_2$对应的密钥是 s^2,密钥长度增长了一倍。引理由此得证。

从引理 9-2 可知,从$(\boldsymbol{c}_1\odot\boldsymbol{s})\cdot(\boldsymbol{c}_2\odot\boldsymbol{s})$角度出发构造密文乘法的同态性适用于 3 种解密结构,具有通用性。但是,其特征是会引起密钥长度的增长。所以,为了获得更多的乘法次数,每次乘法后需要使用密钥交换约减密文长度。尽管密钥交换操作是构造全同态加密的基石,但是影响了计算的效率,而且使得密文乘法非常复杂。因此,一个自然的

想法就是如何能够在密文计算过程中保持密钥长度不变，从而密文的长度也不变。

引理 9-3 告诉我们，基于第 3 种解密结构，从 $\boldsymbol{c}_1 \cdot \boldsymbol{c}_2 \cdot \boldsymbol{s}$ 形式出发构造密文乘法的期盼解密结构，在计算过程中可以保持密钥长度不变。

引理 9-3 如果采用 $c_1 \cdot c_2 \cdot s$ 形式构造密文乘法的期盼解密结构，则上述 3 种类型的解密结构中，只有第 3 种类型的解密结构通过该形式可获得期盼解密结构，并且该形式构造密文乘法期盼解密结构的一个共同特征是在计算过程中密钥长度是保持不变的。

证明：由于在前两种解密结构中密文都是向量，所以都不适用 $\boldsymbol{c}_1 \cdot \boldsymbol{c}_2 \cdot \boldsymbol{s}$ 形式，因此考虑第 3 种解密结构。令密文 $\boldsymbol{c}_1$ 和 $\boldsymbol{c}_2$ 的解密结构分别为 $\boldsymbol{c}_1 \cdot \boldsymbol{s} = \boldsymbol{s} \cdot m_1 + e_1 \pmod q$ 和 $c_2 \cdot \boldsymbol{s} = \boldsymbol{s} \cdot m_2 + e_2 \pmod q$，则 $\boldsymbol{c}_1 \cdot \boldsymbol{c}_2 \cdot \boldsymbol{s} = c_1 \cdot (\boldsymbol{s} \cdot m_2 + e_2) \pmod q = \boldsymbol{s} \cdot m_1 \cdot m_2 + m_2 \cdot e + \boldsymbol{c}_1 \cdot e \pmod q = \boldsymbol{s} \cdot m_1 \cdot m_2 + e^* \pmod q$，其中 $e^* = m_2 \cdot e + \boldsymbol{c}_1 \cdot e$，符合期盼解密结构，因此只要 e^* 是小的，就可获得同态性。由于密文的乘积 $\boldsymbol{c}_1 \cdot \boldsymbol{c}_2$ 对应的密钥依然是 $\boldsymbol{s}$，所以密文的计算过程中密钥长度保持不变。引理由此得证。

上述引理给出了从解密结构出发构造期盼解密结构的方法，即构造同态性的方法，但是有个前提是密文计算的噪声是小的，才能够保证同态性的获得。下面研究解密结构与噪声增长之间的关系。

9.1.3 解密结构与噪声增长依赖主要项

不同的解密结构，其密文计算的噪声增长形式不同，可以通过噪声增长依赖主要项刻画。

引理 9-4 如果从 $(\boldsymbol{c}_1 \odot \boldsymbol{s}) \cdot (\boldsymbol{c}_2 \odot \boldsymbol{s})$ 形式构造密文乘法的同态性，则第一种解密结构噪声增长依赖的主要项是密钥的长度，第二种解密结构和第 3 种解密结构噪声增长依赖的主要项都是密文噪声的乘积。

证明：根据引理 9-2 的证明，为了获得同态性，即满足期盼解密结构，于是有

$$\begin{aligned}(1/x) \cdot (\boldsymbol{c}_1 \odot \boldsymbol{s}) \cdot (\boldsymbol{c}_2 \odot \boldsymbol{s}) &= x \cdot m_1 \cdot m_2 + m_1 \cdot e_2 + m_2 \cdot e_1 + (1/x) \cdot (e_1 \cdot e_2) + \\ &\quad (k_1 m_2 + k_2 m_1) q + (q/x) \cdot (k_1 e_2 + k_2 e_1) + \\ &\quad (1/x) \cdot k_1 k_2 q^2 \\ &= x \cdot m_1 \cdot m_2 + e^*\end{aligned}$$

其中密文乘积的噪声 $e^* = m_1 \cdot e_2 + m_2 \cdot e_1 + (1/x) \cdot (e_1 \cdot e_2) + (k_1 m_2 + k_2 m_1) q + (q/x) \cdot (k_1 e_2 + k_2 e_1) + (1/x) \cdot k_1 k_2 q^2$。

对于第一种解密结构，有 $x = q/2$，则 $e^* \bmod q = m_1 \cdot e_2 + m_2 \cdot e_1 + (2/q) \cdot (e_1 \cdot e_2) + 2(k_1 e_2 + k_2 e_1)$。因为 $|k_1| = |\langle \boldsymbol{c}_1, \boldsymbol{s} \rangle / q - m_1/2 - e_1/q|$，所以 k_1 的大小主要取决于 $\langle \boldsymbol{c}_1, \boldsymbol{s} \rangle / q$。而 $|\langle \boldsymbol{c}_1, \boldsymbol{s} \rangle / q| < \|\boldsymbol{c}_1\|_\infty \cdot \|\boldsymbol{s}\|_1 / q \leqslant \|\boldsymbol{s}\|_1$。同理，$|k_2|$ 也有相同的结果。因此，噪声的主要项是 $k_1 e_2 + k_2 e_1$，所以第一种解密结构噪声增长依赖的主要项是密钥的长度。

对于第二种解密结构，有 $x = 1$，则 $e^* \bmod q = m_1 \cdot e_2 + m_2 \cdot e_1 + (e_1 \cdot e_2)$，因此第二种解密结构噪声增长依赖的主要项是密文噪声的乘积。第三种情况也一样。引理由此得证。

引理 9-5 如果从 $\boldsymbol{c}_1 \cdot \boldsymbol{c}_2 \cdot \boldsymbol{s}$ 形式构造密文乘法的同态性，则其噪声增长依赖的主要

项是密文的长度。

证明：由于只有第三种解密结构适用于 $\boldsymbol{c}_1 \cdot \boldsymbol{c}_2 \cdot \boldsymbol{s}$ 形式，根据引理 9-3 密文乘积的噪声 $e^* = m_2 \cdot e + \boldsymbol{c}_1 \cdot e$，所以其噪声增长依赖的主要项是 $\|\boldsymbol{c}_1\|_\infty$。引理由此得证。

当噪声增长依赖的主要项是 $\|\boldsymbol{c}_1\|_\infty$ 时，导致噪声过大，一次乘法也计算不了。这种加密方案是 Somewhat 同态加密的一种极端情况，称为零次同态加密。

定义 9-3　(零次同态加密)如果加密方案由于噪声增长过大，导致一次乘法也计算不了，而无法获得同态性，则称为零次同态加密。

例如，第一种解密结构噪声增长依赖于密钥长度，其对应加密方案是零次同态加密方案。第三种解密结构噪声增长依赖于密文长度，其对应加密方案也是零次同态加密方案。

引理 9-5 给出了密文乘积噪声增长的主要来源，因此对噪声依赖的主要项进行约减，可以降低密文乘积的噪声增长。例如，噪声增长依赖的主要项是密钥的长度，则可将密钥表示为 BitDecomp($\boldsymbol{s}$)，即将密钥按位展开，例如 Bra12 方案。对于噪声增长依赖的主要项是密文噪声的乘积，则可使用模交换，例如 BGV 方案。对于噪声增长依赖的主要项是密文的长度，则可将密文表示为 BitDecomp($\boldsymbol{c}_1$)，例如 GSW 方案。注意：约减噪声的同时还需要满足期盼解密结构，否则同态性将丧失。

9.1.4　最终解密结构

上面是将同态性与噪声分开讨论的，下面将其合在一起讨论，因为只有这样，才能获得真正的密文计算的同态性。那么，这样的解密结构具有什么形式呢？下面引出最终解密结构的概念。

定义 9-4　(最终解密结构)最终解密结构包含两部分：一是解密结构；二是密文乘法计算形式。其意义为：该解密结构在该密文乘法计算形式下，能够获得密文乘法期盼解密结构，并且密文的噪声增长是小的。

注意：噪声约减技术与同态性都隐含在最终密文乘法计算形式中，所以具有最终解密结构的密文具有密文计算同态性，而且密文计算的噪声是小的，所以能够进行下一次同态计算。

最终解密结构同时解决了密文计算的同态性和噪声增长问题。但是，根据引理 9-2，有些全同态加密在密文计算的过程中密钥的长度是增长的(相应密文长度也增长)。因此，在具体的全同态加密方案中，还需要额外通过密钥交换技术解决密文计算过程中的密钥长度增长问题，由此得到引理 9-6。

引理 9-6　如果密文在计算过程中始终保持最终解密结构，并且能够保持密钥长度(对应于密文长度)不变，则对应加密方案具有全同态加密的特性。

证明：因为最终解密结构具有两个特性：一是具有期盼解密结构；二是密文计算的噪声是小的。由于期盼解密结构导致同态性，而密文计算的噪声是小的导致同态性的获得以及解密的正确性，又根据已知条件，密文在计算过程中始终保持最终解密结构，并且能够控制密钥长度(对应于密文长度)的增长，因此对应的加密方案能够进行任意密文计算，从而具有全同态加密的特性。引理由此得证。

引理 9-6 刻画了要想获得全同态加密，需要解决密文计算的同态性、密文计算中噪声增长以及密钥长度增长的问题。而密文计算的同态性与密文计算中噪声增长的问题，可以通过构造最终解密结构来解决。密钥长度增长问题是由密文乘法的期盼解密结构的构造形式决定的，可以通过密钥交换技术解决。此外，如果密文计算的电路深度很浅（即密文乘法次数很小），为了提高效率，可以不进行密钥交换，此时的加密方案称为有限同态加密（Somewhat 同态加密）。

采用$(\boldsymbol{c}_1\odot\boldsymbol{s})\cdot(\boldsymbol{c}_2\odot\boldsymbol{s})$形式构造全同态加密时，第一种解密结构$\langle\boldsymbol{c},\ \boldsymbol{s}\rangle=\lfloor q/2\rfloor\cdot m+e\ (\mathrm{mod}\ q)$的最终解密结构中的解密结构是

$$\langle\mathrm{Powerof2}(c),\ \mathrm{BitDecomp}(\boldsymbol{s})\rangle=\langle\boldsymbol{c},\ \boldsymbol{s}\rangle=\lfloor q/2\rfloor\cdot m+e\ (\mathrm{mod}\ q)$$

该形式将同态性与噪声约减形成一个完整的形式描述。密文乘法同态的计算形式是

$$\left\lfloor\frac{2}{q}(\mathrm{Powerof2}(\boldsymbol{c}_1)\otimes\mathrm{Powerof2}(\boldsymbol{c}_2)\right\rceil(\mathrm{mod}\ q)$$

对应的密钥是 $\mathrm{BitDecomp}(\boldsymbol{s})\otimes\mathrm{BitDecomp}(\boldsymbol{s})\ (\mathrm{mod}\ q)$。

第二种解密结构$\langle\boldsymbol{c},\ \boldsymbol{s}\rangle=m+2e\ (\mathrm{mod}\ q)$，其最终解密结构中的解密结构还是$\langle\boldsymbol{c},\ \boldsymbol{s}\rangle=m+2e\ (\mathrm{mod}\ q)$。采用的噪声约减技术是模交换，密文乘法同态的计算形式是

$$\frac{q^*}{q}\cdot(\boldsymbol{c}_1\otimes\boldsymbol{c}_2)$$

对应的密钥是 $\boldsymbol{s}\otimes\boldsymbol{s}(\mathrm{mod}\ q^*)$，其中 q^* 是用于模交换的模。

第三种解密结构与第二种解密结构一样。

采用$(\boldsymbol{c}_1\odot\boldsymbol{s})\cdot(\boldsymbol{c}_2\odot\boldsymbol{s})$形式构造全同态加密，能够应用于全部 3 种解密结构，其构造方法通过上述引理已经刻画得非常清晰。注意：密文的加密形式在该形式构造全同态加密的过程中并没有改变，仍然使用基本加密形式。其原因是最终解密结构中的解密结构与最初的解密结构形式一样，所以加密形式也不变。由于基本加密形式具有期盼解密结构（即潜在的同态性），因此主要面临的问题是控制密文计算过程中的噪声增长。因此，为了获得同态性，在密文计算过程中加入了噪声约减技术。

但是，根据引理 9-3，采用 $\boldsymbol{c}_1\cdot\boldsymbol{c}_2\cdot\boldsymbol{s}$ 形式构造全同态加密只能应用于第三种解密结构。此外，$\boldsymbol{c}_1\cdot\boldsymbol{c}_2\cdot\boldsymbol{s}$ 形式构造密文乘法的期盼解密结构，具有保证密钥长度不变的良好性质。下面研究采用 $\boldsymbol{c}_1\cdot\boldsymbol{c}_2\cdot\boldsymbol{s}$ 形式构造全同态加密。

9.2 密文矩阵的解密结构

由引理 9-3 知道，只有第三种解密结构能够采用 $\boldsymbol{c}_1\cdot\boldsymbol{c}_2\cdot\boldsymbol{s}$ 形式构造密文乘法的同态性，那么，能否利用第一、二种解密结构构造出第三种解密结构，从而 $\boldsymbol{c}_1\cdot\boldsymbol{c}_2\cdot\boldsymbol{s}$ 形式能够应用于全部 3 种解密结构呢？下面研究该问题。

从 $\boldsymbol{c}_1\cdot\boldsymbol{c}_2\cdot\boldsymbol{s}$ 形式上看出，密文之间的乘积是一种自然的数学乘积，因此密文可以是多项式、矩阵或者整数。由于密文是多项式的加密方案已经存在，即环 LWE 上的 NTRU 加密方案，因此其解密结构属于第三种解密结构。根据引理 9-3 和引理 9-5 给出的方法，可以构造一个全同态加密。而 LWE 或者环 LWE 加密的密文是向量，无法直接使用$\boldsymbol{c}_1\cdot\boldsymbol{c}_2\cdot\boldsymbol{s}$ 形式构造密文乘法的形式，因此引出一个问题：能否通过一定的转换，使之能够采

用 $\boldsymbol{c}_1 \cdot \boldsymbol{c}_2 \cdot \boldsymbol{s}$ 形式构造密文乘法的同态性？为了研究该问题，我们研究如果密文是矩阵，采用 $\boldsymbol{c}_1 \cdot \boldsymbol{c}_2 \cdot \boldsymbol{s}$ 形式如何构造密文乘法的同态性，以及其解密结构具有什么样的形式。

9.2.1 密文矩阵的解密结构

假设密文矩阵 $\boldsymbol{C}$ 表示在密钥 $\boldsymbol{s}$ 下对明文 m 的加密，根据抽象密文结构的定义，其解密结构应该具有形式 $\boldsymbol{C} \cdot \boldsymbol{s} = x \cdot m + e \pmod q$。注意：这里每个符号都是一个变量，我们只考虑抽象层次的描述，具体的内容可以根据所依赖的困难问题给出。例如，如果是LWE上的加密，密钥变量 $\boldsymbol{s}$ 就代表一个 $\mathbb{Z}_q^{n+1}$ 上的向量，密文变量 $\boldsymbol{C}$ 代表的是一个宽度为 $n+1$ 维的矩阵。

令密文 $\boldsymbol{C}_1$ 和 $\boldsymbol{C}_2$ 的抽象解密结构分别为 $\boldsymbol{C}_1 \cdot \boldsymbol{s} = x \cdot m_1 + e \pmod q$ 和 $\boldsymbol{C}_2 \cdot \boldsymbol{s} = x \cdot m_2 + e \pmod q$，加法的解密结构显然是满足期盼加密结构的，因此这里主要研究密文矩阵乘法的解密结构。

由上可知，密文 $\boldsymbol{C}_1$ 和 $\boldsymbol{C}_2$ 的乘积对应的抽象解密结构为

$$\boldsymbol{C}_1 \cdot \boldsymbol{C}_2 \cdot \boldsymbol{s} = \boldsymbol{C}_1 \cdot x \cdot m_2 + \boldsymbol{C}_1 \cdot e \pmod q$$

显然，我们希望等式的右端能够满足乘法的期盼解密结构 $x \cdot (m_1 \cdot m_2) + e^{\times}$。令 $x = s$，于是有

$$\begin{aligned}\boldsymbol{C}_1 \cdot \boldsymbol{C}_2 \cdot \boldsymbol{s} &= C_1 \cdot \boldsymbol{s} \cdot m_2 + \boldsymbol{C}_1 \cdot e \pmod q \\ &= \boldsymbol{s} \cdot m_1 \cdot m_2 + m_2 \cdot e + \boldsymbol{C}_1 \cdot e \pmod q \\ &= \boldsymbol{s} \cdot m_1 \cdot m_2 + e^* \pmod q\end{aligned}$$

其中 $e^* = m_2 \cdot e + \boldsymbol{C}_1 \cdot e$。

因此，当密文 $\boldsymbol{C}$ 的解密结构为如下形式时：

$$\boldsymbol{C} \cdot \boldsymbol{s} = \boldsymbol{s} \cdot m + e \pmod q \tag{9-3}$$

密文加法和乘法满足所对应的期盼解密结构，当噪声是小的时，则可获得同态性。显然，密文矩阵的解密结构属于第三种解密结构。

9.2.2 密文矩阵的最终解密结构

根据引理9-5，形如式(9-3)的解密结构其噪声增长依赖的主要项是密文 $\boldsymbol{C}_1$，因此，为了约减噪声，可以将密文 $\boldsymbol{C}_1$ 表示为二进制位的形式，即 BitDecomp($\boldsymbol{C}_1$)，则其噪声主要项由 $\boldsymbol{C}_1 \cdot e$ 变为 BitDecomp($\boldsymbol{C}_1$) $\cdot e$。注意：这里的 BitDecomp($\boldsymbol{C}_1$)是对密文矩阵 $\boldsymbol{C}_1$ 中的行进行操作，即将行表示成二进制位的形式。密文乘积的解密结构变为

$$\text{BitDecomp}(\boldsymbol{C}_1) \cdot \boldsymbol{C}_2 \cdot \boldsymbol{s} = \text{BitDecomp}(\boldsymbol{C}_1) \cdot \boldsymbol{s} \cdot m_2 + \text{BitDecomp}(\boldsymbol{C}_1) \cdot e_2 \pmod q$$

但是该式不满足乘法期盼解密结构，即其同态性丧失，原因是 BitDecomp($\boldsymbol{C}_1$)对应的密钥是 Powerof2($\boldsymbol{s}$)，而不是 $\boldsymbol{s}$。为了再次获得同态性，需要调整密文 $\boldsymbol{C}$ 的解密结构为

$$\boldsymbol{C} \cdot \boldsymbol{s} = \text{Powerof2}(\boldsymbol{s}) \cdot m + e \pmod q \tag{9-4}$$

对应的密文乘积解密结构变为

$$\begin{aligned}\text{BitDecomp}(\boldsymbol{C}_1) \cdot \boldsymbol{C}_2 \cdot \boldsymbol{s} &= \text{BitDecomp}(\boldsymbol{C}_1) \cdot \text{Powerof2}(\boldsymbol{s}) \cdot m_2 + \\ &\quad\ \text{BitDecomp}(\boldsymbol{C}_1) \cdot e_2 \pmod q \\ &= \text{Powerof2}(\boldsymbol{s}) \cdot m_1 \cdot m_2 + m_2 \cdot e_1 + e^{\times} \pmod q\end{aligned}$$

此时密文乘积 $\text{BitDecomp}(\boldsymbol{C}_1)\cdot\boldsymbol{C}_2$ 所对应的解密结构不但满足期盼解密结构，而且满足噪声是小的要求。

因此，形如式(9-4)的解密结构是密文矩阵的最终解密结构，该形式是将同态性、噪声约减、密钥不变三者融合在一起的完整表达。密文乘法同态的计算形式是 $\text{BitDecomp}(\boldsymbol{C}_1)\cdot\boldsymbol{C}_2$，对应的密钥是 $\boldsymbol{s}$。从解密结构式(9-3)到最终解密结构式(9-4)，形式上添加了若干项，其目的是配合约减噪声与保持同态性。

上面研究了密文是矩阵的解密结构，但是这种解密结构对应的具体加密形式还不清楚。下面研究如何基于 LWE 加密，根据上述解密结构推导出所对应的加密形式，即 LWE 密文是如何堆叠成矩阵的。

9.3 密文堆叠的加密形式

LWE 的密文可以抽象成如下形式：

$$\begin{aligned}\boldsymbol{c} &\leftarrow (m,\ 0,\cdots,0)+\boldsymbol{A}^{\mathrm{T}}\boldsymbol{r}\ (\mathrm{mod}\ q)\\ &=(m,\ 0,\cdots,0)+\boldsymbol{c}_0(\mathrm{mod}\ q)\end{aligned}$$

其中 m 是明文，$\boldsymbol{A}=[\boldsymbol{b}|\boldsymbol{A}']$是 LWE 矩阵，也是公钥(即有性质 $\boldsymbol{A}\boldsymbol{s}=\boldsymbol{b}-\boldsymbol{A}'\boldsymbol{s}'=\boldsymbol{e}'$，其中 $\boldsymbol{e}'$ 是错误向量，$\boldsymbol{s}=(1,-\boldsymbol{s}')$是私钥)，$\boldsymbol{r}$ 是随机向量。注意：$\boldsymbol{c}_0$是对 0 的加密。

由于 LWE 上的密文是向量，所以设计 LWE 上密文是矩阵的全同态加密，一个直观的想法就是将若干个 LWE 密文向量堆叠成一个矩阵 $\boldsymbol{C}$。但是，这种堆叠不是简单的堆叠，而是需要满足同态性以及噪声增长需求的。

假设密文 $\boldsymbol{C}$ 由一些 LWE 密文堆叠而成，根据 LWE 加密形式可以抽象为

$$\boldsymbol{C}\leftarrow M+\boldsymbol{C}_0(\mathrm{mod}\ q) \tag{9-5}$$

其中 M 是关于明文 m 的未知量，$\boldsymbol{C}_0$的每一行是对 0 的加密，则密文 $\boldsymbol{C}$ 的解密结构为

$$\boldsymbol{C}\cdot\boldsymbol{s}=M\cdot\boldsymbol{s}+\boldsymbol{C}_0\cdot\boldsymbol{s}=\boldsymbol{M}\cdot\boldsymbol{s}+e\ (\mathrm{mod}\ q)$$

我们称该解密结构为“实际解密结构”，其中 e 是噪声变量。

根据引理 9-6 的结论，如果上述实际解密结构满足最终解密结构的形式，则式(9-5)的加密形式将满足同态性与噪声增长要求，即是一个全同态加密。因此，我们在最终解密结构与实际解密结构之间建立等式关系，求出关于明文 m 的未知量 M，即可得到具体的加密形式。

9.3.1 密文矩阵的零次同态加密形式

下面以 LWE 加密为例，用 LWE 密钥 $\boldsymbol{s}$ 代替式(9-3)解密结构中的密钥变量 $\boldsymbol{s}$，在解密结构与实际解密结构之间建立等式关系：

$$M\cdot\boldsymbol{s}+e=\boldsymbol{s}\cdot m+e\ (\mathrm{mod}\ q)$$

因此有 $M\cdot\boldsymbol{s}=\boldsymbol{s}\cdot m\ (\mathrm{mod}\ q)$，解出 M 得到 $M=m\cdot\boldsymbol{I}$，其中 $\boldsymbol{I}$ 为单位矩阵。根据式(9-5)，矩阵 $\boldsymbol{C}$ 的加密形式为

$$\boldsymbol{C}\leftarrow m\cdot\boldsymbol{I}+\boldsymbol{C}_0(\mathrm{mod}\ q)$$

由于密钥 $\boldsymbol{s}$ 是长度为 $n+1$ 的向量，因此根据式(9-3)可知密文 $\boldsymbol{C}$ 是 $(n+1)\times(n+1)$ 的矩阵，从而 $\boldsymbol{I}$ 为 $(n+1)\times(n+1)$ 的单位矩阵，上面加密的具体形式为

$$\boldsymbol{C}\leftarrow\begin{bmatrix}\boldsymbol{c}_1\\ \boldsymbol{c}_2\\ \vdots\\ \boldsymbol{c}_{n+1}\end{bmatrix}=\begin{bmatrix}(m,0,\cdots,0)+\boldsymbol{A}^{\mathrm{T}}\boldsymbol{r}_1\\ (0,m,\cdots,0)+\boldsymbol{A}^{\mathrm{T}}\boldsymbol{r}_2\\ \vdots\\ (0,0,\cdots,m)+\boldsymbol{A}^{\mathrm{T}}\boldsymbol{r}_{n+1}\end{bmatrix}\bmod q$$

上述加密就是将 LWE 加密转化为密文是矩阵的一个零次同态加密方案。上述形式充分说明了密文矩阵 $\boldsymbol{C}$ 是由若干 LWE 密文向量堆叠而成的，其中密文矩阵 $\boldsymbol{C}$ 中的第一个密文向量 $\boldsymbol{c}_1$ 是对明文 m 真正的加密，而其他密文向量都是对明文 0 的加密，可以看成为了形成密文矩阵 $\boldsymbol{C}$ 而添加的辅助项。

这样，我们基于 LWE 加密构造出一个密文是矩阵的加密形式，其解密结构是第三种解密结构形式，相当于将第一种和第二种解密结构转化为第三种解密结构。该加密的噪声依赖主要项是密文的长度，所以是一个零次同态加密。下面通过噪声约减将其构造为一个全同态加密。

9.3.2　密文矩阵的全同态加密形式

同理，如果在最终解密结构与实际解密结构之间建立等式关系，则有

$$\begin{aligned}M\cdot\boldsymbol{s}+e&=\mathrm{Powerof2}(\boldsymbol{s})\cdot m+e\ (\bmod q)\\ &=G\cdot\boldsymbol{s}\cdot m+e\ (\bmod q)\end{aligned}$$

其中 $G=\mathrm{Powerof2}(\boldsymbol{I})$，$\boldsymbol{I}$ 为单位矩阵。注意：Powerof2($\boldsymbol{I}$)对 $\boldsymbol{I}$ 中的每一列都进行操作。上述等式是一个关于未知量 M 的方程，求解方程得到 $M=G\cdot m$。根据式(9-5)，矩阵 $\boldsymbol{C}$ 的加密形式为

$$\boldsymbol{C}\leftarrow G\cdot m+\boldsymbol{C}_0\,(\bmod q)$$

根据密钥 $\boldsymbol{s}$ 的维数，得到具体形式为

$$\boldsymbol{C}\leftarrow\begin{bmatrix}\boldsymbol{c}_1\\ \boldsymbol{c}_2\\ \vdots\\ \boldsymbol{c}_{(n+1)(l+1)}\end{bmatrix}=\begin{bmatrix}(m,0,\cdots,0)+\boldsymbol{A}^{\mathrm{T}}\boldsymbol{r}\\ (2m,0,\cdots,0)+\boldsymbol{A}^{\mathrm{T}}\boldsymbol{r}_2\\ \vdots\\ (2^l m,0,\cdots,0)+\boldsymbol{A}^{\mathrm{T}}\boldsymbol{r}_{l+1}\\ (0,\ m,\cdots,0)+\boldsymbol{A}^{\mathrm{T}}\boldsymbol{r}_{l+2}\\ (0,\ 2m,\cdots,0)+\boldsymbol{A}^{\mathrm{T}}\boldsymbol{r}_{l+3}\\ \vdots\\ (0,\ 0,\cdots,m)+\boldsymbol{A}^{\mathrm{T}}\boldsymbol{r}_{n(l+1)+1}\\ (0,0,\cdots,2m)+\boldsymbol{A}^{\mathrm{T}}\boldsymbol{r}_{n(l+1)+2}\\ \vdots\\ (0,0,\cdots,2^l m)+\boldsymbol{A}^{\mathrm{T}}\boldsymbol{r}_{(n+1)(l+1)}\end{bmatrix}\bmod q$$

上述加密是一个全同态加密，该加密的解密公式与 LWE 解密公式相同，即从密文矩阵 $\boldsymbol{C}$ 中选取一行，使用 LWE 解密公式进行解密。

注意：该加密形式对应的最终解密结构为式(9-4)，密文乘法同态的计算形式是 $\text{BitDecomp}(\boldsymbol{C}_1)\cdot\boldsymbol{C}_2$，密钥 $\boldsymbol{s}$ 在计算过程中保持不变。

上述推导过程给出了一种通用的保持密钥不变的全同态加密的设计方法。该设计方法具有“机械化”的特征，就像求解数学公式一样，在最终解密结构与实际解密结构之间建立关于明文的等式关系，从而求解出一个全同态加密方案。该方法具有通用性。

推论 9-1 如果基本加密方案的密文抽象解密结构具有 $\boldsymbol{c}\odot\boldsymbol{s}=x\cdot m+e\pmod q$ 形式，则可以构造一个密文是矩阵的全同态加密。密文矩阵 $\boldsymbol{C}$ 具有形式 $\boldsymbol{C}\leftarrow G\cdot m+\boldsymbol{C}_0\pmod q$，其中 $G=\text{Powerof2}(\boldsymbol{I})$，且 $\boldsymbol{I}$ 为单位矩阵，$\boldsymbol{C}_0$ 的每一行是对 0 的加密，最终解密结构为 $\boldsymbol{C}\cdot\boldsymbol{s}=\text{Powerof2}(\boldsymbol{s})\cdot m+e\pmod q$。密文 $\boldsymbol{C}_1$ 和 $\boldsymbol{C}_2$ 乘积的计算形式为 $\text{BitDecomp}(\boldsymbol{C}_1)\cdot\boldsymbol{C}_2\pmod q$。

推论 9-1 的证明可以通过上述推导过程给出。推论 9-1 说明密文是矩阵的全同态加密的构造具有通用性，即任何一个满足抽象解密结构的加密方案都可以通过推论 9-1 构造出一个全同态加密，该全同态加密的密文矩阵本质上是堆叠出来的，即第一行是基本加密方案的密文，其他行都是为了获得同态性而添加的。推论 9-1 回答了 GSW 方案具有通用性的原因。

9.4 通用构造方法

基于前面的理论，本节给出一个通用的全同态加密设计方法。

9.4.1 构造思想

根据前面的分析，我们认为设计格上全同态加密的基石是解密结构，技术关键是构造一种满足密文乘法同态性的密文计算形式，即“期盼解密结构”，技术路径是采用两种形式构造，即 $(\boldsymbol{c}_1\odot\boldsymbol{s})\cdot(\boldsymbol{c}_2\odot\boldsymbol{s})$ 形式或 $\boldsymbol{c}_1\cdot\boldsymbol{c}_2\cdot\boldsymbol{s}$ 形式，目标是构造出最终解密结构。

找到密文乘法同态的计算形式后，再考虑如何控制噪声。这与平常大家的直觉是相反的。通常认为约减噪声在构造全同态加密中最重要。事实上，构造密文乘法同态的形式是第一要务，此时该方案已经具有潜在的同态性，只不过同态性被噪声阻碍了，随后才控制噪声。

控制噪声首先得分析密文乘法中噪声增长的主要依赖项，然后对该项进行噪声约减。控制噪声的同时依然要保证密文乘法的同态性。如果在噪声约减后失去了密文乘法同态性，则要调整解密结构的形式，使得最后既满足同态性，又满足噪声增长的要求，即获得最终解密结构。可能该过程需要反复调整。

如果最终解密结构中的解密结构形式没有改变，则加密形式也不变(即使用原基本加密方案的加密形式)，否则需要根据新的解密结构推导出新的加密形式，例如第 9.3 节。目前，所有全同态加密中的解密形式都和原基本加密方案中的解密形式相同。

9.4.2 通用构造方法介绍

通用构造方法如下。

1. 建立解密结构

目前，格上加密方案的解密结构都可以抽象为 $\boldsymbol{c} \odot \boldsymbol{s} = x \cdot m + e \pmod q$，具体可细分为3种形式，见第9.1节。

2. 构造密文乘法的期盼解密结构：分析同态性

假设噪声是小的，分析同态性的获得。目前可以采用两种形式构造：采用$(\boldsymbol{c}_1 \odot \boldsymbol{s}) \cdot (\boldsymbol{c}_2 \odot \boldsymbol{s})$形式；采用 $\boldsymbol{c}_1 \cdot \boldsymbol{c}_2 \cdot \boldsymbol{s}$ 形式。

3. 分析噪声依赖主要项：噪声控制

不同的解密结构，其密文计算的噪声增长形式不同，可以通过分析噪声增长依赖主要项，并且选择相应方法对其约减，从而达到在密文计算过程中控制噪声增长的目的。

4. 建立最终解密结构：获得同态性

如果控制噪声后依然保持同态性，则解密结构 $\boldsymbol{c} \odot \boldsymbol{s} = x \cdot m + e \pmod q$就是最终解密结构，否则需要建立新的解密结构，直到获得最终解密结构。

5. 加密形式

如果最终解密结构中的解密结构与原解密结构相同，则使用相同的加密算法；如果最终解密结构中的解密结构与原解密结构不同，则根据新的解密结构推导出新的加密算法。

6. 解密形式

解密形式不变。

7. 密钥交换

如果密文计算过程中，密钥及密文的维数增长了，则可以使用密钥交换方法对维数进行约减，否则不需要使用密钥交换。所以，密钥交换可以看成一个独立的组件。

定理 9-1　如果一个加密方案的解密结构具有抽象解密结构的形式，就能够构造一个全同态加密方案。

定理9-1可以通过上述通用设计方法得到。定理9-1说明了抽象解密结构在构造全同态加密中的重要性。如果具有抽象解密结构，在不考虑噪声的情况下，可以获得乘法期盼解密结构，这也说明了LWE上的加密能够构造全同态加密的原因。

9.5　全同态加密的形式比较

根据上述通用设计方法，从4个方面对目前LWE上的所有全同态加密进行分析比较。注意：为了形式化比较，所有符号都抽象为变量，例如密钥用变量 $\boldsymbol{s}$ 表示，而忽略其在LWE或环LWE上的具体表示。

9.5.1　解密结构

这里的解密结构指的是全同态加密方案所基于的基本加密方案的解密结构。一般情况下,解密结构是不包含密钥的。因为 LWE 解密过程中,首先通过解密结构去除密钥,留下的是明文和噪声,然后再将噪声去除,从而解密出明文。上述 BGV 和 Bra12 方案的解密结构都不包含密钥 $\boldsymbol{s}$,但是 GSW13 的解密结构中包含了密钥 $\boldsymbol{s}$,见表 9-1。由于密钥的形式是 $\boldsymbol{s}=(1, \boldsymbol{s}')$,这说明 GSW13 的解密结构是复合结构。以环 LWE 版本为例,BGV 和 Bra12 方案的解密结构都是一个多项式,而 GSW13 的解密结构是一个含有两个多项式的列向量。注意:在该列向量中,第一个向量既可以是 BGV 形式的解密结构,也可以是 Bra12 形式的解密结构,而列向量中的第二个向量是对 0 加密的密文的解密结构。从形式上看,GSW13 的解密结构包含了 BGV 或 Bra12 方案的解密结构,只不过为了同态性,在解密结构中堆叠了对 0 加密的密文的解密结构。

表 9-1 基本加密方案中的解密结构

方案	解密结构(基本加密方案)
BGV	$\langle c, \boldsymbol{s}\rangle = m+2e \pmod q$
Bra12	$\langle c, \boldsymbol{s}\rangle = \lfloor q/2 \rfloor \cdot m+e \pmod q$
GSW13	$\boldsymbol{C}\cdot \boldsymbol{s}=\boldsymbol{s}\cdot m+e \pmod q$

从密文角度看,GSW13 的密文是由若干个密文组成的。下面以环 LWE 版本为例,BGV 的基本加密方案的密文含有两个多项式的向量,长度是 $2(n+1)\log q$。Bra12 也一样。但是,GSW13 的基本加密方案的密文是一个 2×2 的多项式矩阵,长度是 $4(n+1)\log q$。该密文矩阵中的第一行是正常密文,第二行是对 0 加密的密文。

9.5.2 密文乘法同态计算形式

解密结构的不同导致密文乘法同态的构造形式也不同。BGV 与 Bra12 的构造形式相同,但是 GSW13 与前两者都不同。BGV 与 Bra12 的密文乘法是密文的张量积,导致密文乘积的维数扩张了,从而需要密钥交换。而 GSW13 是密文矩阵的乘积,密文乘积保持密文的维数不变,不需要密钥交换。

以环 LWE 版本为例,BGV 方案的密文 $\boldsymbol{c}_1$ 和 $\boldsymbol{c}_2$ 都是含有两个多项式的向量,长度是 $2(n+1)\log q$。密文 $\boldsymbol{c}_1$ 和 $\boldsymbol{c}_2$ 的乘积是含有 3 个多项式的向量,长度是 $3(n+1)\log q$。Bra12 方案也一样。但是,GSW13 方案的密文 $\boldsymbol{C}_1$ 和 $\boldsymbol{C}_2$ 都是一个 2×2 的多项式矩阵,大小是 $4(n+1)\log q$。密文 $\boldsymbol{C}_1$ 和 $\boldsymbol{C}_2$ 的乘积依然是 2×2 的多项式矩阵,矩阵大小不变,见表 9-2。

表 9-2 密文乘法同态的计算形式与构造形式

方案	密文乘法同态的计算形式	构造形式
BGV	$\boldsymbol{c}_1 \otimes \boldsymbol{c}_2 \pmod q$	$(\boldsymbol{c}_1 \odot \boldsymbol{s})\cdot(\boldsymbol{c}_2 \odot \boldsymbol{s})$
Bra12	$\left\lfloor \frac{2}{q}(\boldsymbol{c}_1 \otimes \boldsymbol{c}_2) \right\rceil \pmod q$	$(\boldsymbol{c}_1 \odot \boldsymbol{s})\cdot(\boldsymbol{c}_2 \odot \boldsymbol{s})$
GSW13	$\boldsymbol{C}_1 \cdot \boldsymbol{C}_2 \pmod q$	$\boldsymbol{c}_1 \cdot \boldsymbol{c}_2 \cdot \boldsymbol{s}$

在密文乘法中,BGV 需要 4 次多项式乘法、1 次多项式加法。Bra12 与之相同,但是还需要额外进行 $3(n+1)$次多项式系数与模 q 的除法。GSW13 需要 4 次多项式乘法、2 次多项式加法。在参数合适的情况下,计算速度差异不大。注意:这里并不是最终的密文乘法计算形式,还没有考虑约减噪声。

9.5.3 噪声控制

为了有效地约减噪声,需要分析出密文乘法中噪声增长依赖的主要项。BGV 的噪声增长依赖的主要项是 e^2,噪声在密文乘法中呈指数级增长,因此进行不了几次乘法,通常称之为有限同态加密(SWHE)。如果要执行更深的电路计算,需要使用模交换,即用一个接近噪声的值 B 除以密文的乘积,导致噪声也除以 B,从而约减噪声值。如表 9-3 所示,第一个模为 q,第二个模为 q^*,取 q/q^* 近似等于 B,代价是同时也约减了模的大小,即 q^* 近似等于 q/B。另外,模交换没有破坏乘法的期盼解密结构,保持了同态性。

表 9-3　密文乘法中的噪声增长依赖的主要项

方　　案	噪声增长依赖的主要项	约 减 方 法
BGV	e^2	$(q^*/q)\cdot e^2$
Bra12	$\Vert s \Vert_1$	BitDecomp($\boldsymbol{s}$)
GSW13	$\boldsymbol{C}_1$	BitDecomp($\boldsymbol{C}_1$)

其实,在 Bra12 中隐含了模交换。由密文乘法形式的定义可知,首先,用密文的乘积除以 $q/2$,这是为了获得乘法的期盼解密结构,即乘法同态性,而不是为了约减噪声。此时,噪声在密文乘法中主要依赖于密钥的长度,使得一次乘法都计算不了,即零次同态加密。可以使用 BitDecomp()对密钥进行位的分解,从而约减密钥的长度,代价是导致密文的维数扩张 $\log q$ 倍。这里,噪声约减时没有破坏乘法的期盼解密结构,保持了同态性。注意:如果密钥取自$\{0,1\}$或$\{-1,0,1\}$分布,则可避免对密钥进行位分解,从而避免密文的维数扩张。

GSW13 中噪声依赖的主要项是密文,是零次同态加密,对第一个密文使用位分解的方法约减噪声,导致密文乘积中第一个密文的维数扩张了 $\log q$ 倍。注意:噪声约减破坏了乘法的期盼解密结构,即同态性丧失,所以需要调整解密结构,具体见表 9-3。

9.5.4 最终解密结构

这里的解密结构是获得全同态加密的解密结构,见表 9-4。从与表 9-1 中解密结构的对比可知,BGV 和 Bra12 的从基本加密方案到全同态加密,解密结构没有发生变化,而 GSW13 的解密结构中添加了更多的对 0 加密密文的解密结构,主要是为了保证在约减噪声的同时获得同态性。以环 LWE 版本为例,BGV 方案的密文 $\boldsymbol{c}_1$ 和 $\boldsymbol{c}_2$ 的乘积是含有 3 个多项式的向量,长度是 $3(n+1)\log q$。根据引理 9-2 与引理 9-4,可以推导出密文乘法同态计算形式。其中密文乘积与 q^*/q 相乘是为了控制噪声。Bra12 方案的密文 $\boldsymbol{c}_1$ 和 $\boldsymbol{c}_2$ 的乘积是含有 $\binom{2(l+1)+1}{2}$ 个多项式的向量,长度是 $\binom{2(l+1)+1}{2}(n+1)\log q$。同理,根据引理 9-2 与引理 9-4,可以推导出密文乘法同态计算形式。

表 9-4 最终解密结构

方案	密文乘法同态计算形式	解密结构
BGV	$\frac{q^*}{q}\cdot(\boldsymbol{c}_1\otimes\boldsymbol{c}_2)\pmod{q^*}$	$<\boldsymbol{c},\boldsymbol{s}>=m+2e\pmod{q}$
Bra12	$\left\lfloor\frac{2}{q}(\text{Powerof2}(\boldsymbol{c}_1)\otimes\text{Powerof2}(\boldsymbol{c}_2))\right\rceil\pmod{q}$	$<\boldsymbol{c},\boldsymbol{s}>=\lfloor q/2\rfloor\cdot m+e\pmod{q}$
GSW13	$\text{BitDecomp}(\boldsymbol{C}_1^*)\cdot\boldsymbol{C}_2^*\pmod{q}$	$\boldsymbol{C}^*\cdot\boldsymbol{s}=\text{Powerof2}(\boldsymbol{s})\cdot m+e\pmod{q}$

GSW13 方案的密文 $\boldsymbol{C}_1^*$ 和 $\boldsymbol{C}_2^*$ 的乘积是一个$(n+1)(l+1)\times(n+1)$的多项式矩阵,大小是$(n+1)^3(l+1)\log q$。密文 $\boldsymbol{C}_1$ 和 $\boldsymbol{C}_2$的乘积依然是 2×2 的多项式矩阵,矩阵大小不变。根据引理 9-3 与引理 9-5,可以推导出密文乘法同态计算形式。在密文乘法中,BGV 需要 4 次多项式乘法,Bra12 需要 $4(l+1)^2$ 次多项式乘法,GSW13 需要$(n+1)^2(l+1)^2$ 次多项式乘法。

第10章 浮点数上的全同态加密算法CKKS

CKKS算法是2017年论文 *Homomorphic Encryption for Arithmetic of Approximate Numbers* 中提出的近似计算同态加密算法，其具体构造基于BGV算法，但也可以基于其他类型的全同态加密算法进行构造。论文的作者是Cheon等四位韩国学者。算法早期的名称是论文首字母缩写，称作HEAAN算法，其首个C++实现的库称为HEAAN库。后来该算法采用国际惯例，以作者姓氏首字母为名字，称为CKKS算法。

CKKS算法是目前对实数和复数进行近似同态计算最有效的方法。CKKS算法已被广泛用于实际应用中，例如机器学习等领域。本章介绍浮点数上的CKKS全同态加密算法的原理。

10.1 浮点数同态计算的重要性与挑战

现实世界中，大多数的数据都与真实值之间存在一定的误差。例如，一个量的测量值与它的真实值相比有一个观察误差。在实践中，数据通常被量化(离散化)为一个近似值，如在计算机系统中，浮点数用一串特定数量的比特表示。例如我们平常使用的计算器，当使用$\sqrt{2}$的时候，其实是使用近似值来代替$\sqrt{2}\approx 1.412$。因此，在实际计算中，一个原始数据可以通过近似值来代替，而且一个小的四舍五入引起的误差一般不会对计算结果产生太大影响。

为了提高近似值计算的效率，使近似算术更有效，一般主要存储数字的最高有效位(MSBs)，从而在这些有效位数上进行算术计算。为了保持有效数字的精度，通过四舍五入去掉一些不重要的最低有效位(LSBs)是一种常用的重要方法。例如，$\pi\approx 314\times 10^{-2}$，其中314是$\pi$的有效数字，$10^{-2}$是缩放因子。计算两个$\pi$相乘可以按照如下方法计算：$(314\times 10^{-2})\times(314\times 10^{-2})=98596\times 10^{-4}\approx 986\times 10^{-2}$。不幸的是，四舍五入操作很难通过同态计算执行，因为四舍五入计算不能被简单地表示为一个低次多项式。

全同态加密算法分为“字方式”全同态加密与“位方式”全同态加密。在“字方式”全同态加密中，例如在BGV/BFV算法中，由于没有四舍五入的同态操作，因此早期处理浮点数(或定点数)的方法是将其先表示成整数，这样一方面计算代价很高，另一方面使得明文

消息的长度呈指数级增长，而且也无法实现同态解密(boostrapping)的操作。例如，计算

$$1.234 \times 0.689 \times 2.194 \times 0.917 \times 3.323 \times 4.154 \times 0.489 \times 3.772$$
$$\rightarrow 1234 \times 689 \times 2194 \times 917 \times 3323 \times 4154 \times 489 \times 3772$$
$$= 435529640892121397571932 8 > 2^{85}$$

而“位方式”全同态加密执行效率不高，执行一个 2-to-1 的门电路需要 0.06min，操作两个 4 位字符串需要 75 个门电路。

理论上来说，全同态加密的密文解密结构并不适合执行浮点数上的同态计算，其主要原因是同态计算的噪声增长会“淹没”明文的最高有效位(MSB)。例如，BGV 算法的密文解密结构是$<\boldsymbol{c},\boldsymbol{s}>=m+te \bmod q$，其中明文空间的模是 t，密文空间的模是 q，密文 $\boldsymbol{c}$ 是对明文 m 的加密。其实 te 相当于把 e 放大了 t 倍，即把 e 搬到了高位上(MSB)，最低位(LSB)腾出了 t 位。而明文消息 m 小于 t，所以看上去如图 10-1 所示。

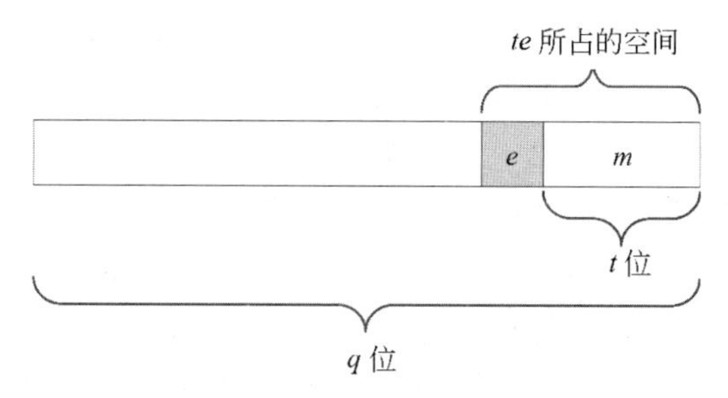

图 10-1　BGV 算法密文的结构

同态乘法后噪声增长，明文的长度也急剧增长，有可能在计算过程中，明文长度的增长超过明文模 t。此时，噪声“淹没”了明文之积的最高有效位，如图 10-2 所示。其中 $[m_1m_2]_t$ 表示 $m_1m_2 \bmod t$。

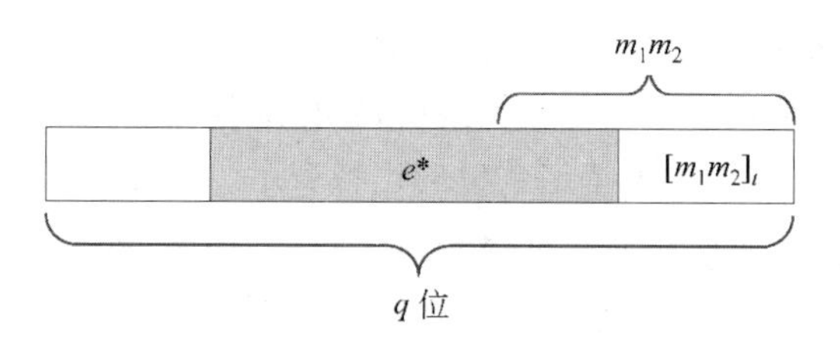

图 10-2　BGV 算法同态乘法密文的结构

同理，在 BFV 算法中也存在类似问题。因此，在早期的同态加密算法中，处理该问题是通过扩大密文模的长度(指数级增长)增长明文空间以及容纳近似计算所带来的噪声增长，因此需要指数级的模来满足近似计算的电路深度。

CKKS 解决该问题的核心思想是认为每个数都含有一个小的误差(错误)，把加密时引入的噪声作为该误差的一部分。例如，密文解密结构为 $m+e$，如果密文解密结构 $m+e$ 中的噪声 e 远小于明文(实数)m，则只会摧毁 m 的低位，而对 m 的最高有效位没有影响。因此，可将噪声 e 作为明文(实数)的一部分，用 $m'=m+e\approx m$ 表示明文(实数)进行近似计算。

为防止有效数字精度的损失，在加密前对明文 m 乘以一个放大因子(scaling)，这样 e 就不会对 m 的有效数字造成影响，这使得可以保持一个“较小”的解密结构，使得模的取值也不会变大。例如如下的近似计算，请注意加密和解密都会引入噪声：

(1.234)⇒ 乘以一个放大因子 $p=10^4$ ⇒ 12340 ⇒ 加密 ⇒ 解密 $\langle \boldsymbol{c}, \boldsymbol{s} \rangle \bmod q = 12342 \approx 1.234\times10^4$。

但是，随着同态计算的不断执行，明文(实数)的长度随着电路的深度呈指数级增长。如何约减明文(实数)计算结果的长度，保持有效数字的精度位数成为一个需要解决的主要问题。在 CKKS 算法中引入一种称为“再缩减”(rescaling)的技术，首先固定需要保证的精度，然后对密文 $\boldsymbol{c}$ 除以 p 得到 $\lfloor p^{-1}\boldsymbol{c} \rceil$，对应的明文变成 m/p，噪声变为 e/p。通过再缩减技术，约减了密文模的大小，去除了明文消息中最低有效位里所包含的计算误差，实现了类似于近似算术中的四舍五入步骤，而且几乎保留了明文的精度。保留固定的精度这一点是非常重要的，如图 10-3 所示。

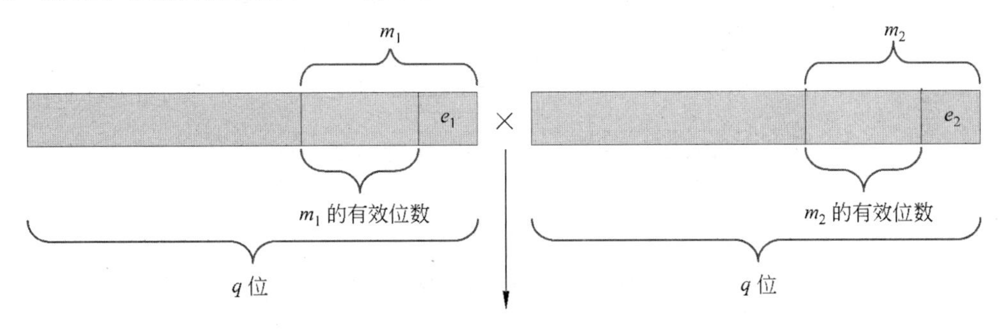

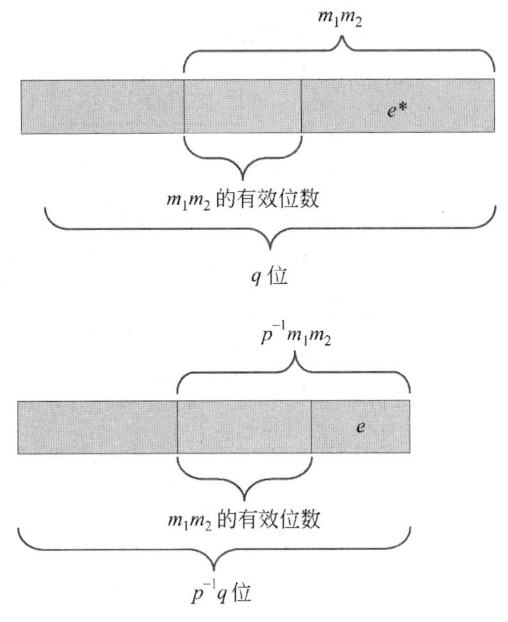

图 10-3　同态乘法后的再缩减技术

10.2 近似同态计算例子

下面以一个例子说明如何利用 CKKS 思想对实数进行近似同态计算。

假设对 1.234×0.689×2.194×0.917×3.323×4.154×0.489×3.772 执行同态计算，如图 10-4

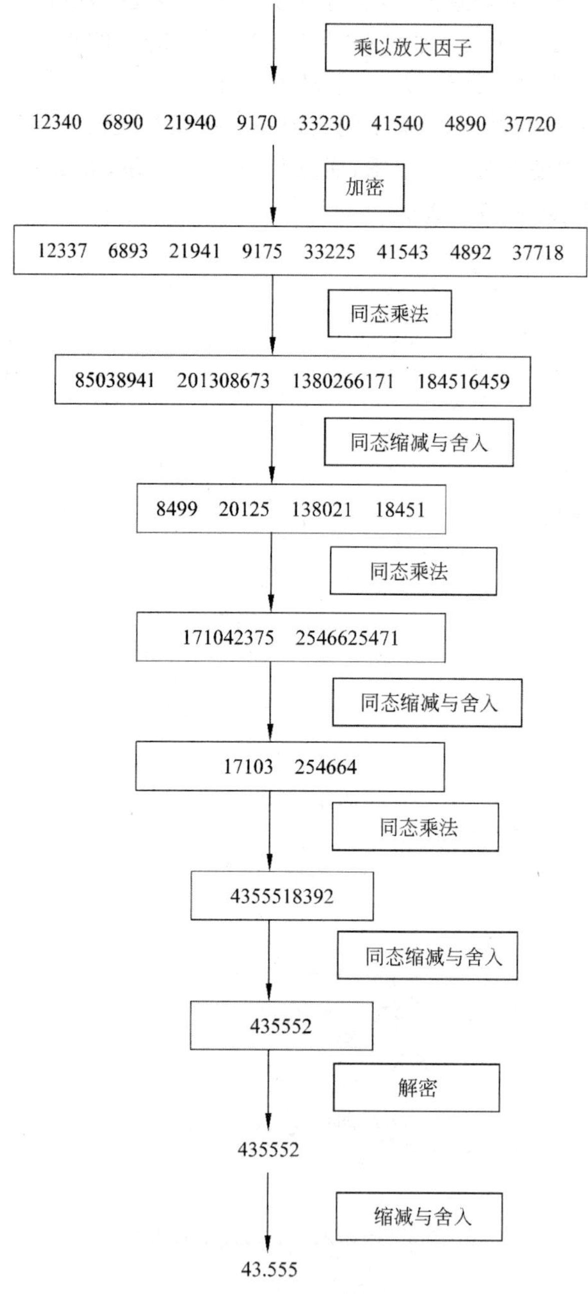

图 10-4 近似同态计算例子

所示。注意：加密、同态乘法、同态缩减与舍入都会引入噪声（误差）。例如，对图 10-4 中的明文 12340 加密后，明文就变为 12337，加密过程引入的误差是 3。另外，放大因子是 10^4，例如 1.234 放大后变为 1.2340×10^4。执行第一次同态乘法后，即执行 12337×6893 后，该因子增长为 10^8，例如 0.85038941×10^8。注意：同态乘法引入了噪声。为了保证固定的有效位数，执行再缩减操作（除以 10^4），计算后该因子变为 10^4，同时引入了噪声（误差）。执行舍入操作后变为 0.8499×10^4。

CKKS 全同态加密能够对复数向量进行同态计算，因此能够对实数进行同态计算。从消息编码成明文，到加密成密文，以及解密和解码成消息，整个流程在各个数学对象上转换，如图 10-5 所示。

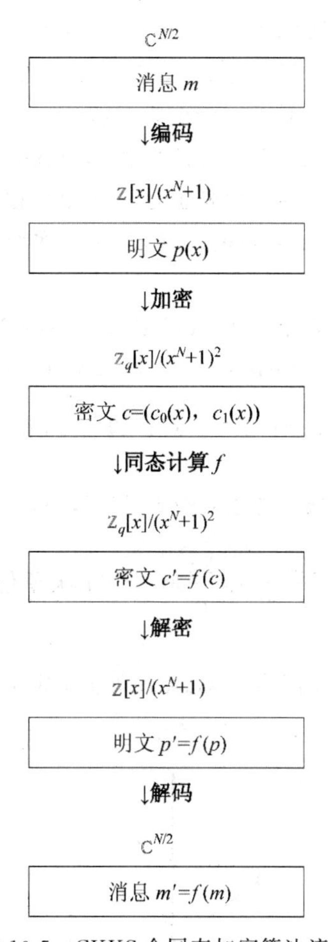

图 10-5　CKKS 全同态加密算法流程

10.3　分圆多项式

使用分圆多项式的好处是：一方面保证了环 LWE 问题的分布随机性；另一方面能够提高计算效率。此外，在全同态加密中，利用分圆多项式的分解特性，可以结合中国剩余定理将多个明文打包到一个密文中。因此，分圆多项式的应用在全同态加密中非常重要。下面介绍分圆多项式。

要说分圆多项式，必然要说到 x^n-1。因为 n 次分圆多项式其实就是 x^n-1 的一个"最大"的不可约多项式因子。最大就是对于任意 $k<n$，该 n 次分圆多项式都不是 x^k-1 的因子。

因此，分圆多项式涉及 x^n-1 的分解，从而和 x^n-1 的根有关系，确切地说，是和 x^n-1的原根有关系。那么，什么是原根(primitive root of unity)呢？

通常把满足 $x^n=1$ 的根称为 n 次单位根，其中 $n=1,2,3,\cdots$。所以，如果 z 是一个 n 次单位根，则满足 $z^n=1$。另外，单位原根的概念经常会用到，即如果 n 次单位根是原根，则 n 是满足 $z^n=1$ 的最小幂，即对于任何 $0<k<n$，都有 $z^k\neq 1$ 成立。

此外，还有一个重要性质：如果 z 是n 次单位原根，则 z 的整数幂：z，$z^2,\cdots,z^{n-1}$，$z^n=z^0=1$ 都是互不相同的，这说明了一个重要的特征：z 相当于生成元。用一个 n 次单位原根可以生成所有的单位根。而且 n 在这里相当于模，每次计算到 n 次就循环往复。那么，当 z 是n 次单位根时，则 z 的整数幂也是n 次单位根。

如果 z 是n 次原根，当 k 和n 互素的时候，z^k是 n 次原根，记 $\varphi(n)$为欧拉函数，那么一共有 $\varphi(n)$个 n 次单位原根。

另外，最重要的是这些 n 次单位原根可以通过三角函数表示。由于三角函数具有如下性质：$(\cos x+\mathrm{i}\sin x)^n=\cos nx+\mathrm{i}\sin nx$。令 $x=2\pi/n$，相当于对圆 n 等分，代入上式有 $\left(\cos\frac{2\pi}{n}+\mathrm{i}\sin\frac{2\pi}{n}\right)^n=\cos 2\pi+\mathrm{i}\sin 2\pi=1$。等式右边为 1，左边是 n 次方，说明什么？说明 $\cos\frac{2\pi}{n}+\mathrm{i}\sin\frac{2\pi}{n}$是一个 n 次单位根。注意：当 $k=1,2,\cdots,n-1$ 时，有$\left(\cos\frac{2\pi}{n}+\mathrm{i}\sin\frac{2\pi}{n}\right)^k=\cos\frac{2k\pi}{n}+\mathrm{i}\sin\frac{2k\pi}{n}\neq 1$，说明 $\cos\frac{2\pi}{n}+\mathrm{i}\sin\frac{2\pi}{n}$是一个 n 次单位原根，其中 $2\pi/n$ 相当于对圆 n 等分。

例如，当 $n=5$ 时，即 $2\pi/5$，相当于对圆五等分，其中实数轴上的是 1，如图 10-6 所示。

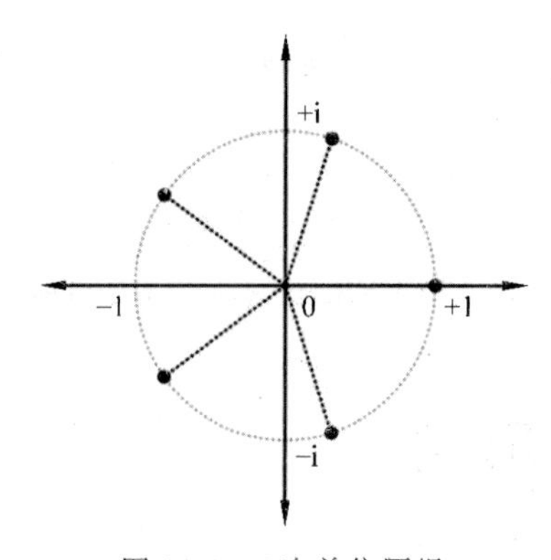

图 10-6　5 次单位原根

根据欧拉公式 $e^{ix}=\cos x+i\sin x$，可以通过 $e^{2\pi i\frac{k}{n}}(0\leqslant k<n)$ 表示所有的 n 次单位根。特别地，当 k 与 n 互素时，是 n 次单位原根，这个性质非常重要。

说了这么多，都没说到分圆多项式。n 次分圆多项式记为 $\Phi_n(x)$，分圆多项式的次数就是 n 次单位原根的个数，即 $\varphi(n)$。分圆多项式与 n 次单位原根产生了关系，这就是先介绍单位原根的原因。

由于当 k 与 n 互素时，$e^{2\pi i\frac{k}{n}}(0\leqslant k<n)$ 表示所有的 n 次单位原根，所以分圆多项式可以表示为 $\Phi_n(x)=\prod_{\substack{1\leqslant k\leqslant n\\ \gcd(k,n)=1}}(x-e^{2i\pi\frac{k}{n}})$。由于每个 n 次单位根要么是 n 次单位原根，要么是某个 d 次单位原根，所以 x^n-1 可以表示成 $\prod_{d\mid n}\Phi_d(x)=x^n-1$。

另外，再次提醒：分圆多项式在有理数域上是不可约的，所以 $\Phi_n(x)$ 是在环 $\mathbb{Z}[x]$ 上次数为 $\varphi(n)$ 的不可约多项式。分圆多项式还可以定义为：它是一个整系数首一多项式，该多项式是任何 n 次单位原根上的有理数域上的最小多项式。分圆多项式在有理数域上是不可分解的，但是在复数域上可以分解为一次因子的乘积。那么，在有限域上表现如何呢？

应用最小多项式在有限域上，分圆多项式在有限域 $F_p[x]$ 上可以分解为最小多项式的乘积。有如下性质：假设有限域的元素个数是 p，其中 p 是素数而且 p 不是 n 的因子，则分圆多项式 $\Phi_n(x)$ 可以分解为 $\varphi(n)/d$ 个次数为 d 的不可约多项式，其中 $p^d=1\pmod n$，这个性质经常用于全同态加密中明文空间的明文槽的划分。

最后介绍最小多项式。假设 a 是域 F（元素个数为 n）的任意一个元素，a 的次数 d 是 n 的因子，则 a 的最小多项式是 $f_a(x)=(x-\alpha)(x-\alpha^q)\cdots(x-\alpha^{q^{d-1}})$。

10.4 编码与解码

CKKS 算法的明文空间工作在 $\mathbb{Z}[x]/(x^N+1)$ 上，其明文是一个多项式。而消息是实数 $z\in\mathbb{C}^{N/2}$，因此需要将实数编码为 $\mathbb{Z}[x]/(x^N+1)$ 上的多项式。令 M 次分圆多项式 $\Phi_M(X)=X^N+1$，其中 N 是 2 的幂次，$M=2N$。明文空间是多项式环 $R=\mathbb{Z}[x]/(x^N+1)$。令 $\xi_M=e^{2i\pi/M}$ 是 M 次单位原根。

10.4.1 $\mathbb{C}[X]/(X^N+1)\to\mathbb{C}^N$ 的编码与解码

为了读者便于理解，首先说明如何将一个复数向量 $z\in\mathbb{C}^N$ 编码成一个多项式 $m(X)\in\mathbb{C}[X]/(X^N+1)$ 以及反方向的解码，为此需要使用标准嵌入数学工具 $\mathbb{C}[X]/(X^N+1)\to\mathbb{C}^N$ 来编码和解码。

解码的思路很简单，就是在 M 次分圆多项式 $\Phi_M(X)$ 的 N 个单位原根 $\xi,\xi^3,\cdots,\xi^{2N-1}$ 上执行多项式 $m(X)$，从而构成复数向量 $z\in\mathbb{C}^N$。因此，我们定义标准嵌入 $\sigma(m)=(m(\xi),m(\xi^3),\cdots,m(\xi^{2N-1}))\in\mathbb{C}^N$。这里 σ 定义了一个同构，这意味着任何向量都将被唯一地编码为其相应的多项式，反之亦然。

编码要复杂一些。将一个复数向量 $z \in \mathbb{C}^N$ 编码成一个多项式 $m(X) \in \mathbb{C}[X]/(X^N+1)$,需要计算 σ^{-1}。该问题就变为给一个复数向量 $z \in \mathbb{C}^N$,发现一个多项式 $m(X)=\sum_{i=0}^{N-1}\alpha_i X^i \in \mathbb{C}[X]/(X^N+1)$,使得 $\sigma(m)=(m(\xi),m(\xi^3),\cdots,m(\xi^{2N-1}))=(z_1,z_2,\cdots,z_N)$,也就是求解关于$(\alpha_0,\alpha_1,\cdots,\alpha_{N-1})$的如下线性方程组:

$$\alpha_0+\alpha_1\xi+\cdots+\alpha_{N-1}\xi^{N-1}=z_1$$

$$\alpha_0+\alpha_1\xi^3+\cdots+\alpha_{N-1}\xi^{3(N-1)}=z_2$$

$$\cdots\cdots$$

$$\alpha_0+\alpha_1\xi^{2N-1}+\cdots+\alpha_{N-1}\xi^{(2N-1)(N-1)}=z_N$$

记 $\boldsymbol{A}\alpha=\boldsymbol{z}$,其中 $\boldsymbol{A}$ 是关于$(\xi^{2i-1})_{i=1,2,\cdots,N}$的范德蒙矩阵,$\alpha$ 是多项式的系数,$\boldsymbol{z}$ 是需要编码的复数向量。求解上述线性方程组,有 $\alpha=\boldsymbol{A}^{-1}\boldsymbol{z}$,则 $\sigma^{-1}=\sum_{i=0}^{N-1}\alpha_i X^i \in \mathbb{C}[X]/(X^N+1)$。因此,已知 $\boldsymbol{z}$ 和 ξ,就可以将 $\boldsymbol{z}$ 编码为一个 $\mathbb{C}[X]/(X^N+1)$ 上的多项式。

下面举例说明。令 $M=8, N=M/2=4$,则 $\Phi_M(X)=X^4+1$。选取 $\xi=\mathrm{e}^{i\pi/4}=0.7071067811865476+0.7071067811865475\mathrm{i}$,对(1,2,3,4)编码以及解码。

向量(1,2,3,4)编码后的多项式是$(2.5+(4.440892098500626\times10^{-16})\mathrm{i})+(-4.996003610813204\times10^{-16}+0.7071067811865479\mathrm{i})x+(-3.469446951953617 6\times10^{-16}+0.5000000000000003\mathrm{i})x^2+(-8.326672684688674\times10^{-16}+0.7071067811865472\mathrm{i})x^3$。对该多项式解码后的向量为 $1-1.11022302\times10^{-16}\mathrm{i}$, $2-4.71844785\times10^{-16}\mathrm{i}$, $3+2.77555756\times10^{-17}\mathrm{i}$, $4+2.22044605\times10^{-16}\mathrm{i}$,与向量(1,2,3,4)非常接近。

10.4.2 $\mathbb{Z}[X]/(X^N+1)\rightarrow\mathbb{C}^{N/2}$的编码与解码

10.4.1 节通过定义一个标准嵌入 σ,使我们获得$\mathbb{C}^n$ 和$\mathbb{C}[X]/(X^N+1)$上的一个同构,从而实现了编码和解码。但是,在 CKKS 算法中希望编码输出的多项式在 $R=\mathbb{Z}[X]/(X^N+1)$ 中是一个整系数多项式。而从 10.4.1 节的例子可以看到,对$\mathbb{C}^n$ 中的向量编码未必得到整系数多项式。本节将解决这个问题。

首先研究标准嵌入 σ 在$R=\mathbb{Z}[X]/(X^N+1)$ 上的像,即 $\sigma(R)$是什么。由于 R 上是整系数多项式,因此可以将其视为实系数多项式,在其上输入(X^N+1)的复数根执行多项式,其结果有一半互为共轭,即有 $\sigma(R)\subseteq H=z\in\mathbb{C}^N: z_j=\overline{z_{-j}}$。对于任何实系数多项式 $m(X)\in R$,有 $m(\xi^j)=\overline{m(\xi^{-j})}=m(\overline{\xi^{-j}})$。因此,$\sigma(R)$的空间大小是 $N/2$,而不是 N。

如果在 CKKS 算法中使用 $N/2$ 空间中的复数向量,就需要复制另外一半共轭根进行扩展。在 CKKS 算法中定义了一个操作 π,该操作将 H 中的元素投影到$\mathbb{C}^{N/2}$中,并且该投影是同构的。最重要的是,对于 $z\in\mathbb{C}^{N/2}$,要想将其编码为 R 上的多项式,首先使用 π 的逆操作将 $z\in\mathbb{C}^{N/2}$扩展到 H 中,即 $\pi^{-1}(z)\in H$。

我们希望的是 $\pi^{-1}(z)\in H$ 落到$\sigma(R)$中,但是,由于 H 中的元素未必在$\sigma(R)$中,因此不能直接使用嵌入 $\sigma: R=\mathbb{Z}[X]/(X^N+1)\rightarrow\sigma(R)\subseteq H$ 进行编码。注意:σ 只是R 到

$\sigma(R)$的同构。因此，只有通过同构映射将 $z \in \mathbb{C}^{N/2}$ 映射到$\sigma(R)$上，才能使用$\sigma^{-1}(R)$将 z 编码为R 上的整系数多项式。由于 R 是可数的，而 σ 是同构的，因此$\sigma(R)$也是可数的，但是 H 却是不可数的，因为 H 与$\mathbb{C}^{N/2}$同构。

因此，必须找到一种方法能够将 $\pi^{-1}(z) \in H$ 投影到$\sigma(R)$上。为此，使用论文 *A Toolkit for Ring-LWE Cryptography* 中提出的一个技巧：坐标随机取整(coordinate-wise random rounding)[43]。该方法允许将实数 x 取整到$\lfloor x \rfloor$或$\lfloor x \rfloor+1$，x 越接近$\lfloor x \rfloor$或$\lfloor x \rfloor+1$，其概率越高。该思想本质上很简单，R 有一个正交的 $\mathbb{Z}$-基：$1, X, \cdots, X^N-1$，鉴于 σ 是一个同构，所以 $\sigma(R)$ 也有一个正交的 $\mathbb{Z}$-基 $\beta=(b_1, b_2, \cdots, b_N)=(\sigma(1), \sigma(X), \cdots, \sigma(X^{N-1}))$。因此，对于任何 $z \in H$，我们简单地把它投影到β 上，有 $z=\sum_{i=1}^{N} z_i b_i$，其中 $z_i=\frac{<z, b_i>}{\| bi \|^2} \in \mathbb{R}$。注意：这里内积使用的是 Hermitian 积，可以在 H 和$\mathbb{R}^N$上定义一个等距同构映射。因此，H 上的内积输出的将是实数。

计算出 z_i 后，只需要使用“坐标随机取整”，将它们随机四舍五入到较高或较低的最接近的整数，这样我们就会得到一个多项式，它可以表示成基$\sigma(1), \sigma(X), \cdots, \sigma(X^{N-1})$的整系数线性组合。因此，该多项式属于$\sigma(R)$，从而可以使用$\sigma^{-1}(R)$将 z 编码为R 上的整系数多项式。

另外需要注意的是，坐标随机取整时，可能会影响一些有效数字。为了保证有效数字的精度，例如保证 $1/\Delta$ 的精度，编码的时候乘以 $\Delta>0$，解码的时候除以 Δ。举一个例子，当对 $x=1.4$ 随机取整的时候，如果不是想取整到最接近的整数，而是为了保留精度 0.25 范围内，则可以令 $\Delta=4$，保留精度 $1/\Delta=0.25$，有 $\Delta x=5.6 \approx 6$，而 $6/\Delta=1.5$，从而保证了 0.25 范围内的精度。

最后总结一下编码和解码的过程。编码过程如下。

(1) 假设有向量$\boldsymbol{z} \in \mathbb{C}^{N/2}$，目标是将其编码为$R=\mathbb{Z}[X]/(X^N+1)$ 上的一个整系数多项式。

(2) 利用$\pi^{-1}(\boldsymbol{z}) \in H$，将其扩展到 H 上。

(3) 为了保证精度，乘以 Δ。

(4) 使用“坐标随机取整”投影到$\sigma(R)$上：$\lfloor \Delta.\pi^{-1}(\boldsymbol{z}) \rceil_{\sigma(R)} \in \sigma(R)$。

(5) 使用$\sigma: m(X)=\sigma^{-1}(\lfloor \Delta.\pi^{-1}(\boldsymbol{z}) \rceil_{\sigma(\mathbb{R})}) \in R$ 进行编码。

解码过程比较简单，具体如下。

计算 $\boldsymbol{z}=\pi \circ \sigma(\Delta^{-1} \cdot m)$。

10.5 再缩减技术

前面说过，在编码时为了保证精度，需要对所加密的初始向量 $\boldsymbol{z}$ 乘以 Δ，例如 $\Delta \boldsymbol{z}$。因此，当执行两个密文$\boldsymbol{c}_1$和$\boldsymbol{c}_2$的同态乘法时，所对应的明文变为 $\Delta^2 z_1 z_2$，这导致放大因子呈指数级增长，同时也导致同态乘法的噪声增长，所以需要引入再缩减(rescaling)技术，例如，每次同态乘法后对密文除以 Δ，即 $\Delta^{-1}\boldsymbol{c}$，使得其对应的明文由 $\Delta^2 z_1 z_2$变为 $\Delta z_1 z_2$。再缩减技术的目的是保证放大因子 Δ 不变，同时也约减了密文中的噪声，可以说两全其美。

在全同态加密中，密文的模 q 的大小决定了能够执行多少次同态乘法。每次同态乘法都“消耗”模 q 的值，从而形成一系列逐步变小的模：$q_L, q_{L-1}, \cdots, q_1$，通常称之为模链。$L$ 称为层级，本质上表示还能够执行多少次同态乘法，例如处于 L 层表示还能执行 L 次同态乘法。每次同态乘法后将下降一层，例如现在处于 L 层，同态乘法后模 q_L 变为 q_{L-1}。因此，设置模 q 的大小时必须提前知道具体计算的深度。模 q 的值就像汽车油箱的大小，在行驶过程中会不断消耗油箱中的油。

另外需要注意的是，模 q 的值越大，越不安全。因为 CKKS 方案的困难性基于 q/N。因此，为了安全，在增大模 q 的值时，同时增大多项式次数 N 的值。对于其他基于格的全同态加密方案也一样。

那么，在 CKKS 算法中，如何设置模 q 的值呢？假设需要执行 L 次乘法，放大因子为 Δ，注意 Δ 表示需要保持小数部分位数的精度，那么可以设置 $q=\Delta^L q_0$，其中 $q_0 \geqslant \Delta$，这样就形成了一个模链，$q_i/q_{i-1}=\Delta$。例如，我们需要小数部分保留 30 位的精度，整数部分保留 10 位的精度，执行 8 次同态乘法，那么可以设置 $\Delta=2^{30}$，$q_0=2^{30+10}$，则 $q=2^{30\times 8+40}=2^{280}$。

具体的再缩减技术也很简单，就是密文除以放大因子 Δ，然后再执行舍入操作。例如，密文 $\boldsymbol{c}$ 对应的模是 q_i，执行相应的再缩减操作如下。

$$RS_{i\to i-1}(\boldsymbol{c})=\left\lfloor \frac{q_{i-1}}{q_i}\boldsymbol{c} \right\rceil \bmod q_{i-1}$$

同态乘法后需要先执行再线性化操作，然后执行再缩减操作，过程如下。

(1) 执行同态乘法。

(2) 执行再线性化操作。

(3) 执行再缩减操作。

10.6 CKKS 算法

CKKS(Cheno-Kim-Kim-Song)是一种支持浮点数进行近似值计算的全同态加密算法。传统的全同态加密算法是在解密时通过取模过程将明文与噪声隔离开获取精确的明文值。而在 CKKS 全同态加密算法中解密时将噪声视为明文的一部分，以预定的精度输出明文的近似值。在同态计算中，计算结果的高有效位(MSBs)能够保留，而不精确的低位(LSBs)则在再缩减操作中被舍弃，使得密文模随乘法深度呈线性增长。CKKS 算法的安全性依赖于(R)LWE 困难问题假设。CKKS 全同态加密算法的具体构造如下。

选取合适的基 $p>0$，模数q_0，令$q_l=p^l\cdot q_0$，$0<l\leqslant L$。参数 $M=M(\lambda, q_L)$表示分圆多项式。对于实数 $\sigma>0$，符号$\mathcal{DG}(\sigma^2)$表示从$\mathbb{Z}^N$ 中抽取一个 N 维多项式向量，其中每一个系数都是取自方差为σ^2 的离散高斯分布。对于正整数 h，符号 $\mathcal{HWT}(h)$ 表示从$\{0,\pm 1\}^N$ 中抽取一个 N 维向量，该向量的汉明重量(Hamming weight)等于 h。对于实数 $0\leqslant\rho\leqslant 1$，符号$\mathcal{ZO}(\rho)$表示从$\{0,\pm 1\}^N$ 中抽取一个 N 维向量，其中抽取到 1 和 -1 的概率都是 $\rho/2$，抽取到 0 的概率是 $1-\rho$。

密钥生成算法 CKKS.KenGen(1^λ)：输入安全参数 λ，选择合适的二次幂分圆多项式

$M=M(\lambda,q_L)$，正整数 $h=h(\lambda,q_L)$，整数 $P=P(\lambda,q_L)$ 和 $\sigma=\sigma(\lambda,q_L)$。抽取 $s\leftarrow\mathcal{HWT}((h)$，$a\leftarrow\mathcal{R}_{q_L}$，$e\leftarrow\mathcal{DG}(\sigma^2)$。令私钥 $\mathrm{sk}\leftarrow(1,s)$，公钥 $\mathrm{pk}\leftarrow(b,a)\in\mathcal{R}_{q_L}^2$，其中 $b\leftarrow-a\cdot s+e \bmod q_L$。抽取 $a'\leftarrow\mathcal{R}_{P\cdot q_L}$，$e'\leftarrow\mathcal{DG}(\sigma^2)$，计算公钥 $evk\leftarrow(b',a')\in\mathcal{R}_{q_L}^2$，其中 $b'\leftarrow-a'\cdot s+e'+Ps^2 \bmod P\cdot q_L$。算法输出($\mathrm{sk},\mathrm{pk},evk$)。

加密算法 CKKS.Enc$_{pk}(m)$：选取 $v\leftarrow\mathcal{ZO}(0.5)$ 及 $e_0,e_1\leftarrow\mathcal{DG}(\sigma^2)$，输出密文 $\boldsymbol{c}=v\cdot pk+(m+e_0,e_1) \bmod q_l$。

解密算法 CKKS.Dec$_{sk}(\boldsymbol{c})$：对于密文 $\boldsymbol{c}=(b,a)$，输出明文 $m=b+a\cdot\mathrm{sk} \bmod q_L$。

同态加法 CKKS.Add$(\boldsymbol{c}_1,\boldsymbol{c}_2)$：对于两个密文 $\boldsymbol{c}_1$、$\boldsymbol{c}_2\in\mathcal{R}_{q_l}^2$，输入 $c_{\mathrm{add}}\leftarrow\boldsymbol{c}_1+\boldsymbol{c}_2 \bmod q_l$。

同态乘法 CKKS.Mul$(\boldsymbol{c}_1,\boldsymbol{c}_2)$：对于 $\boldsymbol{c}_1=(b_1,a_1)$，$\boldsymbol{c}_2=(b_2,a_2)\in\mathcal{R}_{q_l}^2$，计算 $(d_0,d_1,d_2)=(b_1b_2,a_1b_2+a_2b_1,a_1a_2) \bmod q_l$，输入 $\mathcal{C}_{\mathrm{Mult}}\leftarrow(d_0,d_1)+\lfloor P^{-1}\cdot d_2\cdot evk\rceil \bmod q_l$。

重缩放算法CKKS.RS$_{l\leftarrow l'}(\boldsymbol{c})$：对于 $\boldsymbol{c}\in\mathcal{R}_{q_l}^2$，输出 $\boldsymbol{c}'\leftarrow\left\lfloor\left(\dfrac{q_{l'}}{q_l}\right)\cdot\boldsymbol{c}\right\rceil \bmod q_l'$。

第11章 SEAL全同态加密库的使用

本章介绍SEAL全同态加密库的使用方法。SEAL库由微软研究人员开发，而且是一个开源项目。SEAL库提供了丰富的全同态加密计算，最初SEAL采用的是格上的NTRU全同态加密算法，后来替换为BFV全同态加密算法，目前还支持CKKS全同态加密算法。BFV算法支持对整数进行同态计算，CKKS算法支持实数和复数的同态计算。在实际应用中，例如对加密后的实数进行统计求和，在密文上执行机器学习模型的预测，以及在密文上对位置数据进行计算等，CKKS全同态加密算法都是非常好的选择。

尽管SEAL库提供的API并不复杂，但学习微软SEAL库还是有难度的，需要用户了解许多同态加密的具体概念。即使用户能够使用微软SEAL编程并运行特定的计算，高效和低效的实现之间的差异也可能是几个数量级，新用户可能很难知道如何提高他们的计算性能。本章为学习SEAL库的研究与应用提供指南。

11.1 设置参数

本节使用SEAL库中的BFV全同态加密算法，实现对加密后的整数进行计算，从而让大家了解SEAL库的基本使用方法。

在SEAL库中，BFV算法支持同态加法和同态乘法，由于密文中含有噪声，因此每次同态计算都会导致噪声增长。同态加法导致的噪声增长可以忽略，主要导致噪声增长的是同态乘法。因此，在执行一个具体的同态计算之前，需要确定同态乘法的次数，从而设置参数，保证能够执行相应的同态乘法，否则噪声增长超过正确解密的上限，将导致解密失败。

在SEAL库中为每个密文设置一个称为“噪声预算”(noise budget)的参数，噪声预算的值反映了能够执行同态乘法的次数(或者说乘法电路的深度)。因此，设置参数时需要保证足够的噪声预算，从而保证正确的同态计算。

在SEAL库设置参数时，首先执行如下语句。

```
EncryptionParameters parms(scheme_type::BFV);
```

然后需要设置 3 个参数：poly_modulus_degree（密文模的多项式的次数）、coeff_modulus（密文多项式的系数模）、plain_modulus（明文的模，只适用于 BFV 算法）。

1. 设置参数 poly_modulus_degree

参数 poly_modulus_degree 表示的是一个分圆多项式的次数，其值是 2 的幂次。参数 poly_modulus_degree 的值越大，能够执行更多的同态乘法计算，但是会导致密文长度变大，计算效率降低。SEAL 库推荐的值是 1024，2048，4096，8192，16384，32768。本例子中，该参数值设置为 4096，相应的语句为

```
size_t poly_modulus_degree=4096;
parms.set_poly_modulus_degree(poly_modulus_degree);
```

2. 设置参数 coeff_modulus

接下来设置参数 coeff_modulus，它是密文多项式的系数模，是一个大整数，由素数乘积构成，这些素数放在一个向量中。每个素数的长度可达 60 位，coeff_modulus 的长度位数就是各个素数长度位数之和。

参数 coeff_modulus 的值决定了噪声预算的大小，coeff_modulus 的值越大，就能够执行更多的同态计算(乘法)。但是，参数 coeff_modulus 的上界由 poly_modulus_degree 决定，它们之间的关系见表 11-1。

表 11-1　密文多项式的系数模与多项式次数之间的关系

poly_modulus_degree	coeff_modulus 最大值/位
1024	27
2048	54
4096	109
8192	218
16384	438
32768	881

表 11-1 也可以通过如下语句在程序中输出：

```
CoeffModulus::MaxBitCount(poly_modulus_degree);
```

如果设置 poly_modulus_degree 的值为 4096，则 coeff_modulus 将由 3 个长度为 36 位的素数之积构成。SEAL 还提供了用于选择 coeff_modulus 的帮助函数，对于给定的 poly_modulus_degree，执行如下语句将返回 std::vector<Modulus>，用于推荐的 coeff_modulus 参数值：

```
parms.set_coeff_modulus(CoeffModulus::BFVDefault(poly_modulus_degree));
```

3. 设置参数 plaintext modulus

参数 plaintext modulus 表示的是明文的模，它决定了明文的长度大小以及噪声预算。在一个“新鲜”密文中，噪声预算为 $\log_2$(coeff_modulus(位)/plain_modulus(位))。

参数 plaintext modulus 的取值是 2 的幂次，但是一般情况下可以取为素数。参数 plaintext modulus 只在 BFV 算法中使用，CKKS 算法不使用该参数。在程序中设置参数 plaintext modulus 的语句为

```
parms.set_plain_modulus(1024);
```

当上述参数设置好后，可以构造类 SEALContext 的一个对象。SEALContext 是一个非常大的类，可用于检查参数设置的有效性。例如：

```
auto context=SEALContext::Create(parms);
```

还可以输出我们选择的参数：

```
print_line(__LINE__);
cout <<"Set encryption parameters and print" <<endl;
print_parameters(context);
```

以上就是基本参数的设置。

11.2 密钥生成与加密解密

全同态加密算法是公钥算法，因此还需要生成私钥与公钥。在 SEAL 中构造类 KeyGenerator 的实例，就可以生成私钥与公钥，对应的语句如下：

```
KeyGenerator keygen(context);
PublicKey public_key=keygen.public_key();
SecretKey secret_key=keygen.secret_key();
```

有了公钥，就可以执行加密操作，在 SEAL 中构造类 Encryptor 的实例，就可以进行加密，只输入公钥作为参数即可：

```
Encryptor encryptor(context, public_key);
```

在 SEAL 中支持同态计算的类是 Evaluator，对应的语句如下：

```
Evaluator evaluator(context);
```

Decryptor 是用于解密的类，需要输入私钥，对应的语句如下：

```
Decryptor decryptor(context, secret_key);
```

有了上述这些功能，就可以进行同态计算。下面以一个例子说明如何使用 SEAL 进行同态计算。

11.3 示例

下面以一个 4 次多项式的计算为例：$4x^4+8x^3+8x^2+8x+4$。假设对 $x=6$ 加密后，输入多项式中进行同态计算。明文模 plain_modulus 设置为 1024，也就是明文多项式的系数需要模 1024。

在 SEAL 中，明文是一个字符串，该字符串由明文多项式的系数（十六进制）构成，因此需要将 $x=6$ 转换成 SEAL 中的明文，具体语句如下：

```
print_line(__LINE__);
int x=6;
 Plaintext x_plain(to_string(x));
 cout <<"Express x="+to_string(x)+" as a plaintext polynomial 0x"+x_plain.to_
 string()+"." <<endl;
```

转换成明文后就可以加密成密文，具体语句如下：

```
print_line(__LINE__);
Ciphertext x_encrypted;
cout <<"Encrypt x_plain to x_encrypted." <<endl;
encryptor.encrypt(x_plain, x_encrypted);
```

加密后的密文由两个多项式构成，在 SEAL 中密文中含有的多项式的个数称为密文长度（size），该值放在 Ciphertext::size()中。例如，输出刚才加密后密文的长度：

```
cout <<"+size of freshly encrypted x: " <<x_encrypted.size() <<endl;
```

还可以查看密文中的噪声预算：

```
cout <<"+noise budget in freshly encrypted x: " <<decryptor.invariant_noise_
budget(x_encrypted) <<" bits" <<endl;
```

还可以解密密文，验证密文的正确性：

```
Plaintext x_decrypted;
cout <<"+decryption of x_encrypted: ";
decryptor.decrypt(x_encrypted, x_decrypted);
cout <<"0x" <<x_decrypted.to_string() <<" … Correct." <<endl;
```

为了更有效地计算，在执行同态计算之前需要对计算进行优化，主要是优化乘法电路的深度。例如，可以将 $4x^4+8x^3+8x^2+8x+4$ 表示为 $4(x+1)^2 * (x^2+1)$，从而获得深度为 2 的乘法电路。分别单独计算 $(x+1)^2$ 和 (x^2+1)，然后对它们的乘积乘以 4 即可。

首先计算 x^2，然后加上明文 1，具体语句如下：

```
print_line(__LINE__);
```

```
cout <<"Compute x_sq_plus_one (x^2+1)." <<endl;
Ciphertext x_sq_plus_one;
evaluator.square(x_encrypted, x_sq_plus_one);
Plaintext plain_one("1");
evaluator.add_plain_inplace(x_sq_plus_one, plain_one);
```

注意：同态乘法导致密文的长度增长，例如上述密文 x_encrypted 的乘积 x_sq_plus_one 的长度为 3。一般来说，两个长度分别为 M 和 N 的密文执行同态乘法后，其长度增长为 $M+N-1$。可以通过如下语句查看同态乘法后的密文长度以及噪声预算：

```
cout <<"+size of x_sq_plus_one: " <<x_sq_plus_one.size() <<endl;
cout <<"+noise budget in x_sq_plus_one: " <<decryptor.invariant_noise_budget
(x_sq_plus_one) <<" bits" <<endl;
```

只要还有噪声预算，噪声预算没有到达 0，解密就依然正确。可以通过如下语句查看解密结果：

```
Plaintext decrypted_result;
cout <<"    +decryption of x_sq_plus_one: ";
decryptor.decrypt(x_sq_plus_one, decrypted_result);
cout <<"0x" <<decrypted_result.to_string() <<" … Correct." <<endl;
```

下面计算$(x+1)^2$，代码如下：

```
print_line(__LINE__);
cout <<"Compute x_plus_one_sq ((x+1)^2)." <<endl;
Ciphertext x_plus_one_sq;
evaluator.add_plain(x_encrypted, plain_one, x_plus_one_sq);
evaluator.square_inplace(x_plus_one_sq);
cout <<"+size of x_plus_one_sq: " <<x_plus_one_sq.size() <<endl;
cout <<"+noise budget in x_plus_one_sq: " <<decryptor.invariant_noise_budget
(x_plus_one_sq) <<" bits" <<endl;
cout <<"+decryption of x_plus_one_sq: ";
decryptor.decrypt(x_plus_one_sq, decrypted_result);
cout <<"0x" <<decrypted_result.to_string() <<" … Correct." <<endl;
```

最后计算$(x^2+1) * (x+1)^2 * 4$，代码如下：

```
print_line(__LINE__);
cout <<"Compute encrypted_result (4(x^2+1)(x+1)^2)." <<endl;
Ciphertext encrypted_result;
Plaintext plain_four("4");
evaluator.multiply_plain_inplace(x_sq_plus_one, plain_four);
evaluator.multiply(x_sq_plus_one, x_plus_one_sq, encrypted_result);
cout <<"+size of encrypted_result: " <<encrypted_result.size() <<endl;
cout <<"+ noise budget in encrypted_result: " << decryptor.invariant_noise_
budget(encrypted_result) <<" bits" <<endl;
```

```
cout <<"NOTE: Decryption can be incorrect if noise budget is zero." <<endl;
cout <<endl;
cout <<"~~~~~~A better way to calculate 4(x^2+1)(x+1)^2. ~~~~~~" <<endl;
```

最后解密不正确，其原因是同态乘法后导致密文长度增长，从而导致更大的噪声增长，使得噪声预算为 0。解决办法是约减同态乘法后的密文长度，即对密文进行再线性化操作，将长度增长的密文变为正常长度的密文。每次同态乘法后，执行再线性化操作，可以极大地提高计算效率，以及降低噪声的过快增长，尽管再线性化操作本身也需要耗费计算资源。

再线性化操作需要输入一个称为“计算公钥”的参数，所以在密钥生成过程中需要额外生成计算公钥，代码如下。

```
print_line(__LINE__);
cout <<"Generate locally usable relinearization keys." <<endl;
auto relin_keys=keygen.relin_keys_local();
```

改写上面的代码，每次同态乘法后都使用再线性化操作：

```
print_line(__LINE__);
cout <<"Compute and relinearize x_squared (x^2)," <<endl;
cout <<string(13, ' ') <<"then compute x_sq_plus_one (x^2+1)" <<endl;
Ciphertext x_squared;
evaluator.square(x_encrypted, x_squared);
cout <<"+size of x_squared: " <<x_squared.size() <<endl;
evaluator.relinearize_inplace(x_squared, relin_keys);
cout <<"+size of x_squared (after relinearization): " <<x_squared.size() <<endl;
evaluator.add_plain(x_squared, plain_one, x_sq_plus_one);
cout<<"+noise budget in x_sq_plus_one: " <<decryptor.invariant_noise_budget(x_
sq_plus_one) <<" bits" <<endl;
cout <<"+decryption of x_sq_plus_one: ";
decryptor.decrypt(x_sq_plus_one, decrypted_result);
cout <<"0x" <<decrypted_result.to_string() <<" … Correct." <<endl;
print_line(__LINE__);
Ciphertext x_plus_one;
cout <<"Compute x_plus_one (x+1)," <<endl;
cout <<string(13, ' ') <<"then compute and relinearize x_plus_one_sq ((x+1)^
2)." <<endl;
evaluator.add_plain(x_encrypted, plain_one, x_plus_one);
evaluator.square(x_plus_one, x_plus_one_sq);
cout <<"+size of x_plus_one_sq: " <<x_plus_one_sq.size() <<endl;
evaluator.relinearize_inplace(x_plus_one_sq, relin_keys);
cout<<"+noise budget in x_plus_one_sq: " <<decryptor.invariant_noise_budget(x_
plus_one_sq) <<" bits" <<endl;
cout <<"+decryption of x_plus_one_sq: ";
```

```
decryptor.decrypt(x_plus_one_sq, decrypted_result);
cout <<"0x" <<decrypted_result.to_string() <<" … Correct." <<endl;
print_line(__LINE__);
cout <<"Compute and relinearize encrypted_result (4(x^2+1)(x+1)^2)." <<endl;
evaluator.multiply_plain_inplace(x_sq_plus_one, plain_four);
evaluator.multiply(x_sq_plus_one, x_plus_one_sq, encrypted_result);
cout <<"+size of encrypted_result: " <<encrypted_result.size() <<endl;
evaluator.relinearize_inplace(encrypted_result, relin_keys);
cout <<"+ size of encrypted_result (after relinearization): " <<encrypted_
result.size() <<endl;
cout <<"+ noise budget in encrypted_result: " <<decryptor.invariant_noise_
budget(encrypted_result) <<" bits" <<endl;
cout <<endl;
cout <<"NOTE: Notice the increase in remaining noise budget." <<endl;
print_line(__LINE__);
cout <<"Decrypt encrypted_result (4(x^2+1)(x+1)^2)." <<endl;
decryptor.decrypt(encrypted_result, decrypted_result);
cout <<"+decryption of 4(x^2+1)(x+1)^2=0x" <<decrypted_result.to_string() <<
" … Correct." <<endl;
cout <<endl;
```

注意：我们设置明文模的参数为 1024，而对于 $x=6$，有 $4(x^2+1)(x+1)^2=7252$，最后的结果需要模 1024，所以得到的是 7252 % 1024==84，十六进制数为 0x54。如果希望解密后得到的是 7252，则应该将明文模设置为大于 7252。

在 SEAL 库中，对于用户自己设置的参数，可以检测其是否正确，还可以给出错误的原因，代码如下：

```
print_line(__LINE__);
cout <<"An example of invalid parameters" <<endl;
parms.set_poly_modulus_degree(2048);
context=SEALContext::Create(parms);
print_parameters(context);
cout <<"Parameter validation (failed): " <<context->parameter_error_message() <<
endl <<endl;
```

11.4 批处理编码

从上面的例子可以看到，编码时是将一个整数编码为一个明文多项式，为了提高效率与计算资源的利用率，能否一次将多个整数编码成一个多项式，这就是批处理编码需要研究的问题。

在 BFV 算法中，批处理编码的实现是将一个 $2 \times N/2$ 的矩阵编码为一个明文多项式，其中矩阵中的每个元素都是整数模 T。这里，N 是多项式模的次数，T 是明文模。矩阵中的每个元素的位置称为“槽”（slot）。对加密后的明文多项式的一次同态操作，相当于同时对矩阵中的每个元素进行操作，相当于实现了“并行计算”。

使用批处理编码需要满足一个条件：明文模 plain_modulus 是素数且 plain_modulus=1（mod 2 * poly_modulus_degree）。微软 SEAL 库提供了发现这样素数的方法，例如设置一个 20 位的素数支持批处理编码，代码为

```
parms.set_plain_modulus(PlainModulus::Batching(poly_modulus_degree, 20));
```

微软 SEAL 库提供批处理编码是通过 BatchEncoder 类的实例实现的，代码为

```
BatchEncoder batch_encoder(context);
```

批处理编码的槽数等于多项式模的次数，矩阵的行数是 2，定义矩阵槽数的代码如下：

```
size_t slot_count=batch_encoder.slot_count();
size_t row_size=slot_count / 2;
```

下面以一个例子说明批处理编码，例如对如下矩阵进行编码：

$$[0,\ 1,\ 2,\ 3,\ 0,\ 0,\cdots,\ 0]$$
$$[4,\ 5,\ 6,\ 7,\ 0,\ 0,\cdots,\ 0]$$

注意：编码时空闲槽的位置都填充为 0，首先建立一个矩阵，代码如下：

```
vector<uint64_t>pod_matrix(slot_count, 0ULL);
pod_matrix[0]=0ULL;
pod_matrix[1]=1ULL;
pod_matrix[2]=2ULL;
pod_matrix[3]=3ULL;
pod_matrix[row_size]=4ULL;
pod_matrix[row_size+1]=5ULL;
pod_matrix[row_size+2]=6ULL;
pod_matrix[row_size+3]=7ULL;
cout <<"Input plaintext matrix:" <<endl;
print_matrix(pod_matrix, row_size);
```

然后将矩阵编码为一个明文多项式，代码如下：

```
Plaintext plain_matrix;
print_line(__LINE__);
cout <<"Encode plaintext matrix:" <<endl;
batch_encoder.encode(pod_matrix, plain_matrix);
```

最后对编码好的明文多项式进行加密，同时可以输出并查看密文的噪声预算，代码如下：

```
Ciphertext encrypted_matrix;
print_line(__LINE__);
cout <<"Encrypt plain_matrix to encrypted_matrix." <<endl;
encryptor.encrypt(plain_matrix, encrypted_matrix);
cout<<"+Noise budget in encrypted_matrix: " <<decryptor.invariant_noise_
budget(encrypted_matrix) <<" bits" <<endl;
```

11.5 模交换链

在 SEAL 库中，参数的集合用一个 256 位的值唯一表示，该值是该参数集合的哈希值，称为 parms_id。该值会随着参数的改变而改变。

当 SEALContext 建立时，SEAL 会自动创建一个“模交换链”，电路的每一层对应一个模，这些模形成一个“链”。从电路的一层进入下一层的时候，需要进行模切换，将参数切换到更小的模。注意：尽管 BFV 算法没有使用模交换技术，但是 SEAL 库中依然提供了该技术。因为通过模交换技术能够改变参数的大小。在模交换链上，系数模的大小会不断递减，从而构成了“层级”(level)，这导致在模交换链的每一层上，其参数集是不同的。

例如，设置一个系数模，它由 5 个长度为 50 位、30 位、30 位、50 位和 50 位的素数之积构成。这 5 个素数的顺序很重要，最后一个素数称为特殊素数，只有模交换链上的最高层的参数包含这个特殊素数。系数模与层级见表 11-2 所示。

表 11-2 系数模与层级

层级	系数模的构成
Level 4	coeff_modulus：{ 50，30，30，50，50 }
Level 3	coeff_modulus：{ 50，30，30，50 }
Level 2	coeff_modulus：{ 50，30，30 }
Level 1	coeff_modulus：{ 50，30 }
Level 0	coeff_modulus：{ 50 }

使用如下代码可以建立系数模：

```
parms.set_coeff_modulus(CoeffModulus::Create(poly_modulus_degree, { 50, 30,
30, 50, 50 }));
```

SEAL 库提供的函数 Evaluator::mod_switch_to_next 用于切换到下一层。使用模交换会消耗噪声预算，但是使用模交换也有一个好处：由于密文的大小线性依赖于系数模中素数的个数，因此在不需要对密文计算的情况下，可以使用模交换将密文切换到最小的参数集上，尽管不能再计算，但是依然可以正确解密。另外，当执行多次同态计算后，通过模交换进入更小参数的层级上，从而获得更好的计算效率也是值得的。

11.6　CKKS 算法的使用

使用 CKKS 算法依然需要先建立加密参数。在 SEAL 库中,CKKS 算法与 BFV 算法不同,CKKS 不使用明文模 plain_modulus 参数。此外,CKKS 选择系数模 coeff_modulus 的方式与 BFV 也不同。例如,建立 5 个 40 位的素数作为系数模,代码如下:

```
EncryptionParameters parms(scheme_type::ckks);
size_t poly_modulus_degree=8192;
parms.set_poly_modulus_degree(poly_modulus_degree);
parms.set_coeff_modulus(CoeffModulus::Create(poly_modulus_degree, { 40, 40,
40, 40, 40 }));
```

密钥的生成、公钥的生成、计算公钥的生成都和 BFV 中的过程一样,包括加密、解密和同态计算的使用方法也都是一样的。但是,CKKS 有自己特殊的明文编码方法。批处理编码 BatchEncoder 在 CKKS 中不能使用,在 CKKS 中使用 CKKSEncoder 把实数向量或者复数向量编码为明文 Plaintext 对象,其代码是:

```
CKKSEncoder encoder(context);
```

在 CKKS 中,明文槽的数量是 poly_modulus_degree/2,在每个槽中对相应的实数或复数编码。这与 BFV 中是不一样的,在 BFV 中明文槽的数量是 poly_modulus_degree,而且被安排成 2 行的矩阵。

例如将一个向量进行编码。首先建立一个向量,代码如下:

```
vector<double>input{ 0.0, 1.1, 2.2, 3.3 };
cout <<"Input vector: " <<endl;
print_vector(input);
```

然后进行编码。在 CKKS 中也需要保证明文多项式是整系数多项式,因此编码时需要对向量中的元素进行放大(scale)。放大因子可以看成为了保证有效位数的精度,因此也会影响整个结果的精度。假设这里取 30 位的放大因子,代码如下:

```
Plaintext plain;
double scale=pow(2.0, 30);
print_line(__LINE__);
cout <<"Encode input vector." <<endl;
encoder.encode(input, scale, plain);
```

在 BFV 中,明文存储时会模上明文模,而在 CKKS 中明文存储时是模上系数模。由于系数模很大,例如这里取的是 200 位,所以不需要考虑明文超过系数模的情况。

然后可以执行加密、同态计算以及再线性化,和在 BFV 中是一样的。这里需要注意,执行一次同态乘法后,放大因子将由 30 位变为 60 位,因此需要在同态乘法后对放大因子进行约减。

CKKS算法提供了一个称为rescale的操作，该操作能够约减放大因子，使放大因子几乎保持不变。rescale操作类似于模交换，由于系数模由一系列素数模的乘积构成，因此执行该操作时，相当于将最后一个素数模从系数模中去除，也就是将系数模缩小了，这同时导致密文也被除去相应的素数模，即密文也缩小了。

例如，当前CKKS密文的放大因子是 S，当前系数模的最后一个素数是 P，执行rescale操作后进入下一层电路，同时系数模除以 P，放大因子变为 S/P。可见，系数模中含有素数的个数决定了能够执行多少次rescale操作，也决定了乘法电路的深度。因此，在CKKS算法中需要对系数模中各个素数的选择进行良好的设计。

一个推荐的选择策略是将放大因子 S 的大小选择成与中间各个素数(除第一个和最后一个素数)的大小相当，例如 S 与 P 大小相当。这样带来的益处是：当执行完一次乘法后，放大因子变成 S^2，紧接着执行rescale操作，放大因子变为 S^2/P，而 S^2/P 接近 S，因此保证了放大因子在整个同态计算过程中几乎不变。

例如，执行一个深度为 D 的电路，需要执行 D 次rescale操作，也就需要从系数模中去除 D 个素数。为了保证计算的精度，最后剩下的一个素数其值需要远大于 S。因此，一个通用的方法是：选择第一个素数和最后一个素数都是60位，以保证足够的精度。中间各个素数的位数都一样。

11.7 密文中的向量旋转

前面说过密文批处理操作，为了提高效率，一般将若干个数编码成一个向量，然后对整个向量进行加密。对这个密文的操作，相当于同时对每个槽上的数进行操作。有时需要在加密状态下对密文里的向量中的数进行移动，例如向左移动若干位置，或者向右移动若干位置，这样的操作称为旋转(rotate)。BFV算法和CKKS算法都支持对密文中的向量进行旋转操作，只是语句上略微不同。

旋转操作需要伽瓦罗公钥(Galois keys)，该公钥可以从KeyGenerator类中获得，语句如下：

```
GaloisKeys galois_keys;
keygen.create_galois_keys(galois_keys);
```

在BFV算法中，密文批处理时对于批处理的向量是按照2行的矩阵表示的。如果想让这2行矩阵向左移动，例如移动3个位置(slot)，则语句如下：

```
evaluator.rotate_rows_inplace(encrypted_matrix, 3, galois_keys);
```

其中encrypted_matrix是密文。

还可以交换矩阵的行，语句如下：

```
evaluator.rotate_columns_inplace(encrypted_matrix, galois_keys);
```

前面是让2行矩阵向左移动，还可以向右移动，例如移动3个位置，语句如下：

```
evaluator.rotate_rows_inplace(encrypted_matrix, -3, galois_keys);
```

另外需要注意，当系数模中的特殊素数，即最后一个素数至少与其他素数一样大时，旋转操作并不消耗噪声预算。

在 CKKS 中执行旋转操作的语句略微不同，例如将密文中的向量向左移动 2 个位置，语句如下：

```
evaluator.rotate_vector(encrypted, 2, galois_keys, rotated);
```

其中 encrypted 是旋转前的密文，旋转后的密文放在 rotated 中。

参考文献

[1] DIFFIE W, HELLMAN M E. New directions in cryptography[J]. Information Theory, IEEE Transactions on, 1976, 22(6): 644-654.

[2] RIVEST R L, SHAMIR A, ADLEMAN L. A method for obtaining digital signatures and public-key cryptosystems[J]. Commun ACM, 1978, 21(2): 120-126.

[3] MICCIANCIO D. A first glimpse of cryptography's holy grail[J]. Communications of the ACM, 2010, 53(3): 96-96.

[4] GENTRY C. Fully homomorphic encryption using ideal lattices; proceedings of the Proceedings of the 41st annual ACM symposium on Theory of computing, Bethesda, MD, USA, F, 2009[C]. ACM: 1536440.

[5] GOLDWASSER S, MICALI S. Probabilistic encryption[J]. Journal of computer and system sciences, 1984, 28(2): 270-299.

[6] ELGAMAL T. A public key cryptosystem and a signature scheme based on discrete logarithms[J]. Information Theory, IEEE Transactions on, 1985, 31(4): 469-472.

[7] PAILLIER P. Public-key cryptosystems based on composite degree residuosity classes[C]// STERN J. Advances in cryptology—Eurocrypt '99. Springer Berlin Heidelberg. 1999: 223-238.

[8] DAMGARD I, JURIK M. A generalisation, a simplification and some applications of paillier's probabilistic public-key system[C]. Proceedings of the 4th International Workshop on Practice and Theory in Public Key Cryptography: Public Key Cryptography. Springer-Verlag. 2001: 119-136.

[9] AJTAI M, DWORK C. A public-key cryptosystem with worst-case/average-case equivalence[C]. Proceedings of the twenty-ninth annual ACM symposium on Theory of computing. El Paso, Texas, United States; ACM. 1997: 284-293.

[10] REGEV O. New lattice-based cryptographic constructions[J]. J ACM, 2004, 51(6): 899-942.

[11] REGEV O. On lattices, learning with errors, random linear codes and cryptography[C]. the thirty-seventh annual ACM symposium on Theory of computing. Baltimore, MD, USA; ACM. 2005: 84-93.

[12] COHEN J D, FISCHER M J. A robust and verifiable cryptographically secure election scheme [C]. Proceedings of the 26th Annual Symposium on Foundations of Computer Science. IEEE Computer Society. 1985: 372-382.

[13] NACCACHE D, STERN J. A new public key cryptosystem based on higher residues[C]. Proceedings of the 5th ACM conference on Computer and communications security. San Francisco, California, USA; ACM. 1998: 59-66.

[14] OKAMOTO T, UCHIYAMA S. A new public-key cryptosystem as secure as factoring[C]// NYBERG K. Advances in cryptology—Eurocrypt'98. Springer Berlin Heidelberg. 1998: 308-318.

[15] BONEH D, GOH E-J, NISSIM K. Evaluating 2-dnf formulas on Ciphertexts[C]//KILIAN J. Theory of cryptography. Springer Berlin Heidelberg. 2005: 325-341.

[16] GENTRY C, HALEVI S, VAIKUNTANATHAN V. A simple bgn-type cryptosystem from lwe [C]//GILBERT H. Advances in cryptology—Eurocrypt 2010. Springer Berlin Heidelberg. 2010: 506-522.

[17] ISHAI Y, PASKIN A. Evaluating branching programs on encrypted data[C]//VADHAN S. Theory of cryptography. Springer Berlin Heidelberg. 2007: 575-594.

[18] MELCHOR C, GABORIT P, HERRANZ J. Additively homomorphic encryption with d-operand multiplications[C]//RABIN T. Advances in cryptology—crypto 2010. Springer Berlin Heidelberg. 2010: 138-154.

[19] SANDER T, YOUNG A, YUNG M. Non-interactive cryptocomputing for nc1[C]. Proceedings of the 40th Annual Symposium on Foundations of Computer Science. IEEE Computer Society. 1999: 554-556.

[20] ALBRECHT M, FARSHIM P, FAUG RE J-C, et al. Polly cracker, revisited[C]//LEE D, WANG X. Advances in cryptology—asiacrypt 2011. Springer Berlin Heidelberg. 2011: 179-196.

[21] YAO A C. Protocols for secure computations[C]. Proceedings of the 23rd Annual Symposium on Foundations of Computer Science. IEEE Computer Society. 1982: 160-164.

[22] VAIKUNTANATHAN V. Computing blindfolded: New developments in fully homomorphic encryption[C]. Proceedings of the 2011 IEEE 52nd Annual Symposium on Foundations of Computer Science. IEEE Computer Society. 2011: 5-16.

[23] GOLDWASSER S, KALAI Y, POPA R, et al. How to run turing machines on encrypted data [C]//CANETTI R, GARAY J. Advances in cryptology—crypto 2013. Springer Berlin Heidelberg. 2013: 536-553.

[24] GOLDWASSER S, KALAI Y, POPA R A, et al. Reusable garbled circuits and succinct functional encryption[C]. Proceedings of the 45th annual ACM symposium on Symposium on theory of computing. Palo Alto, California, USA; ACM. 2013: 555-564.

[25] VAN DIJK M, GENTRY C, HALEVI S, et al. Fully homomorphic encryption over the integers [C]//GILBERT H. Advances in cryptology—Eurocrypt 2010. Springer Berlin/Heidelberg. 2010: 24-43.

[26] SMART N P, VERCAUTEREN F. Fully homomorphic encryption with relatively small key and ciphertext sizes[C]//NGUYEN P, POINTCHEVAL D. Public key cryptography—pkc 2010. Springer Berlin Heidelberg. 2010: 420-443.

[27] STEHL D, STEINFELD R. Faster fully homomorphic encryption[C]//ABE M. Advances in cryptology—Asiacrypt 2010. Springer Berlin Heidelberg. 2010: 377-394.

[28] BRAKERSKI Z, VAIKUNTANATHAN V. Fully homomorphic encryption from ring-LWE and security for key dependent messages[C]//ROGAWAY P. Advances in cryptology—crypto 2011. Springer Berlin Heidelberg. 2011: 505-524.

[29] CORON J-S, MANDAL A, NACCACHE D, et al. Fully homomorphic encryption over the integers with shorter public keys[C]//ROGAWAY P. Advances in cryptology—crypto 2011. Springer Berlin Heidelberg. 2011: 487-504.

[30] CORON J-S, NACCACHE D, TIBOUCHI M. Public key compression and modulus switching for fully homomorphic encryption over the integers[C]//POINTCHEVAL D, JOHANSSON T. Advances in cryptology—eurocrypt 2012. Springer Berlin Heidelberg. 2012: 446-464.

[31] BRAKERSKI Z, VAIKUNTANATHAN V. Efficient fully homomorphic encryption from (standard) LWE[C]//OSTROVSKY R. 2011 ieee 52nd annual symposium on foundations of computer science. Los Alamitos; IEEE Computer Society. 2011: 97-106.

[32] BRAKERSKI Z, GENTRY C, VAIKUNTANATHAN V. (leveled) fully homomorphic

encryption without bootstrapping; proceedings of the the 3rd Innovations in Theoretical Computer Science Conference, Cambridge, Massachusetts, F, 2012[C]. ACM: 2090262.

[33] BRAKERSKI Z. Fully homomorphic encryption without modulus switching from classical GapSVP[C]//SAFAVI-NAINI R, CANETTI R. Advances in cryptology—crypto 2012. Springer Berlin Heidelberg. 2012: 868-886.

[34] LPEZ-ALT A, TROMER E, VAIKUNTANATHAN V. On-the-fly multiparty computation on the cloud via multikey fully homomorphic encryption[C]. Proceedings of the 44th symposium on Theory of Computing. New York, USA; ACM. 2012: 1219-1234.

[35] GENTRY C, SAHAI A, WATERS B. Homomorphic encryption from learning with errors: Conceptually-simpler, asymptotically-faster, attribute-based [C]//CANETTI R, GARAY J. Advances in cryptology—crypto 2013. Springer Berlin Heidelberg. 2013: 75-92.

[36] GENTRY C, HALEVI S. Fully homomorphic encryption without squashing using depth-3 arithmetic circuits[C]. Proceedings of the 2011 IEEE 52nd Annual Symposium on Foundations of Computer Science. IEEE Computer Society. 2011: 107-109.

[37] GENTRY C, HALEVI S. Implementing gentry's fully-homomorphic encryption scheme[C]//PATERSON K. Advances in cryptology—Eurocrypt 2011. Springer Berlin Heidelberg. 2011: 129-148.

[38] GENTRY C, HALEVI S, SMART N. Homomorphic evaluation of the AES circuit [C]//SAFAVI-NAINI R, CANETTI R. Advances in cryptology—crypto 2012. Springer Berlin Heidelberg. 2012: 850-867.

[39] GENTRY C, HALEVI S, PEIKERT C, et al. Ring switching in BGV-style homomorphic encryption[C]//VISCONTI I, PRISCO R. Security and cryptography for networks. Springer Berlin Heidelberg. 2012: 19-37.

[40] GENTRY C, HALEVI S, SMART N. Better bootstrapping in fully homomorphic encryption [C]//FISCHLIN M, BUCHMANN J, MANULIS M. Public key cryptography—PKC 2012. Springer Berlin/Heidelberg. 2012: 1-16.

[41] BRAKERSKI Z, GENTRY C, HALEVI S. Packed Ciphertexts in LWE-based homomorphic encryption [C]//KUROSAWA K, HANAOKA G. Public-key cryptography—PKC 2013. Springer Berlin Heidelberg. 2013: 1-13.

[42] ALPERIN-SHERIFF J, PEIKERT C. Practical bootstrapping in quasilinear time[C]//CANETTI R, GARAY J. Advances in cryptology—crypto 2013. Springer Berlin Heidelberg. 2013: 1-20.

[43] LYUBASHEVSKY V, PEIKERT C, REGEV O. A toolkit for ring-LWE cryptography[C]//JOHANSSON T, NGUYEN P. Advances in cryptology—Eurocrypt 2013. Springer Berlin Heidelberg. 2013: 35-54.

[44] NAEHRIG M, LAUTER K, VAIKUNTANATHAN V. Can homomorphic encryption be practical? [C]. Proceedings of the 3rd ACM workshop on Cloud computing security workshop. Chicago, Illinois, USA; ACM. 2011: 113-124.

[45] SMART N P, VERCAUTEREN F. Fully homomorphic SIMD operations[J]. Designs, Codes and Cryptography, 2012, 1-25.

[46] CHEON J, CORON J-S, KIM J, et al. Batch fully homomorphic encryption over the integers [C]//JOHANSSON T, NGUYEN P. Advances in cryptology—Eurocrypt 2013. Springer Berlin Heidelberg. 2013: 315-335.

[47] ALPERIN-SHERIFF J, PEIKERT C. Faster bootstrapping with polynomial error[C]//GARAY J, GENNARO R. Advances in cryptology—crypto 2014. Springer Berlin Heidelberg. 2014: 297-314.

[48] LYUBASKEVSKY V, PEIKERT C, REGEV O. On ideal lattices and learning with errors over rings[C]//GILBERT H. Advances in cryptology—Eurocrypt 2010. Springer Berlin Heidelberg. 2010: 1-23.

[49] GENTRY C, HALEVI S, SMART N. Fully homomorphic encryption with polylog overhead [C]//POINTCHEVAL D, JOHANSSON T. Advances in cryptology—Eurocrypt 2012. Springer Berlin / Heidelberg. 2012: 465-482.

[50] HU Y, WANG F. An attack on a fully homomorphic encryption scheme[J]. IACR Cryptology ePrint Archive, 2012(01):61.

[51] 汤殿华，祝世雄，王林，等. 基于RLWE的全同态加密方案[J]. 通信学报，2014，(01)：173-182.

[52] 于志敏，古春生，景征骏. 基于整数近似GCD的全同态加密方案[J]. 计算机应用研究，2014，(07)：2105-2108.

[53] 汤殿华，祝世雄，曹云飞. 一个较快速的整数上的全同态加密方案[J]. 计算机工程与应用，2012，(28)：117-122.

[54] 刘明洁，王安. 全同态加密研究动态及其应用概述[J]. 计算机研究与发展，2014，(12)：2593-2603.

[55] 张爽，杨亚涛，李子臣. FHE-CF：基于密文展缩的全同态密码体制设计[J]. 计算机应用研究，2015，(02)：498-502.

[56] 张永，温涛，郭权，等. WSN中基于全同态加密的对偶密钥建立方案[J]. 通信学报，2012，33(10)：101-109.

[57] 陈嘉勇，王超，张卫明，等. 安全的密文域图像隐写术[J]. 电子与信息学报，2012，34(7)：1721-1726.

[58] 孙中伟，冯登国，武传坤. 基于加同态公钥密码体制的匿名数字指纹方案[J]. 软件学报，2005，16(10)：1816-1821.

[59] 光焱，顾纯祥，祝跃飞，等. 一种基于LWE问题的无证书全同态加密体制[J]. 电子与信息学报，2013，35(4)：988.

[60] 光焱，祝跃飞，费金龙，等. 利用容错学习问题构造基于身份的全同态加密体制[J]. 通信学报，2014，35(2)：111-117.

[61] PEIKERT C, ROSEN A. Efficient collision-resistant hashing from worst-case assumptions on cyclic lattices[C]//HALEVI S, RABIN T. Theory of cryptography. Springer Berlin Heidelberg. 2006: 145-166.

[62] LYUBASHEVSKY V, MICCIANCIO D. Generalized compact knapsacks are collision resistant [C]//BUGLIESI M, PRENEEL B, SASSONE V, et al. Automata, languages and programming. Springer Berlin Heidelberg. 2006: 144-155.

[63] MICCIANCIO D. The geometry of lattice cryptography [C]//ALDINI A, GORRIERI R. Foundations of security analysis and design vi. Springer Berlin Heidelberg. 2011: 185-210.

[64] MICCIANCIO D, REGEV O. Lattice-based cryptography[C]//BERNSTEIN D, BUCHMANN J, DAHMEN E. Post-quantum cryptography. Springer Berlin Heidelberg. 2009: 147-191.

[65] REGEV O. The learning with errors problem (invited survey); proceedings of the Computational Complexity (CCC), 2010 IEEE 25th Annual Conference on, F 9-12 June 2010, 2010[C].

[66] SHOR P W. Polynomial-time algorithms for prime factorization and discrete logarithms on a quantum computer[J]. SIAM Journal on Computing, 1997, 26(5): 1484-1509.

[67] LENSTRA A K, LENSTRA H W, LOV SZ L. Factoring polynomials with rational coefficients [J]. Mathematische Annalen, 1982, 261(4): 515-534.

[68] LENSTRA JR H W. Integer programming with a fixed number of variables[J]. Mathematics of operations research, 1983, 8(4): 538-548.

[69] LAGARIAS J C, ODLYZKO A M. Solving low-density subset sum problems[J]. Journal of the ACM (JACM), 1985, 32(1): 229-246.

[70] COPPERSMITH D. Finding small solutions to small degree polynomials[C]. Cryptography and lattices. Springer. 2001: 20-31.

[71] GOLDREICH O, GOLDWASSER S. On the limits of Non-approximability of lattice problems; proceedings of the Proceedings of the thirtieth annual ACM symposium on Theory of computing, F, 1998[C]. ACM.

[72] KHOT S. Hardness of approximating the shortest vector problem in high Cp norms[J]. Journal of Computer and System Sciences, 2006, 72(2): 206-219.

[73] AHARONOV D, REGEV O. Lattice problems in NP∩ coNP[J]. Journal of the ACM (JACM), 2005, 52(5): 749-765.

[74] MICCIANCIO D, GOLDWASSER S. Complexity of lattice problems: A cryptographic perspective[C]. Springer Science & Business Media, 2002.

[75] AJTAI M. Generating hard instances of lattice problems; proceedings of the Proceedings of the twenty-eighth annual ACM symposium on Theory of computing, F, 1996[C]. ACM.

[76] MICCIANCIO D, REGEV O. Worst-case to average-case reductions based on gaussian measures [J]. SIAM Journal on Computing, 2007, 37(1): 267-302.

[77] MICCIANCIO D. Generalized compact knapsacks, cyclic lattices, and efficient one-way functions [J]. COMPUT COMPLEX, 2007, 16(4): 365-411.

[78] LYUBASHEVSKY V, MICCIANCIO D. Generalized compact knapsacks are collision resistant [C]. Automata, languages and programming. Springer. 2006: 144-155.

[79] PEIKERT C, ROSEN A. Lattices that admit logarithmic worst-case to average-case connection factors; proceedings of the Proceedings of the thirty-ninth annual ACM symposium on Theory of computing, F, 2007[C]. ACM.

[80] LYUBASHEVSKY V, MICCIANCIO D, PEIKERT C, et al. SWIFFT: A modest proposal for FFT hashing[C]//NYBERG K. Fast software encryption. Springer Berlin Heidelberg. 2008: 54-72.

[81] MICCIANCIO D, MOL P. Pseudorandom knapsacks and the sample complexity of LWE search-to-decision reductions[C]//ROGAWAY P. Advances in cryptology—crypto 2011. Springer Berlin Heidelberg. 2011: 465-484.

[82] PEIKERT C, WATERS B. Lossy trapdoor functions and their applications[J]. SIAM Journal on Computing, 2011, 40(6): 1803-1844.

[83] LYUBASHEVSKY V, PALACIO A, SEGEV G. Public-key cryptographic primitives provably as secure as subset sum[C]//MICCIANCIO D. Theory of cryptography. Springer Berlin Heidelberg. 2010: 382-400.

[84] STEHL D, STEINFELD R, TANAKA K, et al. Efficient public key encryption based on ideal

lattices[C]//MATSUI M. Advances in cryptology—ASIACRYPT 2009. Springer Berlin Heidelberg. 2009: 617-635.

[85] PEIKERT C. Public-key cryptosystems from the worst-case shortest vector problem: Extended abstract[C]. the 41st annual ACM symposium on Theory of computing. Bethesda, MD, USA; ACM. 2009: 333-342.

[86] KAWACHI A, TANAKA K, XAGAWA K. Multi-bit cryptosystems based on lattice problems [C]//OKAMOTO T, WANG X. Public key cryptography—PKC 2007. Springer Berlin Heidelberg. 2007: 315-329.

[87] LINDNER R, PEIKERT C. Better key sizes (and attacks) for LWE-based encryption[C]// KIAYIAS A. Topics in cryptology—CT-RSA 2011. Springer Berlin Heidelberg. 2011: 319-339.

[88] LYUBASHEVSKY V, MICCIANCIO D. Asymptotically efficient lattice-based digital signatures [C]//CANETTI R. Theory of cryptography. Springer Berlin Heidelberg. 2008: 37-54.

[89] GENTRY C, PEIKERT C, VAIKUNTANATHAN V. Trapdoors for hard lattices and new cryptographic constructions; proceedings of the Proceedings of the fortieth annual ACM symposium on Theory of Computing, F, 2008[C]. ACM.

[90] LYUBASHEVSKY V. Fiat-Shamir with aborts: Applications to lattice and factoring-based signatures[C]//MATSUI M. Advances in cryptology—ASIACRYPT 2009. Springer Berlin Heidelberg. 2009: 598-616.

[91] BOYEN X. Lattice mixing and vanishing trapdoors: A framework for fully secure short signatures and more[C]//NGUYEN P, POINTCHEVAL D. Public key cryptography—PKC 2010. Springer Berlin Heidelberg. 2010: 499-517.

[92] GORDON S D, KATZ J, VAIKUNTANATHAN V. A group signature scheme from lattice assumptions[C]//ABE M. Advances in cryptology—asiacrypt 2010. Springer Berlin Heidelberg. 2010: 395-412.

[93] R CKERT M. Lattice-based blind signatures[C]//ABE M. Advances in cryptology—ASIACRYPT 2010. Springer Berlin Heidelberg. 2010: 413-430.

[94] CAYREL P-L, LINDNER R, R CKERT M, et al. A lattice-based threshold ring signature scheme[C]//ABDALLA M, BARRETO P L M. Progress in cryptology—LATINCRYPT 2010. Springer Berlin Heidelberg. 2010: 255-272.

[95] AGRAWAL S, BONEH D, BOYEN X. Lattice basis delegation in fixed dimension and shorter-ciphertext hierarchical ibe[C]//RABIN T. Advances in cryptology—crypto 2010. Springer Berlin Heidelberg. 2010: 98-115.

[96] CASH D, HOFHEINZ D, KILTZ E, et al. Bonsai trees, or how to delegate a lattice basis[J]. J Cryptol, 2012, 25(4): 601-639.

[97] AGRAWAL S, BONEH D, BOYEN X. Efficient lattice (h)ibe in the standard model[C]// GILBERT H. Advances in cryptology—Eurocrypt 2010. Springer Berlin Heidelberg. 2010: 553-572.

[98] R CKERT M. Strongly unforgeable signatures and hierarchical identity-based signatures from lattices without random oracles[C]//SENDRIER N. Post-quantum cryptography. Springer Berlin Heidelberg. 2010: 182-200.

[99] CAYREL P-L, LINDNER R, RCKERT M, et al. Improved zero-knowledge identification with lattices[J]. Tatra Mountains Mathematical Publications, 2012, 53(1): 33-63.

[100] LYUBASHEVSKY V. Lattice-based identification schemes secure under active attacks[C]// CRAMER R. Public key cryptography—PKC 2008. Springer Berlin Heidelberg. 2008: 162-179.

[101] R CKERT M. Adaptively secure identity-based identification from lattices without random oracles[C]//GARAY J, DE PRISCO R. Security and cryptography for networks. Springer Berlin Heidelberg. 2010: 345-362.

[102] XAGAWA K, TANAKA K. Zero-knowledge protocols for NTRU: Application to identification and proof of plaintext knowledge[C]//PIEPRZYK J, ZHANG F. Provable security. Springer Berlin Heidelberg. 2009: 198-213.

[103] KAWACHI A, TANAKA K, XAGAWA K. Concurrently secure identification schemes based on the worst-case hardness of lattice problems[C]//PIEPRZYK J. Advances in cryptology—ASIACRYPT 2008. Springer Berlin Heidelberg. 2008: 372-389.

[104] PEIKERT C, VAIKUNTANATHAN V. Noninteractive statistical zero-knowledge proofs for lattice problems[C]//WAGNER D. Advances in cryptology—crypto 2008. Springer Berlin Heidelberg. 2008: 536-553.

[105] O'NEILL A, PEIKERT C, WATERS B. Bi-deniable public-key encryption[C]//ROGAWAY P. Advances in cryptology—crypto 2011. Springer Berlin Heidelberg. 2011: 525-542.

[106] BENDLIN R, DAMG RD I, ORLANDI C, et al. Semi-homomorphic encryption and multiparty computation[C]//PATERSON K. Advances in cryptology—Eurocrypt 2011. Springer Berlin Heidelberg. 2011: 169-188.

[107] BENDLIN R, DAMG RD I. Threshold decryption and zero-knowledge proofs for lattice-based cryptosystems[C]//MICCIANCIO D. Theory of cryptography. Springer Berlin Heidelberg. 2010: 201-218.

[108] BONEH D, FREEMAN D. Linearly homomorphic signatures over binary fields and new tools for lattice-based signatures[C]//CATALANO D, FAZIO N, GENNARO R, et al. Public key cryptography—PKC 2011. Springer Berlin Heidelberg. 2011: 1-16.

[109] BARAK B, HAITNER I, HOFHEINZ D, et al. Bounded key-dependent message security[C]// GILBERT H. Advances in cryptology—Eurocrypt 2010. Springer Berlin Heidelberg. 2010: 423-444.

[110] KATZ J, VAIKUNTANATHAN V. Smooth projective hashing and password-based authenticated key exchange from lattices[C]//MATSUI M. Advances in cryptology—ASIACRYPT 2009. Springer Berlin Heidelberg. 2009: 636-652.

[111] APPLEBAUM B, CASH D, PEIKERT C, et al. Fast cryptographic primitives and circular-secure encryption based on hard learning problems[C]//HALEVI S. Advances in cryptology—crypto 2009. Springer Berlin Heidelberg. 2009: 595-618.

[112] PEIKERT C, VAIKUNTANATHAN V, WATERS B. A framework for efficient and Composable oblivious transfer[C]//WAGNER D. Advances in cryptology—crypto 2008. Springer Berlin Heidelberg. 2008: 554-571.

[113] BONEH D, FREEMAN D. Homomorphic signatures for polynomial functions[C]// PATERSON K. Advances in cryptology—Eurocrypt 2011. Springer Berlin Heidelberg. 2011: 149-168.

[114] KATZ J, LINDELL Y. Introduction to modern cryptography[C]. Boca Raton: CRC Press, 2014.

[115] SHOR P W. Algorithms for quantum computation: Discrete logarithms and factoring[C]. Proceedings of the 35th Annual Symposium on Foundations of Computer Science. IEEE Computer Society. 1994: 124-134.

[116] GROVER L K. A fast quantum mechanical algorithm for database search[C]. Proceedings of the twenty-eighth annual ACM symposium on Theory of Computing. Philadelphia, Pennsylvania, USA: Association for Computing Machinery. 1996: 212-219.

[117] MOSCA M. Cyber security in an era with quantum computers: Will we be ready? [J]. IEEE Security & Privacy, 2018, 16: 38-41.

[118] PINTER C C. A book of abstract algebra[C]. Chicago: Courier Corporation, 2012.

[119] HOFFSTEIN J, PIPHER J C, SILVERMAN J H, et al. An introduction to mathematical cryptography[C]. Berlin: Springer, 2008.

[120] AJTAI M, KUMAR R, SIVAKUMAR D. A sieve algorithm for the shortest lattice vector problem; proceedings of the Proceedings of the thirty-third annual ACM symposium on Theory of computing, F, 2001[C]. ACM.

[121] SCHNORR C P. Progress on lll and lattice reduction[C]//NGUYEN P Q, VALL E B. The lll algorithm: Survey and applications. Berlin, Heidelberg: Springer Berlin Heidelberg. 2010: 145-178.

[122] GAMA N, NGUYEN P. Predicting lattice reduction[C]//SMART N. Advances in cryptology—Eurocrypt 2008. Springer Berlin Heidelberg. 2008: 31-51.

[123] CHEN Y, NGUYEN P. Bkz 2.0: Better lattice security estimates[C]//LEE D, WANG X. Advances in cryptology—ASIACRYPT 2011. Springer Berlin Heidelberg. 2011: 1-20.

[124] CAI J-Y, NERURKAR A P. An improved worst-case to average-case connection for lattice problems; proceedings of the 2013 IEEE 54th Annual Symposium on Foundations of Computer Science, F, 1997[C]. IEEE Computer Society.

[125] MICCIANCIO D. Almost perfect lattices, the covering radius problem, and applications to Ajtai's connection factor[J]. SIAM Journal on Computing, 2004, 34(1): 118-169.

[126] MICCIANCIO D, PEIKERT C. Trapdoors for lattices: Simpler, tighter, faster, smaller, Berlin, Heidelberg, F, 2012[C]. Springer Berlin Heidelberg.

[127] PEIKERT C. Public-key cryptosystems from the worst-case shortest vector problem: Extended abstract[C]. Proceedings of the forty-first annual ACM symposium on Theory of computing. Bethesda, MD, USA: Association for Computing Machinery. 2009: 333-342.

[128] BRAKERSKI Z, LANGLOIS A, PEIKERT C, et al. Classical hardness of learning with errors [C]. the 45th annual ACM symposium on Symposium on theory of computing. Palo Alto, California, USA: ACM. 2013: 575-584.

[129] HOFFSTEIN J, PIPHER J, SILVERMAN J. NTRU: A ring-based public key cryptosystem [C]//BUHLER J. Algorithmic number theory. Springer Berlin Heidelberg. 1998: 267-288.

[130] STEHL D, STEINFELD R. Making NTRU as secure as worst-case problems over ideal lattices [C]//PATERSON K. Advances in cryptology—Eurocrypt 2011. Springer Berlin Heidelberg. 2011: 27-47.

[131] 陈智罡，石亚峰，宋新霞. 全同态加密具体安全参数分析[J]. 密码学报，2016，3(05)：480-491.

[132] ALBRECHT M, FAUG RE J-C, FITZPATRICK R, et al. Lazy modulus switching for the BKW algorithm on LWE[C]//KRAWCZYK H. Public-key cryptography—PKC 2014. Springer

Berlin Heidelberg. 2014：429-445.

[133] BRAKERSKI Z，VAIKUNTANATHAN V. Lattice-based the as secure as PKE；proceedings of the Proceedings of the 5th conference on Innovations in theoretical computer science，F，2014 [C]. ACM.

[134] LE H Q，MISHRA P K，NAKAMURA S，et al. Impact of the modulus switching technique on some attacks against learning problems[J]. IET Inf Secur，2020，14：286-303.

[135] FAN J，VERCAUTEREN F. Somewhat practical fully homomorphic encryption[J]. IACR Cryptology ePrint Archive，2012(02)：144.

[136] MICCIANCIO D，PEIKERT C. Hardness of SIS and LWE with small parameters[C]//CANETTI R，GARAY J. Advances in cryptology—crypto 2013. Springer Berlin Heidelberg. 2013：21-39.

[137] BAI S，GALBRAITH S. Lattice decoding attacks on binary LWE[C]//SUSILO W，MU Y. Information security and privacy. Springer International Publishing. 2014：322-337.

[138] CHEN Z，WANG J，ZHANG Z，et al. A fully homomorphic encryption scheme with better key size[J]. China Communications，2014，11(9)：82-92.

[139] CHILLOTTI I，GAMA N，GEORGIEVA M，et al. Faster packed homomorphic operations and efficient circuit bootstrapping for TFHE；proceedings of the ASIACRYPT，F，2017[C].

[140] 陈智罡，宋新霞，赵秀凤. 一个 LWE 上的短公钥多位全同态加密方案[J]. 计算机研究与发展，2016，53(10)：2216-2223.

[141] 陈智罡，宋新霞，张延红. 基于 Binary-LWE 噪音控制优化的全同态加密方案与安全参数分析[J]. 四川大学学报(工程科学版)，2015，47(02)：75-81.

[142] 宋新霞，马佳敏，陈智罡，等. 基于 seal 的虹膜特征密文认证系统[J]. 信息网络安全，2018，(12)：15-22.

[143] 宋新霞，陈智罡，李焱华. HEBenchmark：全同态加密测试系统设计与实现[J]. 密码学报，2020，7(06)：853-863.

[144] 宋新霞，陈智罡. 基于抽象解密结构的全同态加密构造方法分析[J]. 电子与信息学报，2018，40(07)：1669-1675.

[145] CHEON J H，KIM A，KIM M，et al. Homomorphic encryption for arithmetic of approximate numbers，Cham，F，2017[C]. Springer International Publishing.

附录A 注释表

符号	意义	符号	意义
$\mathbb{Z}$	整数环	χ	$\mathbb{Z}$上的噪声高斯分布
$\mathbb{Z}_q$	模 q 整数环，$(-q/2, q/2]$中的整数	B	χ 分布的界
$R=\mathbb{Z}[x]/f(x)$	表示系数是整数的多项式环。如果 $f(x)=x^n+1$，则 R 中的元素都是次数小于 n 的多项式	$[\boldsymbol{b} \mid \mathbf{A}]$	表示将列向量 $\boldsymbol{b}$ 与矩阵 $\mathbf{A}$ 级联，形成一个新的矩阵
$\lfloor\cdot\rfloor$	向下取整	λ	安全参数
$\lceil\cdot\rceil$	向上取整	$negl(n)$	$negl(n)=o(n^{-c})$，又称可忽略的
$\lfloor\cdot\rceil$	取最近的整数	$\Lambda(\mathbf{A})$	随机格
$\lVert\boldsymbol{a}\rVert_1$	1范数，表示向量的长度	$\lVert\boldsymbol{a}\rVert_2$	2范数，表示向量的长度
$\lVert\boldsymbol{a}\rVert_\infty$	最大范数，表示向量的长度		

附录B 如何学习全同态加密

学习全同态加密需要三部分知识：数学基础、格密码基础、全同态加密。

许多研究生在学习全同态加密时，以为只是学习全同态加密，所以看第一篇文章时，从入门直接到放弃。

这是因为任何知识都需要其他知识作为基础，而全同态加密属于公钥密码学，所以首先它是一个加密算法，然后才具有同态属性。

因此，必须熟悉格加密算法以及相关的数学知识。下面分别介绍这三部分知识。

数学基础

因为目前全同态加密都是构建在格密码算法之上的，所以格密码需要哪些数学知识，以及全同态加密本身需要哪些数学知识就构成了整个学习所需的数学基础。

格密码需要哪些数学基础呢？

主要需要线性代数和抽象代数的基础。线性代数一般理工科都学过，例如矩阵、行列式等计算，向量空间的基等。格加密算法里的计算都是矩阵行列式计算。

抽象代数估计非数学专业人员，有可能没学过。抽象代数里的群、环、域等知识非常重要，尤其是环，它是格加密的数学基础。抽象代数中一般还会涉及数论知识，这在全同态加密中也会使用，例如模计算等。

初学者可以看 *An Introduction to Mathematical Cryptography* 以补充相关数学知识。

当然，公认最好的密码学教材当属 Jonathan Katz 的 *INTRODUCTION TO MODERN CRYPTOGRAPHY*。如果想全面而深入地学习密码学，可以看这本书，里面有相关的数学知识。

格密码基础

学习全同态加密必须熟悉格密码，因为全同态加密本身就是在格密码算法上构造的。

那么，如何学习格密码呢？

应该从 LWE 加密算法开始学习，然后过渡到环 LWE 加密算法上。一定要把 LWE 加密算法的过程搞清楚，这样学习全同态加密会轻松许多。

如何学习 LWE 加密算法呢？

建议看 Oded Regev 的一篇综述文章 *The Learning with Errors Problem*。这篇文

章相对写得轻松一些。不过,如果想一下看懂是不可能的,需要反复看。注意 LWE 加密中各个参数的意义。

Oded Regev 本身就是提出 LWE 归约问题的作者,也写过一个格密码讲义,但是非常理论,不适合初学者看。

全同态加密

学习全同态加密需要看 3+2 篇文章。因为看完前 3 篇文章,才能看最后 2 篇文章,否则根本不知道最后 2 篇文章讲的是什么。然而,最后 2 篇文章恰好是目前最火的全同态加密方案。

第一篇文章 BV11:Efficient Fully Homomorphic Encryption from (Standard) LWE

全同态加密的转折点就是从 BV11 开始的,能够建立在格上标准困难问题 LWE 之上,使得全同态加密比以前简单多了,而且 BV11 这篇文章写作风格非常好,易于理解。

第二篇文章 BGV12:(Leveled) Fully Homomorphic Encryption without Bootstrapping

BGV 就是 HElib 基于的方案。模交换就来源于这篇文章,使得无须 Boostrapping 就能建立层次型 FHE。

第三篇文章 Bra12:Fully Homomorphic Encryption without Modulus Switching from Classical GapSVP

Bra12 就是微软 SEAL 库基于的方案,它比 BGV 简单了很多,因为不需要模交换就可以构建层次型 FHE。

以上三篇文章直接奠定了全同态加密的基础,值得反复阅读。

第四篇文章 GSW13:Homomorphic Encryption from Learning with Errors: Conceptually-Simpler, Asymptotically-Faster, Attribute-Based

GSW13 是全同态加密文章里最短的,方案简单到和一般 LWE 加密算法差不多。GSW13 导致后面很多全同态加密的理论结果,让全同态加密的理论研究持续发展了一段时间。但是,该方案在应用中不实际。

我们对 GSW 进行过深度分析,其实 GSW 方案中将约减噪声和保持同态性都放在一个密文中,具体可以看本书的第 9 章。

第五篇文章:CKKS17:Homomorphic Encryption for Arithmetic of Approximate Numbers

CKKS17 能够支持浮点数的计算,而且效率很高,直接用于机器学习中。其实,CKKS17 的思想都来源于前面的方案。如果理解了前面的方案,才能深刻理解该方案。

图书资源支持

感谢您一直以来对清华版图书的支持和爱护。为了配合本书的使用，本书提供配套的资源，有需求的读者请扫描下方的“书圈”微信公众号二维码，在图书专区下载，也可以拨打电话或发送电子邮件咨询。

如果您在使用本书的过程中遇到了什么问题，或者有相关图书出版计划，也请您发邮件告诉我们，以便我们更好地为您服务。

我们的联系方式：

地　　址：北京市海淀区双清路学研大厦 A 座 714

邮　　编：100084

电　　话：010-83470236　010-83470237

客服邮箱：2301891038@qq.com

QQ：2301891038（请写明您的单位和姓名）

资源下载：关注公众号“书圈”下载配套资源。

资源下载、样书申请

书圈

图书案例

清华计算机学堂

观看课程直播